Martin Kaule
Bunkeranlagen

Teilzerstörter Bereich der U-Boot-Bunkerwerft »Valentin« bei Bremen, 2010

Martin Kaule

Bunkeranlagen

Gigantische Bauten in Deutschland und Europa

Weltbild

Die angegebenen Öffnungszeiten entsprechen dem Stand von November 2012.

2. Auflage
Genehmigte Sonderausgabe für die Verlagsgruppe Weltbild GmbH, Augsburg

Schönhauser Allee 36, 10435 Berlin
www.christoph-links-verlag.de;
mail@christoph-links-verlag.de
Umschlaggestaltung unter Verwendung von Fotos von Martin Kaule; vorn: Gefechtsturm Augarten in Wien, 2009; hinten: Zugangstüren zu einem sowjetischen Nachrichtenbunker in Brandenburg, 2006
Lektorat: Dr. Stephan Lahrem, Berlin
Satz: Ch. Links Verlag, Berlin
Druck und Bindung: Bosch-Druck GmbH, Landshut

ISBN 978-3-8289-4697-2

Inhalt

Vorwort

Ehemalige Bunker des »Atlantikwalls« in Thyboron (Dänemark), 2011

Seit jeher waren die Menschen auf der Suche nach einem sicheren Unterschlupf, um widrigen Wetterbedingungen zu trotzen oder um vor Feinden und wilden Tieren einen Zufluchtsort zu haben. Waren dies zu Beginn der Menschheitsgeschichte natürliche Höhlen und Felsspalten, entwickelten die Menschen in den vergangenen Jahrtausenden mit der Eroberung der Erde auch immer robustere Wehr- und Schutzbauten. Diese befinden sich auf allen Kontinenten und wurden vorrangig mit dem Ziel errichtet, sowohl das individuelle als auch das Überleben der eigenen Gemeinschaft zu sichern. Doch die parallele Entwicklung immer zerstörerischer Waffen ließ eine Generation von Schutzbauwerken nach der anderen obsolet werden und stellte deren Ingenieure und Architekten vor immer neue Herausforderungen. All ihre Anstrengungen waren letztlich nur bedingt und temporär erfolgreich. Bislang hat keines der unzähligen Schutzbauwerke auf Dauer einen hundertprozentigen Schutz bei kriegerischen Auseinandersetzungen, aber auch vor Umwelt- und Naturkatastrophen bieten können.

In der vorliegenden Dokumentation werden Bunker und Schutzbauwerke in Bild und Text vorgestellt, die allesamt im 20. Jahrhundert entstanden sind. Gleichwohl habe ich bei der Auswahl der

Objekte versucht, die ganze Bandbreite und Unterschiedlichkeit dieser Bauwerke zu berücksichtigen: gigantische Bunkersysteme und enge Ein-Mann-Bunker, militärische Verteidigungsstellungen und verbunkerte Raketenabschussanlagen, unterirdische Produktionsstätten und Werkschutzanlagen, Hoch- und Tiefbunker sowie Mehrzweckanlagen für den Zivilschutz.

Alle der auf den folgenden 200 Seiten präsentierten Bauwerke haben ihre je eigene Geschichte, in vielen Fällen ist dies eine problematische. Manche sind »steinerne Zeugen« des Nationalsozialismus, andere des Rüstungswahnsinns im Kalten Krieg, und viele der vor 1945 gebauten Bunker sind buchstäblich auf den Knochen der beim Bau umgekommenen Zwangsarbeiter, KZ-Häftlinge und Kriegsgefangenen errichtet worden. Nicht in und mit allen Objekten fand bisher eine kritische Auseinandersetzung mit ihrer Geschichte statt.

Seit mehr als zehn Jahren dokumentiere ich die verschiedensten »Orte der Geschichte« und bin zu diesem Zweck in die entlegensten Winkel Europas gereist. Bei den auf den folgenden Seiten vorgestellten Bunkeranlagen sollen neben den Basisinformationen auch die jeweilig historisch relevanten Bezüge vermittelt werden. Aufgrund des begrenzten Platzes können Entstehung, Zweck und Funktion sowie die Nachnutzung und der heutige Umgang mit diesen Bauwerken nur sehr verdichtet dargestellt werden. Der Anspruch kann daher gar nicht eine erschöpfende, gar vollständige Dokumentation sein; vielmehr will ich einen exemplarischen Überblick über diese spezifischen Bauwerke geben und mit dem vorliegenden Buch dazu beitragen, die kritische Auseinandersetzung mit diesem steinernen historischen Erbe anzuregen bzw. zu vertiefen.

Ich möchte mich bei allen Personen, die dieses Projekt tatkräftig unterstützt haben, recht herzlich bedanken. Ganz besonders bei meiner Frau Katja und meinen beiden Kindern. Ohne ihren Rückhalt und das Verständnis für meine vielen Reisen durch ganz Europa wäre dieses Buch nicht entstanden. Zudem bedanke ich mich bei Dr. Stephan Lahrem, dem Lektor dieses Buches, und allen beteiligten Kolleginnen und Kollegen des Christoph Links Verlages. Darüber hinaus gilt mein Dank Gottfried Stegmann von der COMback GmbH, Dr. Manfred Grieger von der Volkswagen AG, Albert Detamble vom Zementwerk Hatschek GmbH, Holger Fahrenbruch und Markus Ewers von Vorbei e. V., Ronald Rossig und Timo Schiel von unter hamburg e. V., Dietmar Arnold und Holger Happel von Berliner Unterwelten e. V., Markus Gleichmann von Walpersberg e. V., den Mitgliedern des Vereins Festungsmuseum Heldsberg, Dr. Axel Ulrich von der KZ-Gedenkstätte »Unter den Eichen«, Dr. Wilbert Herschbach und Heike Hollunder von der Dokumentationsstätte Regierungsbunker, Götz Thomas Wenzel vom Bunker Eichenthal, dem Pfadfinderzentrum Donnerskopf, der Familie Röhling aus Kall-Urft sowie den vielen Angestellten der Bundeswehr, die mir den Zugang zu den verschiedenen noch heute aktiven Untertage- und Bunkeranlagen ermöglichten. Danken möchte ich schließlich auch Stefan Büttner (Berlin), Jörg Diester (Koblenz), Frank Kammler (Hannover), Joachim Kampe (Strausberg), Sascha Kelschenbach (Koblenz), Thomas Kemnitz (Berlin), Norbert Lübke (Bad Freienwalde) und Klaus Mebus (Weimar) für ihre vielfältige Unterstützung.

Martin Kaule
März 2013

Interessierte Besucher vor einer Kuppel des Panzerwerks 717 in Polen, 2011

Einleitung: Bunkeranlagen im 20. Jahrhundert

Ehemaliges Fort Nr. 3 »Friedrich Wilhelm I« mit Betonverstärkung in Kaliningrad, 2011

Von der frühen Antike bis zum Spätmittelalter boten vor allem Burgen und mit Mauern und Türmen bewehrte Städte den Menschen Schutz vor feindlichen Angriffen. Mit der Entwicklung neuer Geschütze, die eine erheblich größere Reichweite, Treffgenauigkeit und Durchschlagskraft besaßen als alle Feuerwaffen zuvor, wurden dann die Verteidigungsanlagen modifiziert: die Mauern der Stadt verstärkt und mit Erdwällen oder Wassergräben umgeben, die Wehrtürme zusätzlich in Artilleriebauwerke umgewandelt. Doch diese baulichen Veränderungen konnten die feindliche Eroberung nur verzögern.

Im Spätmittelalter entwickelte man erste reine militärische Festungsbauwerke mit ausgeklügelten Ausbauten – teilweise mit sternförmigem Grundriss – zur effektiveren Verteidigung der Städte. Diese Bauten verschlangen enorme Geldsummen, sodass nicht alle Bauwerke in der gewünschten Zeit fertiggestellt werden konnten. Als Reichweite und Durchschlagskraft der Waffen weiter gesteigert wurden, begann man im 19. Jahrhundert, weit vor den bestehenden Befestigungssystemen der Städte gelegene und gestaffelte Festungsbauwerke zu errichten. Ihre Besatzungen konnten eigenständig agieren, sich gegenseitig militärisch decken und waren mit Verpflegung und Wasser für mehrere Wochen ausgerüstet. Als Baumaterial wurde aber noch immer Sand für die Wallanlagen und Ziegelsteine für die festen Gebäude verwendet. Mit der Entwicklung der Brisanzgranate zum Ende des 19. Jahrhunderts, die mit hoch reaktivem Sprengstoff statt des bis dato verwendeten Schwarzpulvers gefüllt war, erwies sich auch diese Bauform als überholt, da sie nun leicht zerstörbar war.

An der Schwelle zum 20. Jahrhundert wurden die ersten neuen Festungswerke aus Beton errichtet und bestehende Anlagen sukzessiv mit Betonüberbauten zusätzlich gesichert. Obwohl der Festungsbau während des Stellungskrieges im Ersten Weltkrieg noch einmal eine Renaissance erlebte – die ersten provisorischen »verbunkerten« Unterstände auf den Kampffeldern Europas bestanden zuerst nur aus einfachen Baumaterialien wie Holz und Erde –, war das Prinzip der klassischen Festungen spätestens mit Ende des Ersten Weltkrieges überholt. Dafür setzte dann in den verschiedenen Ländern Europas ein wahrer Bauboom ein. Zwischen den beiden Weltkriegen sicherten viele europäische Länder mit Befestigungssystemen ihre Grenzen. In diesen modernen militärischen Festungen wurde Beton nicht nur als zusätzlicher Baustoff eingesetzt, sondern er ersetzte schließlich die bisherige Bauweise aus Ziegelstein. Ab dieser Zeit entstanden riesige komplexe Systeme mit unterirdischen Kasernen und Munitionsdepots. Oberirdisch waren die Waffensysteme durch Panzerkuppeln geschützt oder in Kasematten untergebracht. Einige Bauwerke aus dieser Zeit, wie etwa das zur Maginot-Linie der Franzosen gehörende Fort Hackenberg (→ S. 174), die Festung Heldsberg in der Schweiz (→ S. 212) und ein Panzerwerk der Festungsfront Oder-Warthe-Bogen im heutigen Polen werden auf den folgenden Seiten vorgestellt; viele von ihnen stehen heute ebenso wie frühere Stadtmauern unter Denkmalschutz und werden zum Teil kulturell nachgenutzt.

Als Baumaterial für die verschiedenen Bunkeranlagen wurde und wird bis heute in fast allen Fällen Beton bzw. Stahlbeton verwendet. Dieser Baustoff war zwar schon in der Antike bekannt und wurde etwa von den Römern ausgiebig benutzt, doch seine Eigenschaften wurden erst ab dem 18. Jahrhundert systematisch ausgeschöpft. Der entscheidende Schritt war die Erfindung des Stahlbetons. Um die Eigenschaften des Betons vollends auszunutzen und die Widerstandsfähigkeit zu erhöhen, wurden im ausgehenden 19. Jahrhundert Armierungseisen im Beton verbaut. Je nach Güte des Betons und der Menge des verbauten Eisens waren es primär die massiven Außenwände, in die teilweise gar Stahlplatten eingefasst waren, welche die Insassen vor den Waffen des Feindes schützten. Gegen Ende des Zweiten Weltkrieges wurde der massive Betoneinsatz, sofern genügend Material und Personal herbeigeschafft werden konnte, fast zum Fetisch; so goss man beispielsweise bei den U-Boot-Bunkern an der französischen Atlantikküste (→ S. 172) bis zu sieben Meter dicke Bunkerdecken. Doch bis dahin war es noch ein weiter Weg.

Die Entwicklung von Bunkerbauten wurde in Deutschland nach der Machtübernahme der Nationalsozialisten mit aller Kraft vorangetrieben. Im Zuge ihrer ab Mitte der 1930er Jahre forcierten Aufrüstung und der Kriegsvorbereitungen ließen sie nicht nur viele teils verbunkerte Militärobjekte errichten, sondern auch Neubauten von öffentlichen Gebäuden mit ersten Luftschutzanlagen versehen. Die Maßnahmen gingen nicht zuletzt auf die Erfahrungen mit dem Luftkrieg in Europa im Ersten Weltkrieg zurück, der, da war man sich sicher, bei einem neuen Krieg eine zentrale Rolle spielen würde. Für die Wehrmacht wurden verbunkerte Nachrichtenknoten und Vermittlungsämter (→ S. 92) sowie militärische Führungsstellen (→ S. 84) in der Nähe der Reichshauptstadt Berlin und der provisorischen Regierungssitze (→ S. 196) errichtet. Mitte der 1930er Jahre entstanden zudem an den Grenzen des Deutschen Reiches komplexe »Bollwerke« aus Beton, zuerst im Osten am Oder-Warthe-Bogen (→ S. 200), später im Westen der sogenannte Westwall (→ S. 142). Auch andere europäische Länder wie Frankreich und die Tschechoslowakei setzten in dieser Zeit auf gigantische Festungsbauwerke, um ihre Landesgrenzen zu schützen: Wie illusionär die damit verbundenen Hoffnungen auf Sicherheit waren, zeigte sich wenig später. Alle genannten Anlagen verschlangen nicht nur immense Geldsummen, sondern erwiesen sich in Zeiten des Bewegungs- und Luftkrieges als militärisch überholt und – wie etwa die Maginot-Linie in Frankreich – sogar als nachteilig, weil sie im Ernstfall sehr viel Personal in den Festungen banden, das dann an anderer Stelle fehlte.

Im Deutschen Reich stellte man die Arbeiten an den Festungslinien mit Kriegsbeginn bzw. nach den schnellen Siegen der Wehrmacht über Polen und Frankreich ein, weil sie nun im Hinterland lagen und damit militärisch sinnlos geworden waren. Personal und Baustoffe brauchte man jetzt an anderer Stelle, für eines der größten zweckgebundenen Bauprogramme der Geschichte: Die 5000 Kilometer lange Küstenlinie an Nordsee und Atlantik in allen von den Deutschen besetzten Ländern Europas sollte im Rahmen des Projekts »Atlantikwall« mit einem

Bollwerk mit rund 15000 Betonbauten versehen werden und so Schutz vor einer alliierten Invasion bieten.

Parallel zu diesen Verteidigungsbauwerken zur Sicherung der verschiedenen Grenzabschnitte entstanden Bunker für verschiedene offensive Waffensysteme wie etwa Geschützbatterien (→ S. 182) oder neu entwickelte Fernraketen (→ S. 180) im besetzten Frankreich. Fast überall in den besetzten Ländern Europas richtete man zudem verbunkerte Gefechts- und Führungsstellen ein, während man in der Heimat zahlreiche Kasernen mit standardisierten Bunkeranlagen (z.B. mit Truppenmannschaftsbunkern von unterschiedlicher Größe) nachträglich ausrüsten ließ, um dort die Soldaten im Falle eines Angriffs vor alliierten Bomben schützen zu können.

Im Bereich der Industrie, die während des Zweiten Weltkrieges zunehmend auf die Produktion von Rüstungsgütern ausgelegt war bzw. umgestellt wurde, entstanden in einer ersten Phase ab 1940 Luftschutzeinrichtungen für die Werksangehörigen. Bei bereits bestehenden Unternehmen waren dies vornehmlich typisierte Hochbunker, wie etwa die Luftschutztürme der Bauart »Zombeck« (→ S. 52) oder »Winkel« (→ S. 154). Die letzteren, als Winkel-Türme bezeichneten Bunker, die vom Architekten Leo Winkel konstruiert worden waren, erinnerten in der äußeren Gestalt an eine Zigarre und wurden bis 1945 mehr als 200 Mal gebaut. Bei neuen Produktionsstätten wurden die Werksbunker gleich mitprojektiert und ausgeführt, wie etwa im Volkswagen-Werk bei Braunschweig (→ S. 42), das als Musterbetrieb der nationalsozialistischen »Deutschen Arbeitsfront« fungierte.

Mit der Zunahme der alliierten Luftangriffe auf Deutschland verlagerte man dort ab 1941 ganze Rüstungszweige in bombensichere Objekte wie Bunker- oder Stollenanlagen. Dazu wurden zumeist in den deutschen Mittelgebirgen unterirdische Stollen von vorhandenen Bergbauanlagen ausgebaut oder neu aufgefahren wie etwa die Anlagen bei Halberstadt (→ S. 106) und Neckarzimmern (→ S. 152). Daneben entstanden aber auch riesige oberirdische Großbunker wie etwa die U-Boot-Bunkerwerft in Bremen (→ S. 48) oder die Bunker »Weingut I« und »Weingut II« zur Flugzeugproduktion in Bayern (→ S. 160). Alles – wie sich schon bald zeigen sollte – vergebliche Versuche, um den Untergang des NS-Regimes aufzuhalten.

So wenig die ab 1943/44 forcierte Untertageverlagerung der Rüstungsindustrie brachte, so hoch war der Preis, den sie forderte. Um die Pläne des NS-Regimes umzusetzen und die deutsche Kriegswirtschaft aufrechtzuerhalten, wurden während des Zweiten Weltkrieges unzählige Fremd- und Zwangsarbeiter, KZ-Häftlinge und Kriegsgefangene beim Bau und Betrieb solcher unterirdischen und Bunkeranlagen eingesetzt, wo sie unter fürchterlichen Bedingungen bis zur Erschöpfung ausgebeutet wurden. Die Zahl derer, die in Europa dabei ihr Leben verloren, geht in die Hunderttausende. Ein Großteil der noch heute existierenden Bunker, die vor 1945 errichtet wurden, trägt dieses geschichtliche Erbe, das vielerorts erst spät und zum Teil bis heute nicht thematisiert und bei der Nachnutzung berücksichtigt wurde.

Doch nicht nur militärische und industrielle Standorte und Einrichtungen wurden im »Dritten Reich« mit Bunkeranlagen ausgestattet, auch die Zivilbevölkerung sollte ab dem zweiten Kriegsjahr dort Zuflucht suchen können. Nachdem feindliche Flugzeuge im ersten Kriegsjahr nur vereinzelt Städte in Nord- und Westdeutschland angegriffen hatten, änderte sich die Situation im Sommer 1940 grundlegend. Nach deutschen Großangriffen auf englische Städte erfolgte in der Nacht vom 25. zum 26. August 1940 der erste geschlossene Luftangriff der Royal Air Force auf Berlin, dem zahlreiche weitere, auch auf andere deutsche Städte folgten. Die Bombardierung der Reichshauptstadt, die von der NS-Propaganda stets für unmöglich erklärt worden war, versetzte die NS-Führung in höchste Aufregung. Als erste Konsequenz beschloss man am 9. September 1940 die Errichtung von gewaltigen Flaktürmen, die die Städte Berlin (→ S. 100) und Hamburg (→ S. 62) schützen sollten, und am 26. September den Bau von Luftschutzanlagen auch für die Zivilbevölkerung, die bis zu diesem Zeitpunkt nur vereinzelt errichtet worden waren. Am 10. Oktober 1940 schließlich wurde per »Führererlass« der Bau von Zehntausenden von Bunkern für die Zivilbevölkerung angeordnet. Mit der Durchführung dieses »Führer-Sofortprogramm« genannten Maßnahmenplans wurde in Berlin Albert Speer als Generalbauinspektor der Reichshauptstadt und für das übrige Staatsgebiet Fritz Todt als Generalbevollmächtigter für die Regelung der Bauwirtschaft beauftragt. Nach dessen Tod im Februar 1942 wurde dann die gesamte Koordination von Albert Speer übernommen.

Das gigantische Bauprogramm sah vor, allein in Berlin in kürzester Zeit bis zu 2000 neue Bunker zu errichten. Nach Abschluss der Arbeiten hätte, so die NS-Propaganda, für jeden Berliner ein sicherer Bunkerplatz zur Verfügung stehen sollen. Zur Koordinierung der Arbeiten wurden für die erste Bauphase neben Berlin 60 weitere Städte ausgewählt, die sogenannten Luftschutzorte I. Ordnung, die zumeist mehr als 100 000 Einwohner zählten. Doch auch andere Gründe wie etwa die Existenz von wichtigen Rüstungsunternehmen oder die Lage in einer besonders luftschutzgefährdeten Region wurden für die Klassifizierung der Städte herangezogen. Die vollmundig verkündeten Zielsetzungen wurden bei Weitem nicht erfüllt: Bis zum Sommer 1941 konnten in allen ausgewählten Städten nur knapp 900 Anlagen mit rund 400 000 Bunkerplätzen für die insgesamt etwa 20 Millionen Einwohner zur Verfügung gestellt werden.

Trotzdem wurde das Bauprogramm im Verlauf des Krieges auf weitere Regionen ausgedehnt und aus ökonomischen Gründen modifiziert. In den Luftschutzorten II. Ordnung wurden nun vornehmlich Luftschutzstollen gegraben, die zwar schneller gebaut werden konnten und weniger Baumaterial benötigten, aber letztlich nur einen Splitterschutz und keinen Vollschutz bei einem Direkttreffer boten, wie das in den massiveren Hoch- oder Tiefbunkern der Fall war, die in den Großstädten in den Wohngebieten entstanden. Die Situation verschärfte sich 1942, als die alliierten Luftstreitkräfte, die zuvor gezielt Rüstungsstandorte oder Verkehrsknoten angegriffen hatten, ihre Strategie änderten und zu Flächenbombardements übergingen. Diese sollten die Moral der deutschen Bevölkerung schwächen und so den Rückhalt des NS-Regimes in der Bevölkerung untergraben – eine fatale Fehleinschätzung mit verheerenden Folgen für die Zivilbevölkerung.

Geschütz der »Batterie Todt« an der Kanalküste bei Calais in Bereitschaft, ca. 1943

Insgesamt wurden im Rahmen des »Führer-Sofortprogramms« bis Mai 1945 knapp 3000 zivile Bunkeranlagen fertiggstellt, weit weniger als proklamiert. Zudem hatte man ab 1941/42 verstärkt auch Zwangsarbeiter, Kriegsgefangene und KZ-Häftlinge bei der Errichtung der Bunkeranlagen eingesetzt, die sie selbst aber während eines Luftangriffes nicht aufsuchen durften. Dies verdeutlicht einmal mehr die perfide und menschenverachtende Ideologie und Praxis des nationalsozialistischen Systems.

Auch wenn viele Menschen in den Städten die Luftangriffe nur überlebten, weil sie sich in Bunkern oder Luftschutzkellern aufhielten, boten diese Orte nicht immer eine sichere Zuflucht. Einige Bunkeranlagen wurden durch Bomben zerstört und begruben die Schutzsuchenden unter ihren Mauern oder diese erstickten innerhalb der Bunker, wie etwa in den dokumentierten Fällen während des Hamburger Feuersturms im Sommer 1943. Diese tragischen Fälle verweisen nicht nur darauf, dass es niemals einen hundertprozentigen Schutz in Kriegszeiten gibt. Bunker haben viele Menschenleben gerettet, aber sie haben nicht verhindern können, dass die sie umgebenden Städte im Bombenhagel in Schutt und Asche fielen. Gerade dort, wo die Bunker als einzige Bauwerke in einer völlig zerstörten Umgebung nahezu unbeschädigt aufragten, wie beispielsweise die riesigen deutschen U-Boot-Bunker an der französischen Atlantikküste in Brest oder Lorient, gemahnen sie an die Grausamkeit und Unzulänglichkeit des Krieges als Mittel der Politik. Und desillusionieren zugleich die mit ihnen selbst verbundenen Hoffnungen. Denn was nutzt die Möglichkeit, im Bunker zu überleben, wenn die Umwelt nicht mehr existiert? Auf die Spitze getrieben wurde diese Absurdität während des Kalten Krieges mit der Drohung eines atomaren Schlachtfeldes – was dem Bunkerbau keinen Abbruch tat, im Gegenteil.

Mit der Kapitulation des deutschen Oberkommandos endete im Mai 1945 der Zweite Weltkrieg in Europa. Ein gutes halbes Jahr später, am 6. Dezember 1945, beschloss der Alliierte Kontrollrat – das oberste Exekutivorgan der vier Siegermächte in Deutschland – in der Direktive Nr. 22 die Zerstörung aller militärischen deutschen Bunkeranlagen, um ein Zeichen zu setzen und die Fähigkeit der Deutschen, noch einmal Krieg zu führen, weiter zu schwächen. Die Durchführung dieser Direktive wurde aber in den verschiedenen Besatzungszonen unterschiedlich gehandhabt: In einigen Regionen wurden die Bunker fast vollständig geschleift oder entfestigt, in anderen blieben viele Schutzbauwerke bis heute erhalten. Aus den gleichen Gründen verfügte 1946 der Kontrollrat die Auflösung sämtlicher Luftschutzorganisationen Deutschlands.

»Arbeit im Stollen«, Linolschnitt eines tschechischen Häftlings, der 1944/45 in den Stollen des KZ-Mittelbau zur Sklavenarbeit gezwungen wurde

Diese Maßnahmen zur Entmilitarisierung Deutschlands wurden mit Beginn der 1950er Jahre schrittweise zurückgenommen. Grund war der sich verschärfende Konflikt zwischen den ehemaligen Siegermächten USA, Großbritannien und Frankreich auf der einen und Sowjetunion auf der anderen Seite. Schon in den letzten Kriegsmonaten hatten sich prinzipielle Differenzen zwischen den demokratisch verfassten westlichen Staaten und der kommunistischen Sowjetunion bemerkbar gemacht, die nach dem Sieg über den gemeinsamen Feind Hitler-Deutschland immer offener zutage traten. Die Verfeindung der ehemaligen Verbündeten zeigte sich am deutlichsten in der Teilung Deutschlands und der 1949 erfolgten Gründung von zwei deutschen Staaten, die bald darauf in die jeweiligen Militärbündnisse integriert wurden, in das westliche unter Führung der Vereinigten Staaten von Amerika (Nato) und das östliche unter Führung der Sowjetunion (Warschauer Pakt). Der Kalte Krieg hatte begonnen.

Die Militärbündnisse benötigten auch auf dem Gebiet der Bundesrepublik bzw. der DDR verbunkerte Führungsstellen und andere geschützte Einrichtungen, um im Falle einer Eskalation der Spannungen das Kommando der eigenen Streitkräfte gesichert unterbringen zu können und die benötigte Infrastruktur zur Kriegsführung – wie etwa Nachrichtenknoten oder Munitions- und Materialdepots – so vorzuhalten, dass sie vor atomaren, biologischen und chemischen Waffen geschützt waren. Das im Kalten Krieg forcierte globale Wettrüsten spiegelte sich nicht zuletzt im Bau entsprechender Bunkeranlagen wider. Auf beiden Seiten des Eisernen Vorhangs wurden im Wissen um die Existenz der Atombombe gewaltige bauliche Anstrengungen unternommen, um das Überleben bestimmter Personengruppen sicherzustellen, zumindest so lange, um einen atomaren Gegenschlag ausführen zu können. In der Nähe der Regierungssitze entstanden daher Ausweichquartiere und Führungsstellen, die die Möglichkeit für ein (zeitweiliges) Überleben und Reagieren bei kriegerischen Auseinandersetzungen jeder Art boten. Dabei wurden die Bauwerke auf beiden Seiten in unterschiedliche Schutzklassen eingeteilt, je wichtiger die Funktion oder die Aufgabe der zu schützenden Personengruppe, desto stärker wurden die Objekte ausgebaut.

Ein Großteil der unterirdischen Anlagen auf westdeutschem Gebiet entstand allerdings einige Jahre früher als in der DDR. Auch sind die Dimensionen der Anlagen unterschiedlich. Bot der Regierungsbunker West bei Bad Neuenahr-Ahrweiler (→ S. 138) Schutz für etwa 3000 Personen, gab es im Regierungsbunker Ost bei Prenden (→ S. 80) lediglich 350 Schutzplätze. Bei den Führungsstellen und militärischen Gefechtsständen entstanden auf beiden Seiten zahlreiche standardisierte Objekte, wobei in der DDR aus ökonomischen Gründen häufiger Typenprojekte als in der Bundesrepublik anzutreffen sind. Neben den Führungsstellen waren auf beiden Seiten die Knotenpunkte der Nachrichtennetze verbunkert. Fast analog entwickelte sich auch der Bau von riesigen unterirdischen Materialdepots. Dazu wurden zumeist bereits aufgefahrene Anlagen aus der NS-Zeit ausgebaut und erweitert, um sie an die neuen Bedürfnisse und die mit den ABC-Waffen gegebenen Herausforderungen anzupassen. In der Zeit der ersten Um- und Aufrüstungsphase ab Mitte der 1950er bis Ende der 1960er Jahre störte es weder die Planer und Nutzer in West noch in Ost, dass diese Stollensysteme in der Zeit des Nationalsozialismus zumeist durch die Sklavenarbeit von Zwangsarbeitern oder KZ-Häftlingen entstanden waren. Leid und Tod dieser Menschen waren in diesem Zusammenhang meist kein Thema. Das galt auch für die verbunkerten Einrichtungen, die für die Besatzungstruppen in beiden deutschen Staaten geschaffen wurden. Eine Sensibilisierung für diese Dimension des historischen Erbes kam erst in den 1970er Jahren allmählich in Gang, wie etwa in Bremen bei der U-Boot-Bunkerwerft »Valentin« (→ S. 48).

Ende der 1960er Jahre entstanden auf den militärischen Flugplätzen in Ost und West Bogendeckungen zum Schutz der dort stationierten Flugzeuge – als Konsequenz aus dem Sechstagekrieg 1967, als die israelische Luftwaffe in kürzester Zeit sämtliche bis dato noch ungeschützt auf den Flugfeldern stehenden ägyptischen Flugzeuge zerstört hatte. Als Trägersysteme von Nuklearwaffen waren entsprechende Flugzeuge in beiden militärischen Bündnissen unentbehrliche Voraussetzung, um einen Dritten Weltkrieg führen bzw. durch dessen Androhung verhindern zu können.

Eine Besonderheit der alten Bundesrepublik stellte das Netz der verbunkerten Warnämter dar. Verteilt über das gesamte Bundesgebiet, gab es zehn Warnämter, die als integraler Bestandteil des Zivilschutzes die Umweltparameter rund um die Uhr überwachten und im Falle eines feindlichen Konfliktes und etwa nach der Explosion einer Atombombe die Bevölkerung hätten warnen können.

Es fällt auf, dass für die Zivilbevölkerung beider deutscher Staaten unterschiedliche Maßnahmen getroffen wurden. Mit der Erlaubnis der Westalliierten begann man in der Bundesrepublik ab den 1960er Jahren, zahlreiche Bunkeranlagen aus der Zeit des Nationalsozialismus bzw. des Zweiten Weltkrieges wieder herzurichten, zu modernisieren oder gänzlich neu zu bauen, was meist in Form sogenannter Mehrzweckanlagen geschah; dazu gehörten etwa Parkhäuser (→ S. 162) oder U-Bahnhöfe (→ S. 98), die im Kriegs- oder Katastrophenfall als Zivilschutzanlage mit verschließbaren Ausgängen genutzt werden konnten.

Die Umnutzung von Weltkriegsanlagen führte in Westdeutschland häufig zu politischen Diskussionen. Nachdem die von den Allliierten nicht beseitigten Bunkeranlagen unmittelbar nach dem Krieg aus Mangel an entsprechendem Wohnraum noch vielerorts als Notquartiere nachgenutzt worden waren, sollten einige Jahre später die nun als »Schandflecke« bezeichneten Bunker nach Auffassung von Politikern und Stadtplanern aus dem Stadtbild verschwinden, um die Bevölkerung möglichst nicht mehr an die düsterste Zeit der deutschen Geschichte zu erinnern. Dort, wo die Bauwerke nicht gesprengt oder geschleift werden konnten, versuchte man sie auf verschiedene Art und Weise unkenntlich zu ma-

Gesprengter Hochbunker am Flugplatz Lärz, 2010

chen, etwa durch die Begrünung der Seitenwände. Eine politische Auseinandersetzung mit dem steinernen Erbe fand in dieser Zeit in der Regel nicht statt. Das änderte sich in den 1960er Jahren, als ein Großteil der Bunkeranlagen für den zivilen Katastrophenschutz modernisiert werden sollte. Nun gerieten die Betonkolosse erneut ins Bewusstsein und waren Anlass für erbitterte Diskussionen. Die einen wollten sie noch immer am liebsten zurückbauen, um die nachwachsenden Generationen nicht mit der deutschen Geschichte »zu belasten«, andere wollten jeden Bunker in ein Mahnmal gegen Krieg und Gewalt umwandeln. Letztlich siegte zumeist das Argument der Notwendigkeit des zivilen Bevölkerungsschutzes in der zugespitzten Situation des Kalten Krieges. Erst nach der Wiedervereinigung, als viele dieser Anlagen aus der Zivilschutzbindung entlassen wurden, kam die Frage der weiteren Nutzung erneut auf die Tagesordnung.

In der Deutschen Demokratischen Republik war man sich zwar der Notwendigkeit des zivilen Katastrophenschutzes wohl bewusst, doch konnte man aus finanziellen und ökonomischen Gründen weder in quantitativer noch in qualitativer Hinsicht mit dem westdeutschen Angebot von Schutzplätzen konkurrieren, wo 1990 rund 2000 reine Zivilschutzeinrichtungen existierten. Die Bürger der DDR wurden lediglich im Selbstschutz geschult, und in ausgewählten Betrieben und einzelnen öffentlichen Gebäuden gab es leicht ausgebaute Bunkeranlagen für den Zivil- und Katastrophenschutz. Demgegenüber entstanden sowohl für die politische und die militärische Führung als auch für die unterschiedlichen Verwaltungseinheiten des Ministeriums für Staatssicherheit zahlreiche sogenannte verbunkerte Ausweichführungsstellen.

Mit der Wiedervereinigung und der späteren Auflösung des östlichen Militärbündnisses wurde die Mehrzahl der Bunker in Ost- und Westdeutschland überflüssig. Fast alle militärischen Bunker der Nationalen Volksarmee der DDR und ebenso die der Gruppe der Sowjetischen Streitkräfte in Deutschland (GSSD) wurden sukzessive stillgelegt. In den 1990er Jahren betraf das auch alle Warnamtsbunker und die jeweiligen Regierungsbunker. Einige militärische Bauwerke und Zivilschutzanlagen werden noch heute betrieben oder für einen Katastrophenfall vorgehalten. Andere ehemalige Standorte wurden und werden seitdem in ganz unterschiedlicher Weise nachgenutzt – beispielsweise als Lager oder IT-Rechenzentrum, als Veranstaltungsort oder Museum –, stehen leer oder wurden geschleift.

Während des Kalten Krieges waren selbstverständlich auch in anderen west- und osteuropäischen Ländern unzählige verbunkerte militärische Führungszentren, Gefechtsstände und Depots errichtet worden. Mit dem Zusammenbruch des kommunistischen Staatensystems wurden die Anlagen des Warschauer Paktes komplett stillgelegt und sukzessive von Schrottdieben oder der lokalen Bevölkerung geplündert, um sich mit Baumaterial zu versorgen. Nur wenige Bunkeranlagen sind – wie die ehemaligen Raketenabschusssilos im litauischen Plateliai, das heutige »Cold War Museum« – für die Nachwelt als authentisches Zeugnis der Geschichte erhalten. In Westeuropa, wo man aufgrund der veränderten politischen Lage die Organisation und die militärischen Einrichtungen der Nato umstrukturiert und dabei auch einige Bunkeranlagen stillgelegt hat, beginnt man gerade, diese Bauwerke als Touristenattraktion zu entdecken, entsprechend herzurichten und zu vermarkten. Eine kommerzielle Nutzung ist nicht selten, muss aber nicht zwangsläufig sein.

Mit den zahlreichen baulichen Überresten des Zweiten Weltkrieges und des Kalten Krieges, die sich noch überall in Europa finden, gibt es einen sehr verschiedenartigen Umgang. Ein wesentliches Kriterium ist dabei die Epoche der Entstehung der Bunker.

Bei den Bauwerken aus der Zeit des Nationalsozialismus ist man in Deutschland aufgrund unserer Geschichte und unserer Verantwortung mittlerweile in der Regel um eine kritische und reflektierende Darstellung bemüht, so zum Beispiel nach langjährigen Auseinandersetzungen in Frankfurt am Main (→ S. 134) oder am Obersalzberg (→ S. 168). In manch anderen Ländern dominiert immer noch die Tendenz, die baulichen Hinterlassenschaften eher als authentisches Umfeld für Ausstellungen diverser Militärtechnik zu nutzen (→ S. 198) und sie nicht primär als Mahn- und Erinnerungsorte zu begreifen, an denen unsere europäische Geschichte anschaulich erzählt werden kann. In den westeuropäischen Ländern ist die historische Kontextualisierung der Bunker häufiger anzutreffen als in Osteuropa, wobei auch dort die ersten derartigen Museen und Gedenkstätten entstehen. Doch quer durch Europa kann man immer schnell merken, ob es sich bei denjenigen, die solche »steinernen Zeugen« bewirtschaften, um private Initiativen handelt, denen es wesentlich um den Erhalt der Anlagen (und meist auch um Kommerz) geht, oder ob öffentliche Mittel eingesetzt werden und sich gesellschaftliche Institutionen um die Aufarbeitung kümmern.

Beim Umgang mit den Betonkolossen in Deutschland gibt es bis heute oft Streit zwischen den Abriss-Befürwortern und denen, die sie zum Mahnmal gegen Krieg und Gewalt umwidmen wollen. Obwohl sich Letztere in den vergangenen Jahren immer häufiger durchsetzen konnten und somit die Anlagen erhalten blieben, ist der Ausgang des Streits in jedem Einzelfall offen. Eine generelle Linie im Umgang mit diesem Erbe gibt es nicht.

Die Zeugnisse der jüngeren, der deutsch-deutschen Geschichte werden ebenfalls auf sehr unterschiedliche Art für uns und die nachfolgenden Generationen erhalten. Zumeist steht aber bei den Anlagen des Kalten Krieges, die zu besichtigen sind, das technische Interesse bei den Besuchergruppen im Vordergrund. Nach der Deutschen Einheit wurden etwa drei Viertel der Bunkeranlagen in den neuen Bundesländern bis Mitte der 1990er Jahre stillgelegt. Schon zu dieser Zeit wurden die ersten Bauwerke für die Öffentlichkeit zugänglich gemacht – heute sind es ungefähr 20 Anlagen –, oft auf Initiative von engagierten Privatleuten oder Vereinen. In den alten Bundesländern setzte dieser Prozess erst vor wenigen Jahren mit der Eröffnung der »Dokumentationsstätte Regierungsbunker« in Bad Neuenahr-Ahrweiler ein, durch die eine breite Öffentlichkeit auf das Thema aufmerksam wurde. Seitdem ermöglichen auch andernorts die heutigen Eigentümer oder eigens dafür gegründete Vereine, dass diese authentischen Orte unserer Geschichte begehbar und öffentlich zugänglich werden und eröffnen die Möglichkeit einer kritischen Auseinandersetzung mit ihnen.

Besuchergruppe in der Festung Hackenberg, 2010

Noch heute erzeugen Bunker ganz unterschiedliche Gefühle bei ihren Besuchern. Rufen sie in der älteren Generation zumeist Angst und Beklemmung sowie die Erinnerung an den Zweiten Weltkrieg hervor, so ist bei jüngeren Menschen allzu oft eine gewisse unreflektierte Faszination zu spüren, da mit den Bauwerken weder eigene Erfahrungen verbunden sind, noch die Geschichte der gesprengten, nachgenutzten oder umgebauten Bunker auf den ersten Blick erkennbar ist. Deswegen scheint es mir sinnvoll und notwendig, dass der konkrete geschichtliche Zusammenhang, in dem diese Bauwerke errichtet und genutzt wurden, thematisiert, kritisch reflektiert und zumal den Jüngeren vermittelt wird. Dieses Buch soll einen Teil dazu beitragen.

DÄNEMARK
16 Flensburg
17 Oeversee
Nordsee
Kiel 18
Helgoland 15
Niendorf 19
Rostock
SCHLESWIG-HOLSTEIN
Lübeck
MECKLEN
VORPOM
10 Cuxhaven
Schwerin
20–23
HAMBURG
Bremerhaven
Emden
9
14 BREMEN
Oldenburg
12–13
Elbe
NIEDERSACHSEN
8 Meppen
Weser
Hillersleben
42
Wolfsburg 11
Hannover
Braunschweig
NIEDERLANDE
Osnabrück
Hildesheim
Magde
Bielefeld
Salzgitter
43–44
SACHSEN-ANHALT
Rhein
NORDRHEIN-WESTFALEN
Paderborn
Essen
Dortmund
Göttingen
Duisburg
Bochum
Halle
7 Düsseldorf
Wuppertal
Kassel
Mönchen-gladbach
Fulda
BELGIEN
THÜRINGEN
6 Köln
Siegen
Jena
Erfurt
Bonn 5
HESSEN
2–4
1 Kall-Urft

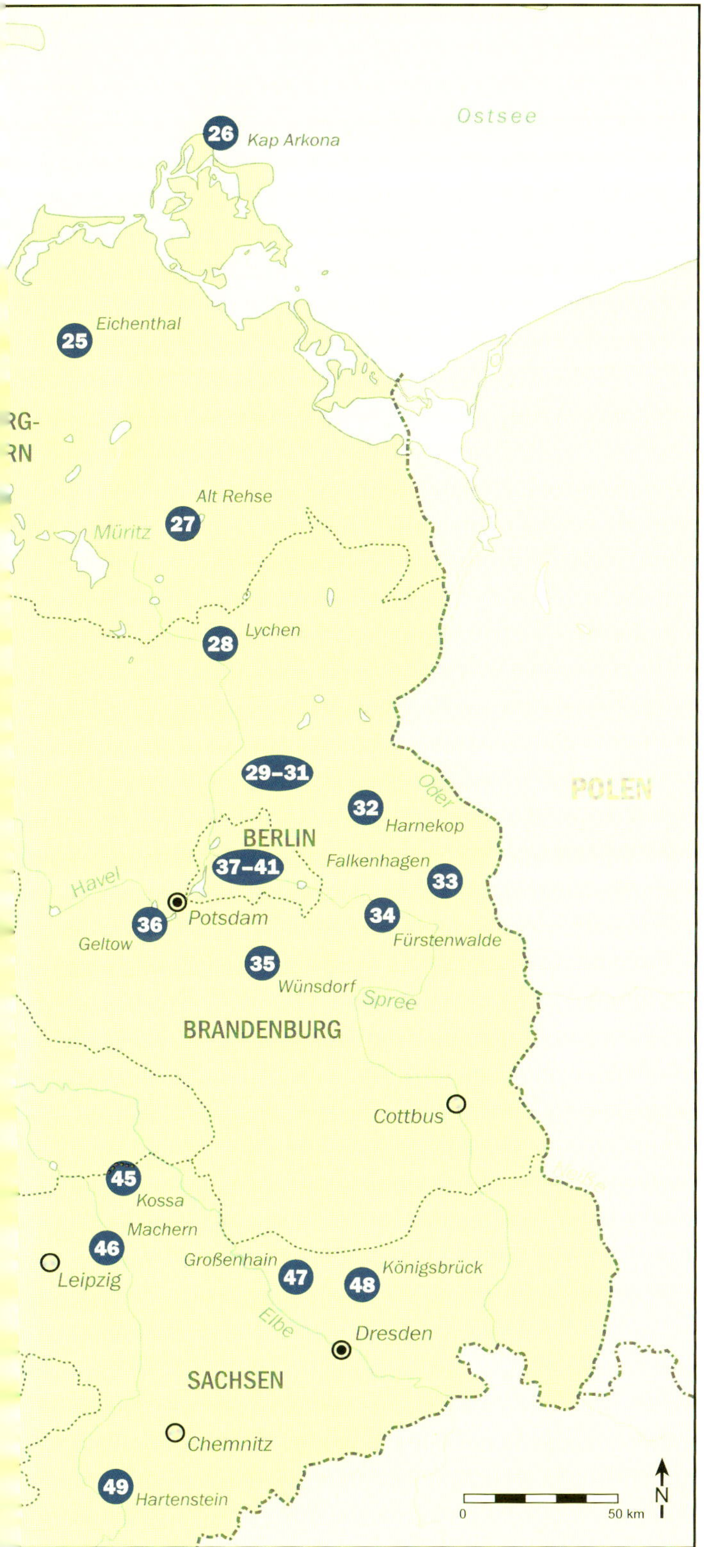

1 Regierungsbunker Nordrhein-Westfalen, Kall-Urft
2 Materialdepot der Luftwaffe, Mechernich
3 Ausweichsitz der Landesbank Nordrhein-Westfalen, Satzvey
4 Sendestelle Regierungsbunker, Kirspenich
5 Hilfskrankenhaus Bonn
6 Hochbunker / Kulturbunker Köln-Mülheim
7 Bunkerkirche, Düsseldorf
8 Bunkerversuchsbauten, Schießplatz Meppen
9 Hochbunker / Bunkermuseum und Kulturbunker Emden
10 Grundnetzschalt- und Vermittlungsstelle 22, Drangstedt
11 Werkluftschutz-Bunker Volkswagenwerk, Wolfsburg
12 Hochbunker / Zivilschutzanlage Admiralstraße, Bremen
13 U-Boot-Bunker »Hornisse«, Bremen
14 U-Boot-Bunkerwerft »Valentin«, Bremen
15 Bunker Helgoland
16 Luftschutztürme Bauart Zombeck, Flensburg
17 Regierungsbunker Schleswig-Holstein, Sankelmark
18 U-Boot-Bunker »Kilian«, Kiel
19 Warnamt I, Hohenwestedt
20 Gauleiter-Kaufmann-Bunker, Hamburg
21 Flakbunker Heiligengeistfeld, Hamburg
22 Tiefbunker / Zivilschutzanlage Hauptbahnhof, Hamburg
23 Tiefbunker / Zivilschutzanlage Berliner Tor, Hamburg
24 Hochbunker Neptun-Werft / Kulturkombinat Bunker Rostock
25 Troposphärenfunkzentrale 302, Eichenthal
26 Führungsbunker der 6. Flottille, Kap Arkona
27 Führungsbunker Militärbezirk V, Alt Rehse
28 Sonderwaffenlager Himmelpfort
29 MfS-Führungsbunker (Objekt 17/5005), Biesenthal
30 Regierungsbunker DDR (Objekt 17/5001), Prenden
31 Hauptquartier der Kriegsmarine »Koralle«, Lanke
32 Führungsstelle des Verteidigungsministeriums, Harnekop
33 N-Stoff- und Sarin-Werk, Falkenhagen
34 SS-Nachrichtenbunker »Fuchsbau« / Bunker ZGS 14, Fürstenwalde
35 Bunkeranlagen / Bücher- und Bunkerstadt Zossen-Wünsdorf
36 Hauptquartier der Luftwaffe »Großer Kurfürst«, Geltow
37 Hochbunker Reinhardtstraße / Sammlung Boros, Berlin
38 MfS-Führungsstelle Normannenstraße, Berlin
39 Mehrzweckanlage U-Bahnhof Pankstraße, Berlin
40 Flakbunker Humboldthain, Berlin
41 Bunkeranlagen des Flughafens Tempelhof / Tempelhofer Freiheit, Berlin
42 Festungswerk, Heeresversuchsanstalt Hillersleben
43 Untertageanlage »Malachit« (KL-12), Halberstadt
44 Untertageanlage »Turmalin« (KL-2), Blankenburg (Harz)
45 Führungsbunker Militärbezirk III / Militär-Museum, Kossa
46 Ausweichführungsstelle des MfS / Stasi-Bunker, Machern
47 Sonderwaffenlager / Flugplatzausstellung Großenhain
48 Gefechtsstand der Sowjetarmee, Königsbrück
49 Ausweichführungsstelle der SDAG Wismut, Hartenstein

NIEDERLANDE
Paderborn
Essen
Dortmund
Duisburg
Wuppertal
Düsseldorf
Mönchen-
gladbach
NORDRHEIN-
WESTFALEN
Köln
Aachen
Bonn
Siegen
59
Bad Neuenahr-
Ahrweiler
BELGIEN
Koblenz
60
Rittersdorf
Mosel
LUXEMBURG
Trier
Göttingen
52
Nordhausen
SACHSEN-
ANHALT
Halle
Kassel
Fulda
Saale
THÜRINGEN
Erfurt
Jena
50–51
HESSEN
Gießen
54
55–56
Frauenwald
53
Wiesbaden
58
Frankfurt a.M.
57
Offenbach
Mainz
Main
Darmstadt
Würzburg
RHEINLAND-
PFALZ
Erlangen
Fürth
73
Nürnberg
Besseringen
65
Kindsbach
62
SAARLAND
Saarbrücken
Ludwigshafen
Mannheim
Heidelberg
64
St. Martin
63
Clausen
61
Pirmasens
Neckarzimmern
66
Heilbronn
Rhein
Karlsruhe
BAYERN
Pforzheim
68
Oberreichenbach
67
Stuttgart
Donau
Ingolstadt
Neckar
Reutlingen
Lech
Ulm
Augsburg
FRANKREICH
BADEN-
WÜRTTEMBERG
Freiburg i.B.
69
Oberried
70a
Landsberg am
Lech
71–72
Iller
Bodensee
SCHWEIZ

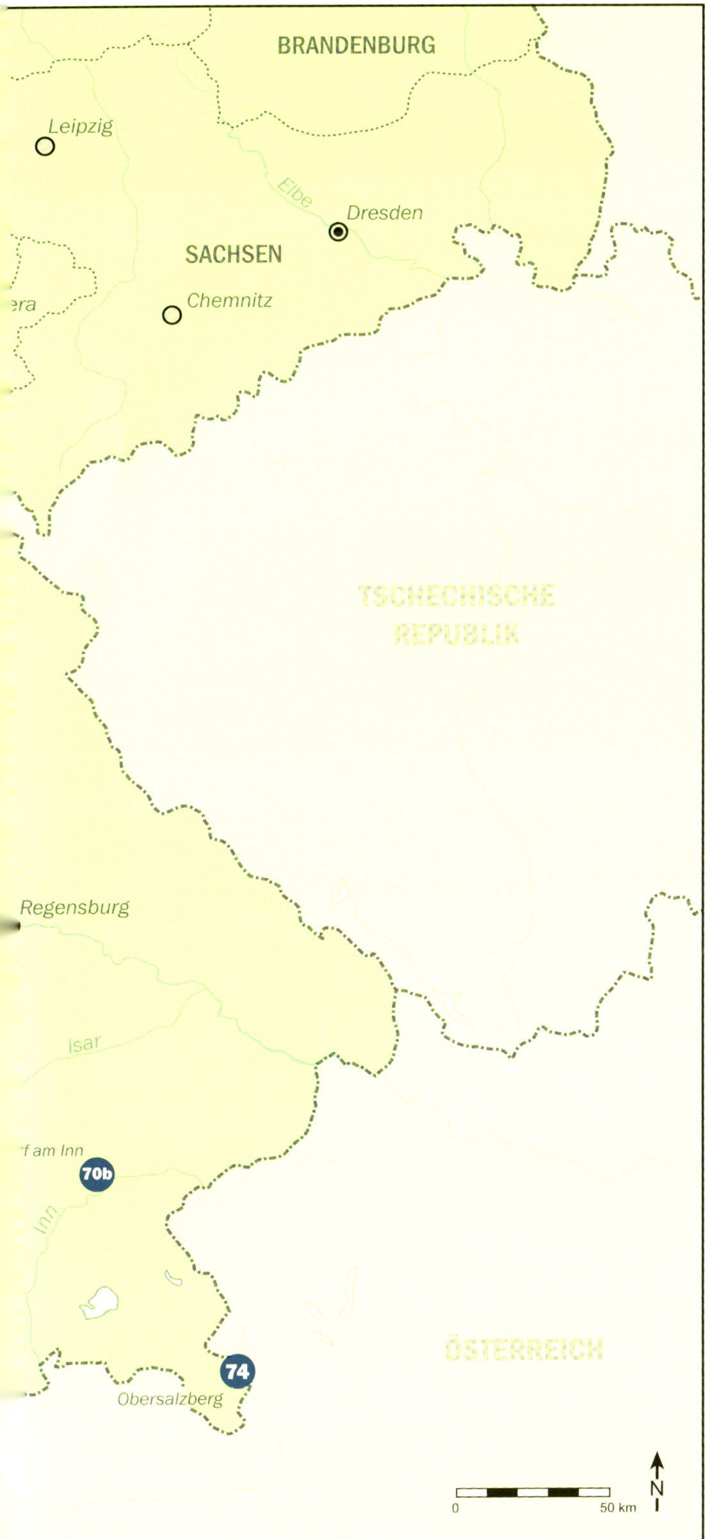

50 Untertageanlage »Albit« (KL-22), Rothenstein
51 REIMAHG-Werk / Dokumentationszentrum, Walpersberg
52 KZ Mittelbau-Dora / KZ-Gedenkstätte, Nordhausen
53 MfS-Ausweichführungsstelle der BV Suhl, Frauenwald
54 Waldkaserne Gießen
55 Warnamt VI, Bodenrod
56 »Führerhauptquartier Adlerhorst«, Langenhain-Ziegenberg
57 Hochbunker Friedberger Anlage / Erinnerungsstätte, Frankfurt am Main
58 SS-Befehlsbunker »Unter den Eichen« / KZ-Gedenkstätte, Wiesbaden
59 Regierungsbunker BRD / Dokumentationsstätte, Bad Neuenahr-Ahrweiler
60 »Mace«-Abschussanlage, Rittersdorf
61 Festungswerk Gerstfeldhöhe / Westwallmuseum, Pirmasens
62 Kommandozentrale der US Army, Kindsbach
63 Giftgasdepot der US Army, Clausen
64 Grundnetzschalt- und Vermittlungsstelle 44, Sankt Martin
65 B-Werk, Besseringen
66 Untertageanlage Neckarzimmern
67 Luftschutzturm der Bauart »Winkel«, Stuttgart-Feuerbach
68 Regierungsbunker Baden-Württemberg, Oberreichenbach
69 »Kulturgutschutz-Bunker«, Oberried
70a Großbunker »Weingut II«, Landsberg am Lech
70b Großbunker »Weingut I«, Mühldorf am Inn
71 Mehrzweckanlage Hauptbahnhof München
72 Hochbunker Blumenstraße / Zivilschutzanlage, München
73 Kunstbunker, Nürnberg
74 Komplex Obersalzberg / Dokumentation Obersalzberg, Berchtesgaden

1 Regierungsbunker Nordrhein-Westfalen, Kall-Urft

Ausweichsitz NRW
Am Gillesbach 1
53925 Kall-Urft

www.ausweichsitz-nrw.de

Führung:
Sa. 16 Uhr (nach Anmeldung); für Gruppen ab zehn Personen täglich nach Vereinbarung möglich

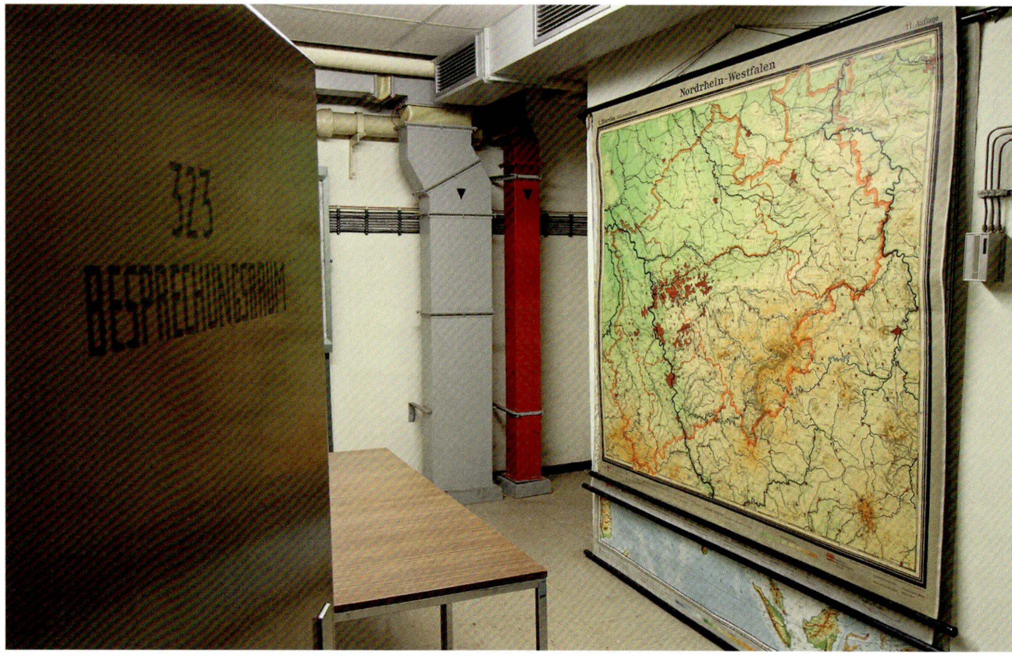

Oben: ehemaliger Lage- und Besprechungsraum, 2012

In der Hochphase des Kalten Krieges wurde Ende der 1950er Jahre zuerst die Errichtung eines Bunkerkomplexes für die Bundesregierung und einige Jahre später der Bau entsprechender Anlagen für die jeweiligen Landesregierungen beschlossen. In diesem Zusammenhang baute man 1962 den alternativen Dienstsitz für 200 leitende Beamte und Politiker der Landesregierung Nordrhein-Westfalen, um im Falle einer militärischen Auseinandersetzung zwischen den Streitkräften der Nato und des Warschauer Paktes auch bei Angriffen mit atomaren, biologischen und chemischen Waffen einen geschützten Aufenthalts- und Arbeitsort zu haben. So entstand für knapp zehn Millionen DM in einer abgelegenen Gegend der Eifel am Rande der Ortschaft Urft ein unterirdischer Schutzbunker. Aus Tarnungsgründen hieß es, man würde dort ein Wasserwerk bauen. Der Haupteingang zum Bunker wurde nachträglich, da in den Wintermonaten der Zugang leicht einsehbar war, in einer äußerlich unscheinbaren Doppelgarage versteckt. Auch das angrenzende oberirdische Wohnhaus ließ nicht erahnen, welch große und wichtige Bunkeranlage sich am angrenzenden Berghang befand: Auf vier Etagen und einer Nutzfläche von knapp 2000 Quadratmetern verteilten sich mehr als 100 Räume, in denen die Krisenstäbe im Fall eines atomaren Dritten Weltkrieges die notwendigen Maßnahmen koordinieren sollten.

Das unterirdische Bauwerk ist im Wesentlichen ein modifizierter Warnamts-Bunkertyp, auch wenn in Urft statt des sonst üblichen großen Lagesaals zusätzliche Räume für die unterschiedlichen Arbeitsgruppen der »Notregierung« errichtet wurden. Wie bei den Warnämtern, die man in den 1960er Jahren an zehn Standorten für den neu aufgebauten Warndienst in der Bundesrepublik (→ S. 130) errichtete, war der Bunker zur Seite mit drei Meter dicken Außenwänden versehen. Darüber hinaus sollte eine eigene technische Infrastruktur das autarke Überleben für maximal 30 Tage gewährleisten. Zwei Notstromgeneratoren lieferten bei einem Ausfall der öffentlichen Stromversorgung die notwendige Elektrizität. Ein Tiefbrunnen samt einer Wasseraufbereitungsanlage sicherte die Bereitstellung des benötigten

Trink- und Brauchwassers. Um Kontakt zu den Führungsstellen der Bundeswehr, des Regierungsbunkers des Bundes (→ S. 138) und den Warnämtern sicherzustellen, existierten zahlreiche Nachrichten- und Fernschreibverbindungen. Darüber hinaus gab es im Bunker ein gut ausgestattetes Rundfunkstudio, das sowohl für interne Durchsagen als auch für Mitteilungen an die Bevölkerung genutzt werden konnte.

Um auch nach oder während eines mit ABC-Waffen geführten Krieges Menschen in das Bauwerk einschleusen zu können, hatte man am Haupteingang einen zusätzlichen Entgiftungsbereich eingerichtet, wo Personen, die mit gesundheitsgefährdenden Stoffen belastet waren, dekontaminiert werden sollten. Verletztes Bunkerpersonal konnte vom eigenen Arzt auf einer Krankenstation versorgt werden.

Der Platz im Bunker war sehr begrenzt und musste möglichst effektiv genutzt werden. Beispielsweise war nicht für alle unterzubringenden Personen ein eigenes Bett vorhanden. Mithilfe eines entsprechenden Schicht- und Arbeitsplans war die Dienstzeit so geregelt, dass die Betten nacheinander von mehreren Personen benutzt werden sollten.

Das Bauwerk wurde von einer Stammmannschaft rund um die Uhr einsatzbereit gehalten. Lebensmittel und andere Vorräte zur Versorgung im Ernstfall wurden vorgehalten und regelmäßig vor Erreichen des Verfallsdatums ausgetauscht.

Die Einsatzfähigkeit des Bunkers und die verschiedenen Arbeitsabläufe für den Ernstfall wurden bis zur Stilllegung der Anlage mehrfach erprobt bzw. trainiert. Etwa 100 Mitarbeiter des Innenministeriums schlüpften dabei in die Rolle der vorgesehenen Insassen. Bei den mehrtägigen Übungen spielte man die verschiedensten Einsatzszenarien durch. Dabei sollen nach Berichten von Augenzeugen immer wieder Einzelne einen Bunkerkoller bekommen haben, die dann die Übung vorzeitig abbrechen mussten.

Der Standort in Kall-Urft wurde nach dem Zusammenbruch des sowjetischen Staatensystems 1993 geschlossen. Die Anlage wurde anschließend vom Land Nordrhein-Westfalen veräußert. Heute befindet sich das Bauwerk in Privatbesitz und kann als Dokumentationsstätte des Kalten Krieges zu festgelegten Zeiten besichtigt werden. Es ist einer der besterhaltenen Bunkerbauten seiner Epoche.

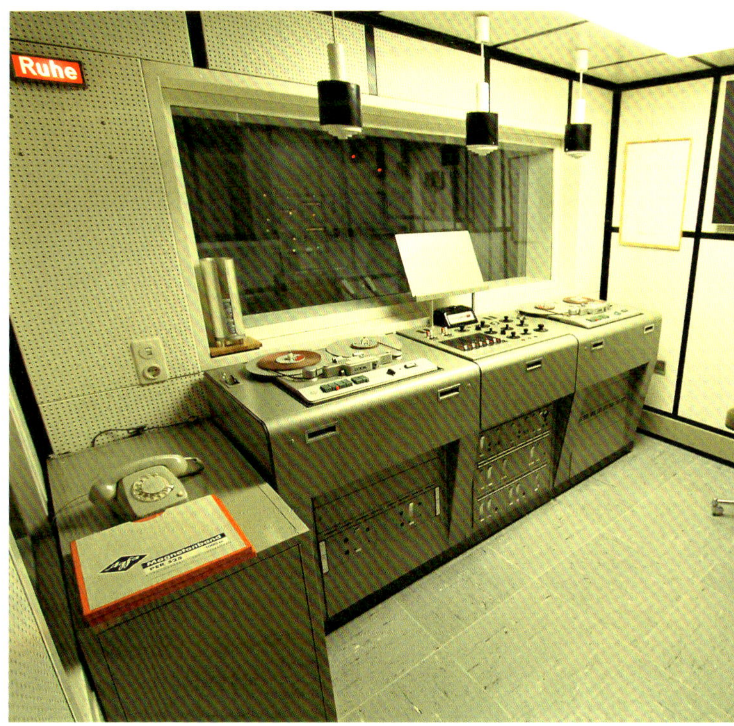

Unterkunftsraum (l.) und Rundfunkstudio (r.) im früheren Regierungsbunker, 2012

2 Materialdepot der Luftwaffe, Mechernich

Bleiberg-Kaserne
Bleibergstr. 1
53894 Mechernich

Oben: Bauarbeiten am Stollenmund, ca. 1968

Bis 1957 wurde beim Eifelort Mechernich Bleierz abgebaut. Ein Teil der weitverzweigten Stollenanlagen am südlichen Ende der Stadt wurde bereits während des Zweiten Weltkrieges als Luftschutzanlage von bis zu 5000 Menschen genutzt. Dort fanden Zivilisten und Mitarbeiter der Stadtverwaltung einen bombensicheren Zufluchtsort. Selbst das örtliche Krankenhaus richtete sich mit einem Provisorium in den Stollenanlagen ein.

Als die Preussag AG den Abbau des Bleierzes aus wirtschaftlichen Gründen einstellte, übernahm der Bund das Areal und stellte es der Bundeswehr zur Verfügung, die nach ihrer Gründung im November 1955 im gesamten Bundesgebiet mit umfangreichen Baumaßnahmen für die Unterbringung der verschiedensten Einrichtungen der Armee sorgte. Neben dem Ausbau von Kasernen entstanden unter anderem als Schutz vor ABC-Waffen zahlreiche verbunkerte militärische Gefechtsstände, Nachrichtenknoten (→ S. 40) sowie verschiedene komplexe unterirdische Anlagen.

Dazu gehörte auch die weitläufige Untertageanlage, die zwischen 1963 und 1975 bei Mechernich für 280 Millionen DM gebaut wurde. Dafür wurde neben den oberirdischen Gebäuden aus Sicherheitsgründen ein neues eigenständiges Stollensystem in einer Tiefe von 120 bis 140 Metern aufgefahren, in dem ursprünglich Kampfflugzeuge vom Typ F-104G/Starfighter instand gesetzt werden sollten. Diese Pläne wurden aber bereits in der Bauphase abgeändert, und die Anlage wurde schließlich als Depot für verschiedene Materialien der Luftwaffe fertiggestellt.

Als Folge der veränderten Planungen wurden die im Kernbereich vorgesehenen zwei Kilometer langen Stollen auf 700 Meter reduziert und die nun benötigten Lagerstollen größtenteils zweietagig ausgebaut. Trotz dieser Verkürzung beträgt die gesamte Länge der Anlage noch stattliche elf Kilometer, wovon fünf Kilometer auf den Hauptverkehrsstollen entfallen, der von zwei Seiten befahrbar ist und die Verbindung zur Außenwelt darstellt. Materialtransporte mit der Bahn oder mit Lastwagen erfolgen über die Westeinfahrt, der Personenverkehr wird über die Osteinfahrt abgewickelt. Neben dem Hauptverkehrsstollen sind im Inneren des Berges vier weitere parallel verlaufende Hauptstollen vorhanden. Der erste Stollen dient der Be- und Entladung sämtlicher Materialtransporte und wird als Rampenstollen bezeichnet. Dahinter schließen sich drei klimatisierte, 700 Meter lange, 12 Meter breite und bis zu 8,40 Meter hohe Lagerstollen an, die durch zahlreiche Querstollen miteinander verbunden sind. Insgesamt stehen von der unterirdischen Gesamtfläche von 87 000 Quadratmetern etwa 38 000 für Lagerzwecke zur Verfügung.

In einem Querstollen am Ende des Komplexes ist die Versorgungstechnik der Untertageanlage untergebracht. Zwei leistungsfähige, erst 2012 modernisierte Dieselgeneratoren könnten bei Ausfall des öffentlichen Stromnetzes zwei Megawatt Leistung pro Stunde erzeugen. Der normale Stromverbrauch beträgt knapp 5000 Megawatt pro Jahr, was dem Durchschnittsverbrauch von etwa 1000 Fünf-Personen-Haushalten entspricht.

Im unterirdischen Lagerkomplex, der nach wie vor von der Luftwaffe genutzt wird, ist nicht nur Material für unterschiedliche Waffensysteme wie etwa das Patriot-Flugabwehrsystem oder die Transall eingelagert, sondern auch Fernmelde- und IT-Technik sowie zahlreiche Ersatzteile. Insgesamt werden etwa 80 000 unterschiedliche Versorgungsartikel vorgehalten, die bei Bedarf regelmäßig an die entsprechenden Dienststellen ausgeliefert werden. Zum Transport des Materials kommen neben Flurförderfahrzeugen auch fahrerlose Transportwagen zum Einsatz, die den in den Boden eingelassenen Induktionsschleifen folgen und das Lagergut zum einprogrammierten Standort befördern.

Zum Schutz vor Feuer sind die Stollen in unterschiedliche Brandabschnitte eingeteilt, und der Lagerbereich ist mit einer Sprinkleranlage ausgestattet. Zusätzlich wurde in einem Abschnitt zwischen dem Depot- und dem Technikbereich ein Gefechtsstand der Luftwaffe eingerichtet, der aber heute nicht mehr in Gebrauch ist, anders als das unterirdische Materialdepot, das auch nach der 2011 beschlossenen Strukturreform der Bundeswehr weiterhin genutzt werden wird.

Oben: Verschalung des Stollens, ca. 1968; Mitte: Lager für Kleinteile, 2012; unten: Verladerampe, 2012

3 Ausweichsitz der Landesbank Nordrhein-Westfalen, Satzvey

Grundschule am Veybach
Am Kirchtum
53894 Mechernich-Satzvey

Führungen:
Anmeldung über
www.bunker-satzvey.de

Oben: Blick in den Seitenflur des Bunkers, 2012; unten: Schulhof über dem Bunker, 2012

Im »Schutzbaugesetz« vom 9. September 1965 heißt es im Paragraph 23, Absatz 1: »Anlagen und Einrichtungen, die der öffentlichen Versorgung mit Wasser, elektrischer Energie, der übergebietlichen Ferngasversorgung oder der Abwässerbeseitigung dienen, und Anlagen oder Einrichtungen des öffentlichen Fernmeldewesens, der Rundfunkanstalten, der Wasser- und Schiffahrtsverwaltung des Bundes, der Flugsicherung, des Wetterdienstes, der Deutschen Bundesbahn sowie der Bundesfernstraßen sind durch bauliche Maßnahmen des verstärkten Schutzes insoweit zu sichern, als es nach der Zivilverteidigungsplanung zur Weiterarbeit auch während unmittelbarer Kampfeinwirkungen unerläßlich ist. Die Arbeitsplätze des erforderlichen Bedienungs- und Betriebslenkungspersonals sind durch verstärkten Schutz zu sichern. In Einzelfällen kann über den verstärkten Schutz hinausgegangen werden.«

In den 1960er Jahren traf man nicht nur Vorbereitungen, um die urbane Infrastruktur bei einem möglichen Verteidigungsfall aufrechtzuerhalten, auch Bundes- und Landesbehörden sollten im Kriegsfall arbeitsfähig bleiben. Das galt sowohl für die Bundesbank als auch für die verschiedenen Landeszentralbanken, die bei einem bewaffneten Konflikt auf dem Gebiet der Bundesrepublik Deutschland das störungsfreie Funktionieren des Zahlungsmittelkreislaufes garantieren sollten.

In Satzvey, einem Ortsteil des Eifelstädtchens Mechernich, wurde in den Jahren 1966 bis 1969 der verbunkerte Ausweichsitz der Landeszentralbank

Nordrhein-Westfalen unter der Tarnbezeichnung »Sonderbauwerk Steinfurt« errichtet. Beim Neubau einer Schule baute man für fünf Millionen DM heimlich unter dem heutigen Schulhof eine zweietagige Bunkeranlage mit einer Nutzfläche von 1800 Quadratmetern. Hinter meterdicken Betonwänden hätten hier etwa 100 Mitarbeiter der Landeszentralbank einen atombombensicheren Schutzraum gefunden. In dem Bauwerk existierte ein mit einer Tresortür abgesicherter Raum für sogenannte Sonderwerte. Dies konnten zum Beispiel die eigens vorgehaltene Not- bzw. Ersatzwährung des Bundesbank oder auch andere Wertgegenstände sein.

Die geheime Ersatzwährung wurde von der Bundesbank in den 1960er Jahren gedruckt und in den Haupttresoren in Frankfurt am Main und im Bunker der Bundesbank bei Cochem eingelagert. Rund 25,3 Milliarden DM wurden in 5-, 10-, 20-, 50- und 100-Mark-Scheinen vorgehalten, die den im Umlauf befindlichen Bankknoten in vielen Punkten ähnlich sahen. Die ausgegebenen Geldscheine wurden intern als »BBk I«, die Ersatzwährung als »BBk II« bezeichnet. Die Ersatzwährung hatte man hergestellt, um im Kriegs- oder auch im Notfall – man dachte da etwa an kommunistische Regierungen im Osten oder an kriminelle Banden, die massenhaft Falschgeld in den Verkehr bringen könnten – sofort reagieren zu können. Dann hätte man die im Umlauf befindlichen Banknoten nur auszutauschen brauchen. Zum Einsatz wäre die Ersatzwährung auch gekommen, wenn eine nukleare Explosion durch ihre Druck- und Hitzewellen ungeschützte Tresore zerstört und die eingelagerten Geldwerte vernichtet hätte. So lagerten also Milliarden DM in dem etwa 30 Meter tiefen Bunker der Bundesbank, der zusätzlich mit bis zu vier Meter dicken Wänden versehen war. Mit der neuen fälschungssicheren Banknotenserie, die 1990 in Umlauf gebracht wurde, wurde auch die Ersatzwährung sinnlos. Sie wurde geschreddert und anschließend verbrannt.

Kurz nach der Fertigstellung der unterirdischen Anlage in Satzvey wurden erste Ernstfallübungen angesetzt. Für einige Tage erprobten etwa 30 Mitarbeiter der Landeszentralbank die Arbeit und die Abläufe aus dem Bunker heraus, der bis in die 1990er Jahre für den Ernstfall vorgehalten und dann stillgelegt wurde.

Treppenhaus im Bunker, 2012

Heute wird das Bauwerk an wenigen Tagen im Jahr für kulturelle Zwecke wie etwa für Lesungen und Führungen genutzt. 2012 mussten mehrere tausend Liter Regenwasser aus dem Bauwerk ausgepumpt werden. Das Wasser war durch kleine Risse eingedrungen, die vermutlich nach der Sanierung des Schulhofes im Bunker entstanden waren, bei denen schweres Gerät das Zugangsbauwerk beschädigt hatte.

4 Sendestelle Regierungsbunker, Kirspenich

Hardtburgstraße
53902 Bad Münstereifel-Kirspenich

Führungen:
Anmeldung über
www.bunker-kirspenich.de

Aus Tarnungsgründen existierten in den Führungsbunkern der Bundesregierung zwar Funk- und Sendeeinrichtungen, doch diese sollten nur im äußersten Notfall eingesetzt werden, da Funkquellen durch feindliche Streitkräfte relativ einfach angepeilt und anschließend angegriffen und vernichtet werden konnten. Die Kommunikation zwischen den Krisenstäben wurde – neben den direkten Drahtverbindungen – per Funk über eigene verbunkerte Sendestellen abgewickelt.

Oben: Hauptzugang zum früheren Sendebunker, 2012; unten: ehemalige Zugangsschleuse, 2012

Für den Regierungsbunker bei Bad Neuenahr-Ahrweiler (→ S. 138) entstand daher bei Kirspenich, etwa 40 Kilometer entfernt, zwischen 1963 und 1965 eine geschützte Sendestelle samt einem großen Antennenfeld unter den Tarnbezeichnung »THW 3«. In dem 4,2 Millionen DM teuren und etwa 49 mal 38 Meter großen unterirdischen Bauwerk waren Funk- und Sendeeinrichtungen untergebracht, aber auch Dieselgeneratoren, Klima- und Lüftungstechnik sowie ein eigener Tiefbrunnen, der das autarke Überleben von rund 30 Personen für knapp 30 Tage sicherstellen sollte. Wie in anderen Bunkerbauwerken aus dieser Zeit waren die Außenwände aus drei Meter starkem Stahlbeton.

Der Bunker gliedert sich in drei Bereiche. Der zentrale Teil enthält die Räumlichkeiten für die Wache, die den Zugang kontrollierte, Arbeitsräume und den ehemaligen Senderaum. Im vom Eingang aus gesehen rechten Trakt befinden sich der Entgiftungstrakt mit den Anlagen zur Dekontamination, den Duschen und weiteren sanitären Einrichtungen sowie ein kleiner Unterkunfts- und Verpflegungsbereich. Im gegenüberliegenden Trakt ist die gesamte Versorgungstechnik für die Anlage untergebracht. Durch einen den zentralen Teil umlaufenden Flur sind alle Bereiche miteinander verbunden.

Als technische Besonderheit konnte auf dem Antennenfeld neben den oberirdisch aufgespannten Antennen eine unterirdisch gesicherte Teleskopantenne herausgefahren werden. Wenn die oberirdischen Antennen nach einem Angriff zerstört oder beschädigt worden wären, hätte man mit dieser hydraulischen Antenne eine Verbindung zur Außenwelt wieder herstellen können. Solche Antennen werden auch als »Papstfinger« bezeichnet, seitdem die Firma Telefunken Anfang des 20. Jahrhunderts für Radio Vatikan einen in der Höhe verstellbaren Antennenstrahler errichtet hatte, um so verschiedene Wellenlängen regulieren zu können.

Bis zu seiner Stilllegung 1998 ist die Sendestelle mehrfach modernisiert worden, zuletzt Mitte der 1990er Jahre. Dabei wurde die Ausrüstung immer auf den neuesten Stand gebracht, so dass die leistungsfähige Sendetechnik zwischenzeitlich als Polizeihauptfunkstelle des Bundesgrenzschutzes (der heutigen Bundespolizei), für den weltweiten Botschaftsfunk des Auswärtigen Amtes sowie vom Bundesnachrichtendienst genutzt wurde. Während der Nutzung durch den Auslandsgeheimdienst der Bundesrepublik musste das Stammpersonal die Einrichtung verlassen.

Als der Regierungsbunker Ende der 1990er Jahre aufgegeben wurde, war auch die Sendestelle überflüssig geworden. Nach Stilllegung und dem anschließenden Verkauf der bundeseigenen 55 000 Quadratmeter großen Liegenschaft und ihrer Nutzung als Büro und Lager eines Forstbetriebes werden seit 2011 Führungen durch die verbunkerte Sendestelle und über das Antennenfeld angeboten. Für eine Teilnahme ist die vorherige Anmeldung notwendig.

Zentraler Arbeitsraum in der ehemaligen Sendestelle, 2012

Öffnungen für die Zuluft im Techniktrakt, 2012

5 Hilfskrankenhaus Bonn

Siegburger Straße 231
53229 Bonn

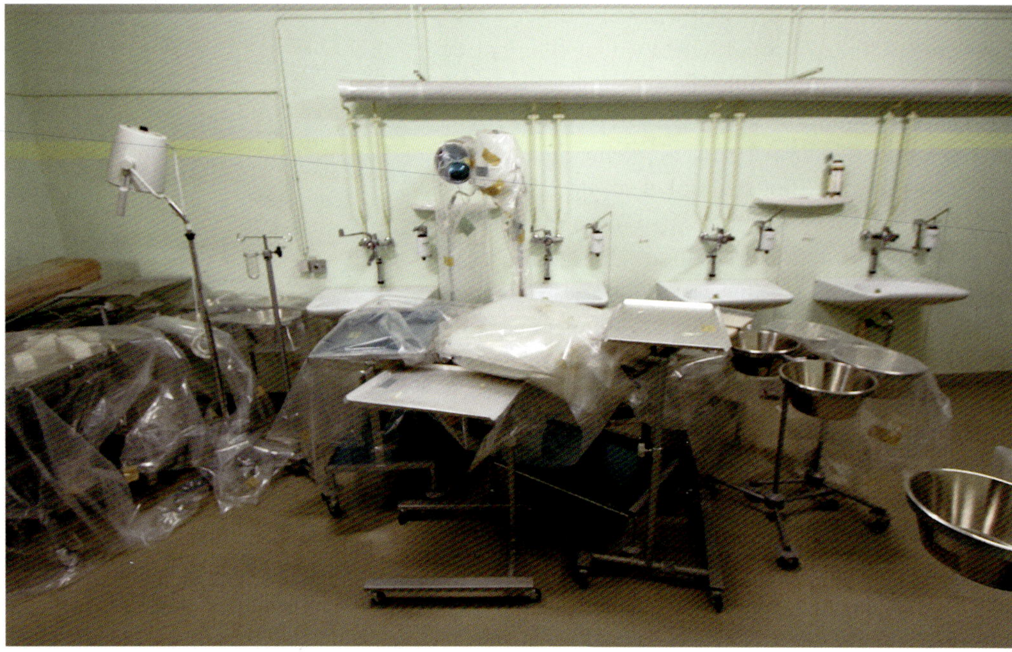

Die Geschichte des institutionalisierten Luftschutzes in der Bundesrepublik ist mit zahlreichen Organisationsnamen verbunden. Nach dem Ende des Zweiten Weltkrieges hatte der Alliierte Kontrollrat 1946 die Auflösung aller überkommenen deutschen Luftschutzorganisationen angeordnet, die für den Aufbau und Betrieb des zivilen Luftschutzes zuständig waren. Ein Jahr nach der Gründung der Bundesrepublik Deutschland wurde als Katastrophenschutzorganisation des Bundes ab 1950 das Technische Hilfswerk (THW) aufgebaut. Innerhalb der Deutschen Forschungsgemeinschaft (DFG) bildete sich zur selben Zeit eine wissenschaftliche »Kommission zum Schutz der Zivilbevölkerung gegen atomare, biologische und chemische Angriffe«. 1952 genehmigten die Westalliierten den Aufbau eines zivilen Luftschutzes in der Bundesrepublik, was ein Jahr später zur Errichtung einer gleichnamigen Bundesanstalt führte, die dann wiederum 1957 in der »Bundesdienststelle für zivilen Bevölkerungsschutz« aufging. Dieser waren nun auch das THW, die Planungsgruppen für die Warnämter (→ S. 58) und das Versuchswarnamt in Düsseldorf unterstellt. Das »Erste Gesetz über Maßnahmen zum Schutz der Zivilbevölkerung (1. ZBG)« wurde vom Bundestag am 9. Oktober 1957 beschlossen. Ein gutes Jahr später folgte am 5. Dezember 1958 ein weiteres

Einrichtungsgegenstände (o.) und Zugang (u.) zum früheren Hospital, 2012

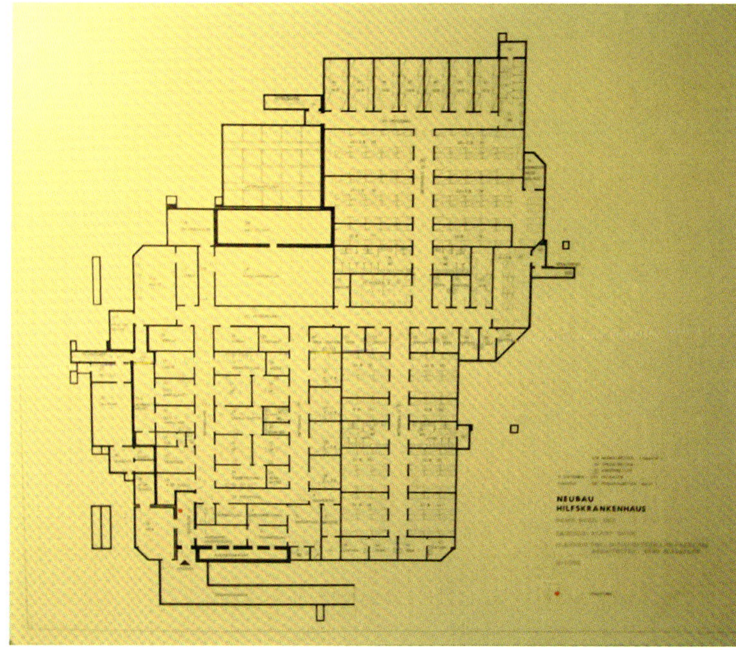

Gesetz zur Gründung des »Bundesamtes für zivilen Bevölkerungsschutz«, welches dem Bundesminister des Inneren unterstellt war. Am 10. Juli 1974 wurde dieses Gesetz ergänzt und erweitert und das Amt in »Bundesamt für Zivilschutz« umbenannt. 25 Jahre später, am 22. Dezember 1999, wurde das Bundesamt im Rahmen des Haushaltsanierungsgesetzes aufgelöst und die Wahrnehmung seiner Aufgaben dem Bundesverwaltungsamt übertragen. Doch es dauerte nicht lange, da wurde über eine Wiederbelebung des institutionalisierten Zivilschutzes nachgedacht. Grund waren die terroristischen Angriffe am 11. September 2001 auf Einrichtungen der USA, aber auch Naturkatastrophen wie die Hochwasser an zahlreichen Flüssen in Deutschland. Dies führte schließlich am 1. Mai 2004 zur Gründung des »Bundesamtes für Bevölkerungsschutz und Katastrophenhilfe« (BBK).

Der bundesdeutsche Zivilschutz erschöpfte sich natürlich nicht nur in organisatorischen Fragen. Im »Schutzbaugesetz« vom 9. September 1965 wurde die Errichtung von verbunkerten Zivilschutzanlagen auf dem gesamten Bundesgebiet angeordnet. Die Schutzräume mussten »gegen herabfallende Trümmer, gegen radioaktive Niederschläge, gegen Brandeinwirkungen sowie gegen biologische und chemische Kampfmittel Schutz gewähren und für einen längeren Aufenthalt geeignet sein (Grundschutz); es muß die Gewähr bestehen, daß sie in kürzester Zeit erreichbar sind«. Dies galt auch für die Errichtung von Sanitätsmittellagern, Ausweich- und Hilfskrankenhäusern, für deren Neu- oder Ausbau der Bund jährlich etwa zehn Millionen DM bereitstellte. Im Kriegsfall sollten unter anderem Schulen als Ausweichkrankenhäuser genutzt werden, aber im Laufe der Jahre entstanden auch zahlreiche rein verbunkerte Standorte, sogenannte Hilfskrankenhäuser im »Vollausbau«, in denen zudem direkt die vorgehaltenen Sanitätsmittel eingelagert werden konnten.

Eines dieser Hilfskrankenhäuser wurde 1983 unter einer Turnhalle der Gesamtschule Bonn-Beul fertiggestellt. In dem etwa 60 mal 86 Meter großen Tiefbunker, der mit 30 bis 60 Zentimeter dicken Wänden und Decken versehen war, konnten rund 1100 Personen auch intensivmedizinisch versorgt werden. Wie in einem normalen Krankenhaus gab es neben den Operationssälen eine Röntgenabteilung, medizinische Labore und natürlich zahlreiche Betten- und Personalräume. Notstromaggregat, Tiefbrunnen sowie Klima- und Belüftungstechnik ermöglichten einen autarken Betrieb auch bei Ausfall des landeseigenen Stromnetzes.

Die Anlage befindet sich noch immer in der Zivilschutzbindung und wird heute auch als Notfallversorgungsstelle bei Großveranstaltungen vorgehalten.

Übersichtsplan (o.) und Patientenbetten (u.) des ehemaligen Hilfskrankenhauses, 2012

6 Hochbunker Köln-Mülheim

Kulturbunker Köln-Mülheim
Berliner Str. 20
51063 Köln

www.kulturbunker-muelheim.de

Kulturbunker mit Gastronomie-Anbau, 2012

Die Stadt Köln erlebte am 12. Mai 1940 einen ersten alliierten Bombenangriff, eine Erfahrung, die die Kölner im Laufe des Jahres mit vielen anderen Deutschen teilten. Daraufhin wurden im Herbst 1940 im Rahmen des »Führer-Sofortprogramms« (→ S. 12) die Projektierung und der Bau von Luftschutzanlagen für die Zivilbevölkerung in 60 deutschen Städten befohlen. Um die personellen und materiellen Ressourcen gezielt und effektiv einzusetzen, wurde eine Hierarchie der schützenswerten Orte aufgestellt. Die großen Städte bzw. Ballungszentren mit den kriegswichtigen Rüstungsbetrieben wurden als Luftschutzorte der I. Ordnung geführt, waren also bevorzugt zu behandeln. Dazu gehörte auch Köln. Alsbald entstanden im gesamten Stadtgebiet neue Bunkeranlagen für den zivilen Luftschutz, oder es wurden bestehende und dafür geeignete Baulichkeiten wie etwa Kelleranlagen bombensicher ausgebaut. Nach der Zunahme der alliierten Luftangriffe wurde das Programm um eine zweite Bauphase ab Sommer 1941 erweitert, in der noch mehr Schutzräume entstehen sollten.

Um die Bevölkerung zu demoralisieren, setzte das britische Luftfahrtministerium ab März 1942 auf gezielte Flächenbombardements. Das Ziel dieser neuen Angriffsstrategie, die am 14. Februar 1942 mit der vom Ministerium herausgegebenen »Area Bombing Directive« (Anweisung zum Flächenbombardement) offiziell wurde, war nicht mehr der gezielte Angriff auf Rüstungsstandorte oder Verkehrsknoten, sondern sie setzte auf eine geballte Bombardierung von verschiedenen Städten und Regionen Deutschlands. Als erste Stadt wurde Lübeck von rund 1000 Bombern am 28./29. März 1942 angegriffen. Danach folgten unter anderem Rostock und das Ruhrgebiet.

In der »Operation Millennium« steuerten 1047 Bomber Köln an. Ihr Ziel erreichten etwa 900 Flugzeuge, die in der Nacht vom 30. auf den 31. Mai 1942 eine Bombenlast von 1455 Tonnen über der Stadt entluden. Dabei war die Zerstörung durch die rund 2500 einzelnen Brandherde größer als durch die vorherige Explosion der Bomben. Ein Feuersturm wie etwa in Hamburg konnte sich in Köln aufgrund der lockeren Bebauung nicht ausbreiten. Nach offiziellen Berichten verloren allein in dieser Nacht etwa 500 Menschen ihr Leben, 5027 wurden verwundet und 45 132 obdachlos. Ein Großteil der Kölner Bevölkerung, etwa 150 000 Personen, verließ daraufhin aus Sicherheitsgründen die Stadt. Bis zum Ende des Zweiten Weltkrieges erlebte Köln 262 alliierte Luftangriffe. 95 Prozent der historischen Altstadt waren danach zerstört.

Der Hochbunker in der Berliner Straße 20 entstand 1942/43 während der zweiten Phase des Bunkerbauprogramms unter dem Einsatz zahlreicher Zwangsarbeiter. Diese wurden in der Stadt sowohl auf verschiedenen Baustellen bei der Errichtung von Bunkern und weiteren Schutzeinrichtungen als auch bei der lebensgefährlichen Beseitigung von Trümmerresten oder nicht explodierter Munition eingesetzt. Für die Zwangsarbeiter oder KZ-Häftlinge existierten in der Regel keine eigenen Luftschutzanlagen.

In dem fünfgeschossigen, 30 mal 15 Meter großen Bau in der Berliner Straße, der aus Tarnungsgründen die äußere Gestalt einer Kirche erhielt, konnten bei einem Luftangriff knapp 3000 Personen Schutz finden. Waren die ersten Bunker noch relativ großzügig angelegt, so verringerte sich in den späteren Planungen der für persönliche Belange vorgesehene Raum im Bunker zusehends. In einem Tiefbunker nach Maßgaben des »Führer-Sofortprogramms« waren pro Person 1,1 Quadratmeter eingeplant, in dem Hochbunker in Köln-Mülheim waren es nur noch gut die Hälfte: 0,6 Quadratmeter.

Durch die Luftangriffe der alliierten Streitkräfte auf Köln waren nicht nur unzählige Wohnungen, sondern auch nahezu alle Veranstaltungsräume zerstört. Das nutzte die Pension »Hotel Zapp«, die bald nach Kriegsende im Bunker einen Tanz- und Veranstaltungssaal einrichtete und rund zehn Jahre betrieb. Nach zwei Jahrzehnten Leerstand ließ die Stadt den Hochbunker in den 1980er Jahren zu einer öffentlichen Zivilschutzanlage umbauen. Doch bald darauf gründete sich eine Bürgerinitiative, die für ein Kulturzentrum einen angemessenen Raum suchte und auf Umwidmung des Bunkers drängte. Nach der Entlassung aus der Zivilschutzbindung in den 1990er Jahren wurde diese Idee umgesetzt, und es erfolgten im und am Bauwerk neuerlich umfängliche Umbauarbeiten zum »Kulturbunker Köln-Mülheim«. Ein gläserner Anbau beherbergt einen Gastronomiebetrieb, und im Bunkerinneren entstanden durch Abbrucharbeiten größere Räumlichkeiten. Heute dient das Relikt des Bombenkrieges als Begegnungsstätte im Kiez sowie als Veranstaltungsort für verschiedene Kunst- und Kulturevents.

Treppenhaus (o.) und großer Veranstaltungssaal (u.), 2012

7 Bunkerkirche, Düsseldorf

Bunkerkirche
»Sankt Sakrament«
Heerdter Landstraße Ecke
Kevelaerer Straße
40549 Düsseldorf

Zugang (o.), Hauptraum (u. l.) und Erinnerungstafel an der Bunkerkirche, 2012

Das Grundstück an der Heerdter Landstraße wurde 1928 von der zwei Jahre zuvor gegründeten Kirchgemeinde »Sankt Sakrament« erworben, um dort eine Kirche bauen zu lassen, ein Vorhaben, das aus Geldmangel schließlich aufgegeben werden musste. 1940 wurde das brachliegende Gelände von der Stadt beschlagnahmt und dort im Rahmen des »Führer-Sofortprogramms« (→ S. 12) ab 1941 ein Hochbunker vom Typ LS 13 errichtet. Diesen Bunkertyp gab es in Düsseldorf an mehreren Stellen, und er erhielt aus Tarnungsgründen die äußere Gestalt einer Kirche. Die Tarnung von Luftschutzanla-

gen war immens wichtig, um alliierten Flugzeugen keine offensichtlichen Ziele zu bieten. Sie wurden vielfach in das Stadtbild eingepasst oder baulich so ausgeführt, dass eine alliierte Aufklärung gar nicht oder nur sehr schwer möglich war.

Das Bauwerk an der Heerdter Landstraße bestand aus einem etwa 20 mal 50 Meter langen Baukörper mit einem Turmanbau, der im Durchmesser knapp 14 Meter betrug. Im Inneren fanden auf vier Etagen mehr als 3000 Personen Schutz vor den alliierten Luftangriffen. Der Gottesdienst der Gemeinde wurde in der Zeit in einer in der Nähe befindlichen einfachen Holzbaracke abgehalten.

Zwischen dem 5. Mai 1940 und dem Ende des Zweiten Weltkrieges war Düsseldorf mehr als 100 Mal Ziel der alliierten Bomberverbände. Bei den Angriffen verloren etwa 6000 Menschen ihr Leben. Beim schwersten Angriff am 12. Juni 1943 wurde – ähnlich wie in Hamburg und Dresden – durch die Kombination von Spreng- und Brandbomben ein Feuersturm entfacht. Die Düsseldorfer Innenstadt war bei Kriegsende zu mehr als 90 Prozent zerstört.

Nach Kriegsende sollte der Bunker nach dem Willen des neuen Pfarrers der Gemeinde, Dr. Carl Klinkhammer, in eine Kirche, in ein »Friedensobjekt« umgebaut werden. Nach der Rückübertragung der Liegenschaft und dem Erhalt der notwendigen Genehmigungen erfolgte der Umbau in den Jahren 1947 bis 1949 nach den Plänen des Dombaumeisters Dr. Willy Weyer. Die mehr als einen Meter dicken Außenwände wurden aufgebrochen, um Kirchenfenster einzubauen. Durch das Abtragen der Zwischendecken entstand ein imposanter freitragender Kirchenraum: 35 mal 20 Meter Grundfläche, bei einer Höhe von neun Metern. Die Umbaumaßnahmen wurden maßgeblich durch Spendengelder finanziert und zum Teil durch ehrenamtliche Helfer ausgeführt. Am 30. Oktober 1949 konnte die Gemeinde »Sankt Sakrament« das Gotteshaus offiziell und feierlich einweihen. 1952 erhielt das Gebäude einen Glockenturm. Bis zu seinem Tod im Jahr 1997 lebte Pfarrer Klinkhammer im Bunker, der im Volksmund »die stabilste Kirche der Welt« heißt. Anfang der 1990er Jahre musste die Bunkerkirche repariert und modernisiert werden, nachdem Regenwasser durch das 2,70 Meter dicke Bunkerdach in das Innere gesickert war.

Glockenturm, 2012

Die Kirche wurde 1995 in die Denkmalliste der Stadt Düsseldorf aufgenommen. Neben dem Gottesdienst der Gemeinde werden heute im Gebäude auch Kunstausstellungen organisiert.

Statue auf dem Kirchenvorplatz, 2012

8 Bunkerversuchsbauten, Schießplatz Meppen

Wehrtechnische Dienststelle für Waffen und Munition (WTD 91)
Am Schießplatz
49716 Meppen

Teilnachbau des Bunkers Ladeburg (o.) und einstige Flugzeugdeckung (u.), 2012

Der Schießplatz Meppen geht auf die Initiative der Essener Krupp Gußstahlfabrik zurück. Das Unternehmen suchte Mitte des 19. Jahrhunderts ein Versuchsgelände, um seine seit 1847 entwickelten Gussstahlkanonen zu erproben. 1877 schloss Krupp mit der Stadt Meppen im dünn besiedelten Emsland einen Vertrag zum Aufbau eines großen Schießplatzes. Bald darauf entstanden zahlreiche Versuchs-, Abschuss-, Prüf- und Beobachtungseinrichtungen für großkalibrige Geschütze. Bei Schießvorführungen waren immer wieder Prominente aus Politik und Wirtschaft – selbst Kaiser Wilhelm II., aber auch ausländische Offiziere – regelmäßig dabei, um die Leistungsfähigkeit der kruppschen Kanonen zu begutachten.

Aufgrund der durch die Versailler Verträge nach dem Ersten Weltkrieg auferlegten Rüstungsbeschränkungen wurde die Anlage zunächst zurückgebaut. Doch nach ihrem Machtantritt reaktivierten die Nationalsozialisten den Schießplatz und verlängerten ihn auf 50 Kilometer. Mit der Besetzung des Geländes durch alliierte Truppen am 8. April 1945 endete vorerst die militärische Nutzung; die Anlage wurde anschließend auf Befehl der Alliierten demontiert, Teile des Geländes für landwirtschaftliche Zwecke genutzt und andere Bereiche als Bombenabwurfplatz der Royal Air Force.

Nach der Gründung der Bundeswehr im November 1955 kaufte der Bund 10 000 Hektar des Areals,

Hauptgang (l.) und Notstromgenerator (r.) der Bunkeranlage, 2012

errichtete dort moderne Prüf- und Messeinrichtungen und eröffnete den alten Schießplatz 1957 wieder. Die neue »Erprobungsstelle für Waffen und Munition Meppen« gehörte damals zu den modernsten militärischen Standorten dieser Art weltweit.

Seit 1987 wird das Areal von der »Wehrtechnischen Dienststelle 91« der Bundeswehr betrieben. Zum Schutz des Personals der Dienststelle während des Betriebes wurden zahlreiche Beobachtungsbunker errichtet. Außerdem baute man neben den Feuerstellungen und den Materialbeschussständen auch verschiedene Sprengplätze, unter anderem eine Unterwassersprenganlage. In den Zielgebieten wurden verschiedene Objekte für Erprobungs- und Versuchszwecke nachgebaut. Dazu gehörten nach der Wiedervereinigung auch Repliken von Bunkeranlagen, die sich einst auf dem Gebiet der DDR befunden hatten, wie etwa ein Teilnachbau des Bunkers Ladeburg, der als militärischer Gefechtsstand der Flugabwehr der Nationalen Volksarmee (NVA) Ende der 1980er Jahre in der Nähe von Bernau errichtet worden war. Das war kein Nachkarten westlicher Militärs nach der Auflösung des Warschauer Paktes. Gezielt die Verwundbarkeit von Bunkern oder Schutzanlagen an nachgebauten Exemplaren erproben zu können blieb für sie auch nach Ende des Kalten Krieges ein wichtiges Aufgabengebiet. Denn durch den Informationsaustausch in den verbündeten Staaten und den Export dieses Wissens in weitere Länder existieren baugleiche Bunker wie der in Ladeburg an zahlreichen Standorten in der ganzen Welt.

Gleiches gilt für Flugzeugdeckungen – in diesen wurden Flugzeuge geschützt unter bogenförmigen, mit Erde überdeckten Betonfertigteilen untergestellt –, die es auf vielen militärischen Flugplätzen in der DDR gab und die heute in ähnlicher Form überall auf der Welt zu finden sind. Zwei Bogendeckungen wurden auf dem NVA-Flugplatz in Preschen demontiert und in Meppen wieder aufgebaut.

Die Anlage in Meppen ist mit rund 19 200 Hektar Fläche der größte Landschießplatz in Europa; er ist noch heute militärisches Sperrgebiet und daher nicht öffentlich zugänglich.

9 Hochbunker in Emden

Bunkermuseum Emden
Holzsägerstraße 6
26721 Emden
www.bunkermuseum.de

Öffnungszeiten:
Di. – Fr. 10 – 13 und
15 – 17 Uhr
Sa. und So. 10 – 13 Uhr

sowie:
Kulturbunker Emden
Geibelstraße 30 a
26721 Emden
www.kulturbunker-emden.de

Oben: Bau des Hochbunkers Holzsägerstraße, 1942

Ab dem 13. Juli 1940 flogen alliierte Bomberverbände mehr als 100 Angriffe auf Emden. Über die Nordsee kommend, lag die Stadt auf einer Haupteinflugschneise in das Reichsgebiet. Bis zum Kriegsende wurden durch die Bombardierungen etwa 80 Prozent der Emdener Innenstadt fast vollständig zerstört.

Im September 1939 existierten für die 35 000 Einwohner der Stadt lediglich vier Luftschutzanlagen in öffentlichen Einrichtungen. Auf Grundlage des »Führer-Sofortprogramms« vom Herbst 1940 (→ S. 12) organisierte das neu gegründete örtliche Luftschutzbauamt bereits Ende November erste Baumaßnahmen. Bis zur Kapitulation der deutschen Wehrmacht im Mai 1945 setzte der damalige Emdener Oberbürgermeister Carl Heinrich Renken, der zugleich als örtlicher Luftschutzleiter fungierte, durch, dass nahezu jeder Emdener Bürger einen Zivilschutzplatz in einer Bunkeranlage erhielt. Emden galt bei Kriegsende als die deutsche Stadt mit der höchsten Bunkerdichte für die Zivilbevölkerung; gleichwohl sind mehr als 400 Personen bei Luftangriffen ums Leben gekommen. Dieses immense Bauprogramm kostete etwa 20 Millionen Reichsmark. Von den rund 500 bomben- oder splitterschutzsicheren Bauwerken sind heute noch etwa 200 Anlagen vorhanden.

Dazu gehört auch der 1941 als Sonderbau Nummer 1 bezeichnete Luftschutzbunker in der Holzsägerstraße 6, der für die Emdener Zivilbevölkerung erbaut wurde. Der 14 Meter lange und 13 Meter breite Hochbunker besaß auf sechs Etagen 276 Liege- und 84 Sitzplätze. Die Wandstärke betrug knapp einen Meter, und die Decke war etwa 1,40 Meter stark. Auf dem Bunkerdach sollte nach ersten Planungen ein zusätzliches Flakgeschütz zum Schutz vor feindlichen Tieffliegern aufgestellt werden. Oberbürgermeister Renken sah darin eine Gefahr für die umliegenden Gebäude und deren Bewohner. Nach einer Intervention bei der Luftabwehr konnte er das Vorhaben erfolgreich verhindern und generell den Verzicht, Flakstellungen im bewohnten Stadtgebiet zu errichten, durchsetzen.

Nach dem Zweiten Weltkrieg wurde der Bunker nicht gesprengt, sondern alsbald zu Lagerzwecken benutzt. Im Mai 1995 eröffnete dort schließlich ein Bunkermuseum, das heute als Begegnungs- und Erinnerungsstätte an einem historischen Ort dient. Innerhalb das Bunkers dokumentieren authentisch wiederhergestellte Räume wie etwa Aufenthaltsräume, Küche und eine Krankenstation den ursprünglichen Zustand während des Zweiten Weltkrieges und sollen auch die nachwachsenden Generationen an die Gefahren und die Sinnlosigkeit von Kriegen erinnern. Andere Bereiche des Hochbunkers werden für Ausstellungen zum Zweiten Weltkrieg und zur NS-Zeit wie zum Beispiel Zwangsarbeit, Kinderlandverschickung und Vertreibung genutzt.

Kulturbunker

Nach dem Krieg wurden zahlreiche Bunker abgerissen, entfestigt, zu Wohnzwecken umgebaut, anderweitig genutzt oder stehen bis zum heutigen Tage leer. Der ehemalige Luftschutzbunker »Bunker Nord« (mit vormals knapp 770 Schutzplätzen), im nordöstlichen Stadtteil Emden-Barenburg gelegen, wurde im Sommer 1942 auch mit Hilfe von russischen und französischen Kriegsgefangenen fertiggestellt. Einen Schutzplatz erhielten die Zwangsarbeiter aber nicht.

Nach Kriegsende diente er eine Zeitlang als Produktions- und Lagerstätte einer Erdnussrösterei und danach als Proberaum für verschiedene Musikgruppen. Nach zweijähriger Bauzeit und Baukosten in Höhe von zwei Millionen Euro wurde 2005 der Betonkoloss als »Kulturbunker – Menschen treffen Kulturen« eröffnet. Aus dem ehemaligen Luftschutzbunker hatte man unter Einsatz schwerster Technik 2500 Tonnen Stahlbeton herausgebrochen. Seitlich wurde ein Neubau angesetzt, um mehr nutzbare Fläche für ein Veranstaltungszentrum sowie einen Bürgertreffpunkt für alle Generationen zu gewinnen. Dazu laden unter anderem ein großer Veranstaltungssaal, ein Café und zahlreiche Seminar- und Tagungsräme ein. Für die Bevölkerung ist so in einem einstigen Relikt des Zweiten Weltkrieges ein modernes kulturelles Zentrum entstanden, das – wie das Emdener Bunkermuseum – in seiner Verbindung von Erinnerungs-, Gedenk- und Begegnungsstätte ein gutes Beispiel für die sinnvolle Nachnutzung dieser Betonkolosse ist.

Kulturbunker Emden mit Erweiterungsbau, 2011

10 Grundnetzschalt- und Vermittlungsstelle 22, Drangstedt

Vorbei e.V.
Elmloher Straße
27624 Drangstedt

www.vorbei-ev.de

Führungen:
nach Absprache

Während des Kalten Krieges gingen die Strategen der Bundeswehr im Falle eines militärischen Konflikts mit den Ostblockstaaten davon aus, dass das öffentliche Fernmelde- und Kommunikationsnetz auf dem Gebiet der Bundesrepublik Deutschland, das von der Deutschen Post betrieben wurde, ein potenzielles Angriffsziel sein könnte und deswegen gefährdet sei. Die Nato-Führung vermutete darüber hinaus, dass bei einem Angriff durch die Armeen des Warschauer Pakts die Front in mehrere Verteidigungsabschnitte aufgespalten werden würde. Um dennoch eine zentral koordinierte Führung für entsprechende militärische Verteidigungs- und Gegenmaßnahmen zu ermöglichen, wurde 1957/58 die Errichtung und der Betrieb eines sicheren und unabhängigen militärischen Fernmeldenetzes beschlossen. Als technisches Rückgrat wurde in den nachfolgenden Jahren ein Netz an verbunkerten Knotenpunkten projektiert, welche im Kriegsfall auch als Verbindungsstellen der Fernmeldetechnik für die kämpfende Truppe dienen sollten.

Getarnter Zugang zum Bunker (o.) und Verbotsschild im Bunker (u.), 2010

Ab 1961 entstanden über das gesamte Bundesgebiet verstreut 32 jeweils 50 bis 100 Kilometer voneinander entfernte atombombensichere »Grundnetzschalt- und Vermittlungsstellen der Bundeswehr« (GSVBw), die jeweils mit mindestens drei weiteren Anlagen des Systems verbunden waren. Abgesehen von zwei Anlagen, die in bestehenden und oder ausgebauten Stollensystemen untergebracht werden sollten – davon wurde nur die GSVBw 47 bei Niederbrombach fertiggestellt, bei der GSVBw 44 in der Nähe von St. Martin (→ S. 148) kam man über

Ehemaliger Schleusenbereich (l.) und Notstromaggregat (r.), 2010

den Rohbau nicht hinaus –, erhielten die anderen Standorte in der Regel normierte unterirdische Bunkerbauwerke. Jeder Bunkerstandort kostete bis zur Übergabe etwa 15 Millionen DM. Acht Millionen entfielen dabei auf die unter- und oberirdischen Bauwerke, sieben Millionen auf die fernmeldetechnische Ausrüstung.

Oberirdisch besaß jeder Standort, neben dem eingeschossigen Schutzbunker, jeweils ein Dienstgebäude sowie einen Garagen- und Werkstattbereich. Die Bunker hatten eine Grundfläche von etwa 30 mal 50 Metern, drei Meter dicke Außenwände und eine Decke in Form eines Satteldaches mit einer Stärke von bis zu 3,60 Metern. Ein eigener Tiefbrunnen sollte zusammen mit dem Notstromaggregat und der mächtigen Klima-, Lüftungs- und Filteranlage das Überleben auch nach einem atomaren Angriff sichern. Wichtige technische Bauteile waren freischwingend eingebaut, um eine mögliche Zerstörung durch die Druckwelle einer detonierten Atombombe zu verhindern.

Die Funktion und der Aufbau des Bunkers sahen im Einsatzfall eine Belegung mit 67 Personen vor, die vier Wochen arbeitsfähig bleiben sollten. In Friedenszeiten war das Bauwerk täglich von etwa zehn Personen besetzt. Neben dem militärischen Personal und den Zivilbeschäftigten waren dies auch Postangestellte, da in den Anlagen auch normale Leitungen der Deutschen Post verliefen und verstärkt wurden.

Mit dem Ende des Kalten Krieges wurden diese Bauwerke militärisch sinnlos, zumal die technische Entwicklung so schnell fortgeschritten war, dass die 30 Jahre alten Anlagen längst überholt waren. Zwischen 1995 und 2000 wurden sie stillgelegt und gingen nach der Aufgabe als Standort der Bundeswehr in den Besitz der Bundesanstalt für Immobilienaufgaben (BIMA) über, die für die Anlagen dann neue Eigentümer suchte.

Das Grundstück und das Schutzbauwerk der ehemaligen GSVBw 22 in der Nähe von Cuxhaven kaufte 2009 der Verein »Vorbei e. V.«, der vergessene und nicht mehr benötigte unterirdische oder historische Anlagen dokumentiert und so für die Nachwelt erhalten möchte. Seitdem wird das zuvor verwahrloste Gelände wieder ehrenamtlich hergerichtet und der Bunker möglichst in seinem ursprünglichen Zustand als technisches Denkmal des Kalten Krieges erhalten.

11 Werkluftschutz-Bunker Volkswagenwerk, Wolfsburg

Erinnerungsstätte zur Geschichte der Zwangsarbeit im Volkswagenwerk
38436 Wolfsburg

VW-Werkshallen (hinten) und Kraftwerk (rechts) in Wolfsburg, 2012

In den 1930er Jahren wurden neben den unzähligen zivilen und militärischen Luftschutzanlagen auch solche für Werksangehörige in Rüstungsbetrieben errichtet. Je nach Fabrik wurden die Anlagen gleich in der Bauphase projektiert oder im Laufe des Krieges nachträglich errichtet, dann zumeist als Hochbunker. Ziel war es, dass die Beschäftigten in kürzester Zeit vom Arbeitsplatz den sicheren Schutzplatz im Bunker erreichen konnten.

Im Volkswagenwerk, das 1938/39 in unmittelbarer Nähe des heutigen Wolfsburg entstand, wurden bereits in der Bauphase entsprechende Einrichtungen vorbereitet. 1934 war Ferdinand Porsche vom Reichsverband der Automobilindustrie mit der Entwicklung eines »Volkswagens« zur allgemeinen Motorisierung der Bevölkerung nach US-amerikanischem Vorbild beauftragt worden. Das auch als KdF-Wagen bezeichnete Fahrzeug sollte 990 Reichsmark kosten und war eines der wichtigsten Projekte der nationalsozialistischen Gemeinschaft »Kraft durch Freude (KdF)«, einer Unterorganisation der »Deutschen Arbeitsfront« (DAF), die die Freizeit der Deutschen gleichschalten, gestalten und überwachen sollte. Die DAF selbst war im Mai 1933 durch die staatlich verordnete Zwangsauflösung aller bis dato existierenden freien Gewerkschaften entstanden und wurde bald zum Einheitsverband der Arbeitnehmer und Arbeitgeber. Aufgrund der Zwangsmitgliedschaft wurde die DAF zur größten Massenorganisation der Nationalsozialisten, die 1945 rund 22 Millionen Mitglieder hatte.

Unter der Aufsicht von Robert Ley, dem Leiter der DAF, wurde im Mai 1937, ausgestattet mit gewaltigen finanziellen Mitteln der DAF, die »Gesellschaft zur Vorbereitung des Deutschen Volkswagens mbH (Gezuvor)« in Berlin gegründet. Ein Jahr darauf fand man einen geeigneten Standort für die Errichtung eines Automobilwerkes bei Fallersleben, wo nach der Fertigstellung aller Ausbaustufen jährlich 1,5 Millionen Fahrzeuge produziert werden sollten. Daneben entstand eine neue Stadt für die Belegschaft und ihre Familien.

Die nach etwa zwei Jahren Bauzeit in Teilen vollendete Automobilfabrik wurde aber mit Kriegsausbruch sofort auf die Rüstungsindustrie umgestellt. Fortan wurden keine zivilen, sondern nur noch militärische Fahrzeuge und andere Rüstungsgüter produziert. Neben den bis 1945 mehr als 50000 fertiggestellten Exemplaren des VW-Kübelwagens für die Wehrmacht und die SS fertigte man im Werk auch zahlreiche Bauteile für die militärische Flugzeugindustrie. In Halle 1 erfolgte ab 1943 die geheime Endmontage der Fi-103, die von der Propaganda des NS-Regimes als »Vergeltungswaffe 1 (V1)« bezeichnet wurde und die eine der »Wunderwaffen« sein sollte, mit denen die NS-Führung den Zweiten Weltkrieg noch gewinnen wollte.

Für den reibungslosen Ablauf und die Steigerung der Produktion wurden im Volkswagenwerk seit Kriegsbeginn etwa 20000 Zwangsarbeiter eingesetzt, die je nach Herkunftsland sehr unterschiedlich entlohnt, behandelt und untergebracht wurden. Das Werk wurde bei vier alliierten Luftangriffen im Jahr 1944 zu etwa 20 Prozent zerstört. Für die Beschäftigten gab es in den Produktionshallen und auf dem Werksgelände zahlreiche Luftschutzanlagen, die zum Teil bei Luftschutzalarm auch von Zwangsarbeitern genutzt wurden. 11500 Menschen konnten auf dem Areal in Bunkeranlagen geschützt untergebracht werden. Aus Sicherheits- und Geheimhaltungsgründen durften die bei der Produktion der Fi-103 eingesetzten Zwangsarbeiter und KZ-Häftlinge nicht mit anderen Arbeitern oder Häftlingen zusammenkommen. Deswegen wurden diese bei Fliegeralarm in den Bunkern zwar geschützt, aber unter Zwang eingesperrt. Diese Werkluftschutz-Bunker befanden sich unterhalb der Produktionsebene und waren für die kurzzeitige Unterbringung von jeweils 750 Personen bei Bombenalarm ausgelegt.

Nach Kriegsende wurde die »Stadt des KdF-Wagens bei Fallersleben« am 25. Mai 1945 in Wolfsburg umbenannt. Die heutige Volkswagen AG stieg in den folgenden Jahrzehnten gemeinsam mit ihren Tochterfirmen zum größten Automobilhersteller Europas auf.

Lange Zeit wurde der Einsatz der Zwangsarbeiter und KZ-Häftlinge im Werk – wie bei fast allen Unternehmen der deutschen Wirtschaft – tabuisiert. Erst 1995 wurde auf dem Stammgelände des Volkswagenwerkes in Wolfsburg in einem ehemaligen Werkluftschutz-Bunker unter der Halle 1, dem einstigen geheimen Produktionsort der Fi-103 unter Einsatz von Zwangsarbeitern und KZ-Häftlingen, eine erste Ausstellung zum Thema aufgebaut, die dann 1999 professionalisiert als »Erinnerungsstätte an die Zwangsarbeit auf dem Gelände des Volkswagenwerks« offiziell eingeweiht wurde. In mehreren nach Themen geordneten Räumen wurden sowohl Fotos und Dokumente zur NS-Zwangsarbeit als auch Zeitzeugenaussagen und Leihgaben ehemaliger Häftlinge in einer Dauerausstellung zusammengestellt, die nach Anmeldung besichtigt werden kann. Es ist die einzige betriebliche Erinnerungsstätte in Deutschland in einer historischen Bunkeranlage am Standort eines noch heute produzierenden Industrieunternehmens.

Oben: als Archiv nachgenutzter Werkluftschutz-Bunker, 2012; unten: Außenaufnahme der Erinnerungsstätte unter der Halle 1, 2012

12 Hochbunker Admiralstraße, Bremen

Zivilschutzanlage
Admiralstraße 34
28215 Bremen

Oben: Bemalung, 2010; unten: Hauptgang in der MZA Domshof, 2012

Durch einen »Führererlass« vom 27. Dezember 1940 wurde Bremen zu einer »Ausbaustadt des Reiches« bestimmt und Gauleiter Carl Röver damit beauftragt, entsprechende Maßnahmen zur Umgestaltung der Stadt zu treffen. Aufgrund des Kriegs-

verlaufs wurden allerdings die zuvor schon begrenzten städtebaulichen Planungen im Frühjahr 1943 endgültig eingestellt.

Die zahlreichen Rüstungsbetriebe, die in der NS-Zeit in und um Bremen entstanden bzw. expandiert waren, zogen nach Beginn des Zweiten Weltkrieges auch die alliierten Luftstreitkräfte an. Hatten sie im März 1940 noch Flugblätter über der Stadt abgeworfen, so brachten die Bomber ab Mai 1940, wie in anderen Regionen Deutschlands, Leid und Zerstörung über die Bevölkerung. Bis zum Ende des Krieges war Bremen das Ziel von 173 alliierten Luftangriffen. Dabei verloren etwa 3850 Personen ihr Leben, mehr als 7500 Menschen wurden verletzt. Die knapp 900 000 abgeworfenen Bomben zerstörten einen Großteil der Innenstadt und etwa 60 Prozent des gesamten städtischen Wohnraums.

Aufgrund des im Oktober 1940 erlassenen »Führer-Sofortprogramms« (→ S. 12) baute man ab Herbst 1940 auch in Bremen zusätzliche Bunker, zumeist oberirdische bombensichere Bauwerke. So entstanden im Bremer Stadtgebiet bis Kriegsende knapp 200 Bunker, darunter 116 Hochbunker, davon einige an den Rüstungsstandorten als sogenannte Werkluftschutzanlagen. So beispielsweise bei einem der größten Arbeitgeber der Stadt, den Focke-Wulf-Flugzeugwerken, die an mehreren Standorten in Bremen Zehntausende militärischer Flugzeuge verschiedenster Typen produzierten. Auch die Bremer Werftbetriebe erhielten ab 1943 massive bombensichere Produktionsstätten (→ S. 46 und S. 48).

Der 1943/44 erbaute sechsetagige Bunker in der Admiralstraße im Bremer Stadtteil Findorff besaß während des Krieges mehr als 3000 Luftschutzplätze. Im Rahmen des Zivilschutzprogramms der Bundesrepublik Deutschland wurde das Bauwerk ab 1972 modernisiert. Für 3,3 Millionen DM versah man den Hochbunker mit einer modernen technischen Ausstattung, die das Überleben von bis zu 2500 Personen für maximal 14 Tage sicherstellen sollte.

Die zumeist grauen und tristen Hochbunker wurden direkt nach dem Zweiten Weltkrieg – sofern möglich – gesprengt und abgetragen oder mit Kletterpflanzen begrünt, um sie aus dem Stadtbild und aus der Erinnerung zu entfernen. In den 1970er Jahren begann ein Umdenken: In dieser Zeit wurden einige Bunker mit Wandbildern versehen, was bereits im Vorfeld oder nach der Fertigstellung der künstlerischen Arbeiten eine kontroverse Diskussion auslöste. Da viele Bunker zwischenzeitlich wieder in die Zivilschutzbindung aufgenommen und so noch immer als Kriegsbauten anzusehen waren, argumentierten die Gegner der Kunstaktionen, dass eine künstlerische Gestaltung die Hochbunker und deren Geschichte verharmlose. Eine solche Debatte gab es Anfang der 1980er Jahre auch in Bremen.

Der Bremer Senat schrieb 1983 einen Wettbewerb aus, um die der Straße zugewandte Seite des Hochbunkers in der Admiralstraße mit einem Wandbild zum Thema »Faschismus und Widerstand« anlässlich des 50. Jahrestages der Machtergreifung der Nationalsozialisten zu versehen; bei der Gestaltung sollte insbesondere an das ehemalige Konzentrationslager Mißler erinnert werden, das sich ganz in der Nähe des Bunkers befunden hatte. Den Wettbewerb, an dem sich 87 Künstler beteiligten, gewann schließlich der Bremer Künstler Jürgen Waller. In seiner Collage sind unterschiedliche Themen aus der Zeit der NS-Diktatur dargestellt. Das Bild ist umrahmt von 112 Namen von Bremer Gegnern und Opfern des Nationalsozialismus. Nach Diskussionen in der Stadtverwaltung wurde der Erinnerungswert des Wandgemäldes letztlich anerkannt und das Kunstwerk 1984 ausgeführt.

Luftangriff der Alliierten auf Bremen, 1943

Zahlreiche weitere Wandbilder an Bremer Hochbunkern stellen seit den 1980er Jahren eine besondere Form der Auseinandersetzung mit dem Thema Nationalsozialismus im Bremer Stadtbild dar und sind zumeist im Rahmen der Kunstförderung »Kunst im öffentlichen Raum« entstanden.

Der Hochbunker in der Admiralstraße wurde bis vor wenigen Monaten noch immer als Zivilschutzanlage für den Katastrophenschutz vorgehalten, wie auch der Tiefbunker unter dem Domshof, der für etwa 2700 Personen ausgelegt war. Bereits 1940/41 ist unter dem Platz ein Bunker für die Zivilbevölkerung enstanden, der später in eine Mehrzweckanlage umgewandelt wurde.

13 U-Boot-Bunker »Hornisse«, Bremen

Kap-Horn-Str. 18
28237 Bremen

U-Boot-Museum Wilhelm Bauer
Am Längengrad
27568 Bremerhaven
www.u-boot-wilhelm-bauer.de

Öffnungszeiten:
Mrz. – Sept.: täglich 10 – 18 Uhr

Oben: Überbauter ehemaliger U-Boot-Bunker »Hornisse«, 2011

Vor dem Zweiten Weltkrieg wurden nur vereinzelt Rüstungsstandorte in den Untergrund oder in bombensichere Bunkerbauwerke verlagert. Durch die Zunahme der alliierten Luftangriffe auf Rüstungsstandorte und Verkehrsnetze verlegte man ab 1940 viele Fabrikationsanlagen in ländliche Gegenden und in unterirdische bzw. Bunkeranlagen, um trotz der Bombardements weiterhin kriegswichtige Güter produzieren zu können.

Die 1872 gegründete Bremer »A.G. Weser« hatte bereits im Ersten Weltkrieg neben zivilen Schiffen auch U-Boote gebaut. Um nach dem verlorenen Krieg die Rüstungsbeschränkungen der Versailler Verträge zu umgehen, gründete das Unternehmen mit Unterstützung der Reichsmarine zusammen mit der F. Krupp Germaniawerft in Kiel, der Vulcan-Werke Hamburg und der Stettin Aktiengesellschaft das »Ingenieurskantoor voor Scheepsbouw« im niederländischen Den Haag. Bis 1933 wurden dort Prototypen verschiedener U-Boote entwickelt, gebaut und ausgiebig getestet. Mit der von den Nationalsozialisten in den 1930er Jahren forcierten Aufrüstung wurden in Bremen wieder verstärkt vornehmlich U-Boote und Zerstörer im Auftrag der Kriegsmarine gebaut.

Ab 1940 waren die Rüstungsstandorte in und um Bremen regelmäßig Angriffsziel alliierter Bomberverbände. Um dennoch einen möglichst störungsfreien Arbeitsablauf sicherzustellen, sollte auf dem Werftgelände der Aktien-Gesellschaft »Weser« ein 65 Meter breiter und 370 Meter langer Bunker mit dem Tarnnamen »Hornisse« errichtet werden. Geplant war, hier mehrere Sektionen der neuen U-Boot-Klasse XXI herzustellen. Bei diesem U-Boot-Typ wurden einzelnen Bestandteile des Schiffsrumpfs an unterschiedlichen Standorten zum Teil wie am Fließband produziert und mussten dann letztlich nur noch zusammengefügt werden. Das Endmontagewerk wurde bereits ab 1943 im flussabwärts gelegenen Bremen-Farge im U-Boot-Bunker »Valentin« (→ S. 48) errichtet.

Nicht zuletzt durch den Einsatz von bis zu 1200 Zwangsarbeitern, die vor allem aus den KZ-Außenlagern Riespott, Schützenhof und Blumenthal herbeigeschafft wurden, entstand ab dem Frühjahr 1944 ein massiver U-Boot-Bunker mit einer 4,5 Meter starken Decke. Die Bauarbeiten am Bunker »Hornisse« mussten allerdings nach einem verheerenden Luftangriff im April 1945 abgebrochen werden. Bis dahin war nur ein Bruchteil der geplanten Anlage fertiggestellt worden.

Die zum Bunkerbau gezwungenen Kriegsgefangenen, KZ-Häftlinge und Zwangsarbeiter mussten unter derart menschenunwürdigen Bedingungen schuften, dass Hunderte von ihnen an Erschöpfung, Hunger, Kälte und Seuchen ums Leben kamen. An sie und ihr Leid erinnern heute zwei Gedenktafeln, die an der Rückseite des U-Boot-Bunkers angebracht sind.

In den Jahren 1968/69 wurde auf dem Dach des ehemaligen U-Boot-Bunkers für das Logistikunternehmen Lexzau, Scharbau GmbH & Co. KG ein mehrgeschossiges Bürogebäude samt Parkplatz, der über eine seitlich angebrachte Rampe erreicht werden kann, errichtet. Die beiden darunterliegenden Kammern des U-Boot-Bunkers sind leer und werden nicht nachgenutzt.

U-Boot-Museum-Bremerhaven

U-Boote der Klasse XXI gehörten zu den modernsten U-Booten ihrer Zeit: Sie verfügten über sehr leistungsfähige Batterien und Elektromotoren, die sie unter Wasser schneller fahren ließen als andere U-Boote mit herkömmlichen Dieselmotoren. 118 U-Boote dieses Typs wurden ab 1944 fertiggestellt, von denen aber aufgrund der langen Ausbildungszeiten bis Kriegsende nur wenige an der Front zum Einsatz kamen.

Ein U-Boot der Klasse XXI kann heute in Bremerhaven besichtigt werden. Das in den letzten Kriegsmonaten von Blohm & Voss in Hamburg gebaute U-Boot 2540 wurde kurz vor der Teilkapitulation im Norden des Reiches am 4. Mai 1945 von seiner Besatzung in der Flensburger Förde auf Befehl des Großadmirals Karl Dönitz versenkt. Er hatte angeordnet, dass alle Schiffe und U-Boote zu versenken seien, die nicht für die Fischerei oder zum Minenräumen geeignet waren, um sie nicht den Alliierten übergeben zu müssen. Zwölf Jahre später wurde das Schiff gehoben und wieder schwimmfähig gemacht, in Kiel instand gesetzt und als Versuchsschiff der Bundesmarine am 1. September 1960 in Dienst gestellt. 1968 endete die Nutzung durch die Bundesmarine, und das U-Boot diente dem »Bundesamt für Wehrtechnik und Beschaffung« bis 1980 zur Erprobung technischer Neuerungen. Drei Jahre später kauften das Kuratorium und der Förderverein Deutsches Schifffahrtsmuseum das U-Boot und überführten es nach Bremerhaven, wo ein Museum hergerichtet und im April 1984 offiziell eröffnet wurde.

Mittelstützen (o.) und ehemalige Nassbox (u.), 2011

14 U-Boot-Bunkerwerft »Valentin«, Bremen

Denkort Bunker Valentin
Rekumer Straße
28777 Bremen

www.bunkervalentin.de

Führungen:
So. 11, 13.30 Uhr

Oben: zerstörte U-Boot-Werft, 2011; unten: Zwangsarbeiter auf der Baustelle des Bunkers »Valentin«, 1944

Im U-Boot-Bunker »Valentin« im Bremer Stadtteil Rekum sollte die Endmontage der U-Boote vom Typ XXI (→ S. 47) erfolgen, deren verschiedene Sektionen zuvor an mehreren Stellen des Reiches, wie zum Beispiel im U-Boot-Bunker »Hornisse« (→ S. 46), produziert worden waren. Die Planungen sahen eine Fertigstellung eines U-Bootes innerhalb von 56 Stunden vor; bis zu 14 U-Boote hätten demnach monatlich für die Kriegsrüstung zur Verfügung gestellt werden können. Doch dazu kam es nicht.

Der 426 Meter lange, 97 Meter breite und 32 Meter hohe U-Boot-Bunker »Valentin« wurde genau wie der Bunker »Hornisse« mithilfe des massiven Einsatzes von Zwangsarbeitern errichtet. Auf der von der Organisation Todt (OT) Anfang 1943 eingerichteten Baustelle kamen 10 000 bis 12 000 Zwangsarbeiter zum Einsatz, von denen vermutlich mehrere tausend starben. Es wurden zwar »lediglich« 1700 Tote registriert, doch fehlen in der Auflistung die Namen der polnischen und russischen Zwangsarbeiter, die nachweislich vor Ort eingesetzt waren.

Die Häftlinge waren in sieben Barackenlagern untergebracht, die teils für die in unmittelbarer Nähe befindlichen Baustellen der Großtanklager errichtet worden waren. Bereits 1935 hatte man im Wald zwischen Farge und Schwanewede mit dem Bau eines von reichsweit zehn geplanten Großtanklagern unter der Tarnbezeichnung »Wasserberg« begonnen. Bauherrin war die 1934 als Tarnunternehmen des

Blick von der Weser auf die Rückseite des »Valentin«-Bunkers, 2011

Reichswirtschaftsministeriums gegründete Wirtschaftliche Forschungsgesellschaft mbH (WiFo), die mit der Beschaffung, Herstellung und Lagerung von kriegswichtigen Rohstoffen beauftragt war. So entstand dort bis Kriegsende eines der größten Tanklager mit einer Kapazität von 320 000 Kubikmetern. Die Luftwaffe und das Heer wurden aus den unterirdischen Tanklagern der WiFo mit allen notwendigen Kraftstoffen versorgt. 1939 entstand ganz in der Nähe das Kriegsmarinetanklager Farge mit einer geplanten Kapazität von 1,7 Milliarden Litern, das aber bis zum Ende des Krieges nicht fertig wurde. Beim Bau dieser Depots wurden in den ersten Jahren ausländische Fremdarbeiter und später verstärkt Zwangsarbeiter eingesetzt.

Die Infrastruktur der Unterkünfte und das vorhandene Personal wurden ab 1943 auch für die Bunkerbaustelle genutzt. In den folgenden knapp zwei Jahren wurden rund eine Million Tonnen Kies und Sand, 132 000 Tonnen Zement sowie 20 000 Tonnen Stahl im Bunker »Valentin« verbaut. In zwei Arbeitsgemeinschaften organisiert, waren 50 Firmen mit den unterschiedlichsten Bauarbeiten beschäftigt. Die Organisation Todt plante und beaufsichtigte das Projekt.

Kurz vor der Inbetriebnahme des Bunkers war er im März 1945 zwei Mal das Ziel von alliierten Luftangriffen, bei denen auch mehrere bunkerbrechende »Tallboy-Bomben« eingesetzt wurden, die aber nur minimale Schäden am Bau anrichteten.

Nach dem Krieg stand das Bauwerk jahrelang leer. Planungen, den gesamten Bunker zu übererden, ließ man aus Kostengründen fallen. Die US-Streitkräfte planten kurzzeitig, im Bunker Atomwaffen einzulagern. Schließlich entschloss sich die 1955 gegründete Bundeswehr 1960 für eine Nutzung als Materialdepot der Bundesmarine, später auch der Luftwaffe. Nach Umbauarbeiten, die sich bis 1969 hinzogen, konnte der rückwärtige Teil des Bunkers der neuen Bestimmung übergeben werden. Ab Ende der 1970er Jahre beschäftigte das Schicksal der in Farge eingesetzten Zwangsarbeiter und KZ-Häftlinge die Öffentlichkeit. Die Initiative »Blumen für Farge« sorgte dafür, dass 1983 am Eingang des Bundeswehrstandortes das Mahnmal »Vernichtung durch Arbeit« für die Opfer des Bunkerbaus eingeweiht wurde. 2010 endete die Nutzung der bis heute größten oberirdischen Bunkeranlage in Deutschland durch die Bundeswehr.

Das Gelände und der Bunker werden in den kommenden Jahren in eine moderne und würdige Gedenkstätte umgewandelt, um Besucher mit unterschiedlichsten Interessen und Vorbildungen über die Geschichte des Bauwerkes und die Zeit des Nationalsozialismus an einem authentischen Ort zu informieren, sie zu mahnen und daran zu erinnern. Dafür haben der Bund und das Land Bremen jeweils 1,9 Millionen Euro bereitgestellt. Führungen sind jeden Sonntag oder auch auf Anfrage für Gruppen möglich.

15 Bunker Helgoland

Kirchstraße
27498 Helgoland

Helgoland kam 1890 im Zuge des »Helgoland-Sansibar-Vertrages« zum Deutschen Reich, das auf Gebietsansprüche in Afrika verzichtete und im Gegenzug die Hochseeinsel Helgoland erhielt. Ab 1891 wurde Helgoland als Festung ausgebaut. Nach dem Ersten Weltkrieg und den Abrüstungsbestimmungen des Versailler Vertrages mussten sämtliche militärischen Anlagen auf der Insel demontiert oder unbrauchbar gemacht werden. Doch nach dem Machtantritt der Nationalsozialisten wurden ab 1935 neue Geschützbatterien auf der Insel installiert und komplexe unterirdische Bunkersysteme angelegt. Helgoland und die benachbarte kleinere Insel Düne sollten nach den Plänen der Wehrmachtführung zu einem riesigen Flottenstützpunkt der Kriegsmarine in Form einer Hummerschere ausgebaut werden. Durch Trockenlegung, Aufschüttung und die Errichtung von Betonmolen sowie den Bau von mehreren Hafenbecken sollte ein strategisch wichtiger Stützpunkt auf hoher See für Kriegsschiffe und U-Boote entstehen. Darüber hinaus sollte die Insel in einer 30-jährigen Bauzeit durch Sandaufspülungen auf ein Vielfaches ihrer ursprünglichen Größe erweitert werden. Bis auf einige Vorarbeiten wurde das Projekt mit Ausbruch des Zweiten Weltkrieges eingestellt.

Ehemaliger Flakleitturm (o.) und Bunkerzugang (u.), 2011

Bei der Erweiterung des existierenden Hafens wurde von 1939 bis 1941 der 156 Meter lange U-Boot-Bunker »Nordsee III« errichtet und 1942 vollständig in Betrieb genommen. Als Außenstelle der Kriegsmarinewerft Wilhelmshaven führte man dort kleinere Reparaturarbeiten an U-Booten und anderen Schiffen der Kriegsmarine aus.

Die Insel wurde in den letzten Kriegswochen nach heftigen Bombardements fast vollständig evakuiert und danach zum Sperrgebiet erklärt. Nach Ende des Zweiten Weltkrieges wurden die militärischen Anlagen erneut vollständig demontiert und gesprengt. Am 18. April 1947 wollte die britische Besatzungsmacht Helgoland zerstören und zündete knapp 7000 Tonnen Sprengstoff an mehreren Stellen der Insel, die in einer riesigen Staubwolke verschwand, aber nicht zerstört wurde. Dies gilt bis heute als stärkste nichtnukleare Detonation weltweit.

In den folgenden Jahren diente die Insel den Briten als Bombenabwurfplatz, bevor sie am 1. März 1952 offiziell an die Bundesrepublik zurückgegeben wurde. Nach der Übergabe Helgolands begann der schrittweise Wiederaufbau der Insel und der Hafenanlagen. Heute erinnern nicht zuletzt die Reste der weitverzweigten Bunkeranlagen an die militärische Nutzung der Insel.

Neben militärischen Bunkeranlagen hatte man ab 1940 auch für die Zivilbevölkerung Helgolands mehrere Luftschutzanlagen errichtet. Auf dem Oberland gab es ein Stollensystem mit mehreren Zu- und Ausgängen. Die Bunkeranlage war so aufgebaut, dass die Inselbewohner mehrere Eingänge benutzen und so in kurzer Zeit Schutz finden konnten. Auf dem Unterland war ein ausgeklügeltes Zugangsbauwerk entstanden, über dessen versetzte Aufgangsrampen doppelt so viele Personen in das Bunkerinnere gelangen konnten wie über einen herkömmlichen Zugang.

Ein Großteil der verschiedenen militärischen und zivilen Bunkeranlagen war miteinander verbunden, ein kleiner nicht zerstörter Bereich ist heute noch zu besichtigen. Eintrittskarten für die rund einstündige Führung sind in der Helgoland-Touristik im Rathaus erhältlich. In der Saison empfiehlt es sich, sie vorab zu reservieren.

Bombensicherer Tunnel (o.) und ehem. Schleusenbereich (u.), 2011

16 Luftschutztürme Bauart Zombeck, Flensburg

Zombeck-Türme
Trollseeweg / Steinstraße
24939 Flensburg

Bunker-Penthouse
Mürwiker Straße 200
24944 Flensburg

Im Zuge der militärischen Aufrüstung bzw. der Kriegsvorbereitung wurden in den 1930er Jahren verschiedene neue Bunkertypen in Deutschland entworfen. Hatte man bis dahin vornehmlich unterirdische Luftschutzbunker gebaut, so wurde nun aus Kosten- und Zeitgründen eine Reihe von standardisierten Hochbunkern konzipiert. Dazu gehörten auch die Luftschutztürme der Bauart Zombeck, von denen zwei in Flensburg erhalten geblieben sind und die heute im Gewerbe- und Industriegebiet in der Nähe der Flensburger Werft stehen.

1942 errichtet, dienten sie als Werks- und Zivilschutzbunker. Der Durchmesser beträgt jeweils 12,20 Meter und die Höhe 22 Meter. Die Bunker besaßen keine abgetrennten Geschosse, sondern im Innern schraubten sich zwei gegenläufige, um eine zentrale Mittelsäule angeordnete Wendelplattformen in die Höhe. Ausgelegt für jeweils rund 500 Personen, waren die beiden Luftschutztürme aber bei Fliegeralarm wegen der unzureichenden Anzahl an Luftschutzplätzen in Flensburg mehrfach überbelegt.

Zombeck-Turm im Trollseeweg, 2009

Nach dem Krieg wurden beide Luftschutztürme entfestigt, indem man Veränderungen im Inneren der Bauwerke vornahm, damit sie den Zweck als Luftschutzanlage nicht mehr erfüllen konnten. Heute wird der nördliche Turm, der sich auf dem Gelände einer Behinderteneinrichtung befindet, unregelmäßig für Kunstausstellungen genutzt und kann besichtigt werden. Der südliche Luftschutzturm dient einem Gastronomiebetrieb als Warenlager.

Truppenmannschaftsbunker 750

Ein weiterer standardisierter Luftschutzbunkertyp, der Truppenmannschaftsbunker, wurde nach damals modernsten Gesichtspunkten entworfen und ab 1942 vornehmlich an den Küsten des gesamten Reichsgebietes errichtet. Durch ihren Bau sollten der Kriegsmarine genügend bombensichere Schutzräume für ihre Angehörigen auf den Stützpunkten und den Werften, die durch die Kriegsmarine verwaltet wurden, zur Verfügung gestellt werden. Je nach Anzahl an Schutzplätzen besaßen die Luftschutzbunker der Typen T-750, T-1100 und T-1500 drei oder vier Etagen, waren bis zu 38 Meter lang und 21 Meter breit und boten maximal 1500 Personen Schutz. Die Wandstärke betrug mindestens zwei Meter. Charakteristisch für diesen Bautyp waren die Belüftungstürme und die bombensicheren Anbauten an den Ein- und Ausgängen.

1943 wurde in Flensburg neben der Schule für Nachrichten- und Torpedoschule in der Mürwiker Straße ein Hochbunker vom Typ T-750 errichtet. Auf drei Etagen konnten hier bis zu 750 Personen Schutz vor den alliierten Bomben finden. Die Wandstärke beträgt 2,50 Meter, die Deckenstärke knapp 3,50 Meter. Der Bunker wurde nach dem Krieg entfestigt. 2009 wurde auf dem Bunkerdach ein Penthouse errichtet, ein seitlicher Anbau am Hochbunker beherbergt Treppenhaus und Fahrstuhl für dieses ungewöhnliche Haus. Der Bunker dient nun als Keller des aufgesetzten Heimes.

Zwei weitere Bunker des Typs T-750, die in unmittelbarer Nähe der Marineschule gebaut worden waren, sind inzwischen abgetragen bzw. übererdet.

Spiralförmiges Treppenhaus, 2009

Truppenmannschaftsbunker des Typs T-750 sind außer in Flensburg auch in Kiel, Rostock, Peenemünde, Swinemünde, Gdańsk (Danzig) und Kaliningrad (Königsberg) erhalten geblieben.

Penthouse auf dem Truppenmannschaftsbunker (hinten), 2012

17 Regierungsbunker Schleswig-Holstein, Sankelmark

Akademie Sankelmark
Akademieweg
24988 Oeversee

www.eash.de

Führungen:
Anmeldung über
www.unter-hamburg.de

Zentraler Flur des alten Bunkers (o.), Akademiegebäude über dem Bunker (u.), 2012

Mit der Zuspitzung des Ost-West-Konfliktes dachte man im Laufe der 1950er Jahre in der Bundesrepublik Deutschland verstärkt über den zivilen und behördlichen Luftschutz nach, nicht zuletzt darüber, wie man die Organe der Landes- und Bundesregierung sicher unterbringen könnte. Wenige Jahre später stand die Welt während der Kubakrise im

Oktober 1962 vor einem Dritten Weltkrieg, der dieses Mal wohl mit atomaren Waffen geführt worden wäre. Kriegsschiffe der US-Streitkräfte blockierten den Seezugang nach Kuba, wo wenige Wochen zuvor die sowjetischen Streitkräfte nur 250 Kilometer vor der Küste der Vereinigten Staaten nukleare Mittelstreckenraketen stationiert hatten. Diplomatische Verhandlungen erwirkten im letzten Augenblick eine Entschärfung der Situation. Die Möglichkeit eines neuen Krieges mit atomaren Waffen ließ die Verantwortlichen in der Bundesrepublik den Ausbau entsprechender Luftschutzanlagen schnellstmöglich vorantreiben, auch angesichts der sich immer schneller drehenden Rüstungsspirale. Die Entwicklung neuer Kurz- und Mittelstreckenraketen, die auf beiden Seiten des Eisernen Vorhangs stationiert wurden, verkürzten die Vorwarn- und Reaktionszeiten der politischen und militärischen Organe. Der Rüstungswahn auf beiden Seiten gipfelte in den kommenden Jahren im sogenannten »Gleichgewicht des Schreckens«, als schließlich so viele nukleare Waffen einsatzbereit waren, dass man damit das Leben auf der Erde mehrfach hätte zerstören können.

Für die Krisenstäbe der schleswig-holsteinischen Landesregierung wurden bis zur Wiedervereinigung insgesamt vier Ausweichquartiere errichtet, von denen aus im Ernstfall die Regierungsgeschäfte fortgeführt werden sollten. Das Erste von ihnen entstand in der am 29. Juni 1952 eröffneten »Akademie Sankelmark«. Als Initiator der Bildungs- und Begegnungsstätte fungierte Friedrich Wilhelm Lübke, der ältere Bruder des späteren Bundespräsidenten Heinrich Lübke. Er war in der Gegend Landrat, später Ministerpräsident des Landes Schleswig-Holstein und zugleich Vorsitzender des Deutschen Grenzvereins. Diese Verknüpfung führte dazu, dass der erste Ausweichsitz der Landesregierung auf dem Areal der Akademie unter einem unscheinbaren Gebäude entstand – Tarnname: »Bunker Simon«. In Friedenszeiten ein modernes Tagungszentrum und in Krisenzeiten ein bombensicherer Zufluchtsort für den Ministerpräsidenten und seinen Krisenstab. Wie an anderen Standorten waren umfangreiche technische Installationen notwendig, um das Überleben der Insassen auch im Fall eines Krieges mit ABC-Waffen sicherzustellen. Allerdings reichten die Räumlichkeiten in Sankelmark nicht aus, um alle wichtigen Organe und Krisenstäbe des Landes luftschutzsicher unterzubringen.

Deswegen errichtete man anschließend bis 1974 in Lindewitt, in der Nähe der deutsch-dänischen Grenze gelegen, mit dem Objekt »Ludwig« noch ein größeres Bunkersystem, um weitere Arbeitsgruppen unterbringen zu können. Getarnt durch den Bau einer neuen Schule, entstanden sowohl oberirdische Zweckgebäude als auch ein eingeschossiger Tiefbunker. Bis zu 210 Personen konnten in dem aus etwa 100 Räumen bestehenden Komplex einen atomaren, biologischen und chemischen Angriff überleben und die Arbeit der Krisenstäbe von hier aus koordinieren.

Die verbunkerten Ausweichsitze der Landesregierung Schleswig-Holstein in Sankelmark und Lindewitt können heute an wenigen Terminen im Jahr besichtigt werden; der Verein »unter hamburg e. V.« bietet Führungen an.

Blick in den neueren Bunker (o.), Lüftungstechnik im Altbau (u.), 2012

18 U-Boot-Bunker »Kilian«, Kiel

Ostuferhafen
24149 Kiel

Flandernbunker Hindenburgufer
24106 Kiel
www.mahnmalkilian.de

Öffnungszeiten:
Di. – Fr.: 11 – 15 Uhr

Ruine des »Kilian«-Bunkers, 2002

Nach dem Machtantritt der Nationalsozialisten wurden in den drei Kieler Großwerften – Howaldts-Werke, Deutsche Werft GmbH und Germania-Werft – vorwiegend U-Boote, Schwere Kreuzer und Schlachtschiffe, aber auch die beiden einzigen Flugzeugträger der deutschen Marine gebaut.

In der am 1. Oktober 1838 gegründeten Maschinenbauanstalt und Eisengießerei Schweffel & Howaldt hatte man 1850 das erste U-Boot der Welt gebaut. Während des Ersten Weltkrieges stellte die Howaldts-Werft U-Boote für die Kaiserliche Marine her, später – nach Übernahme der Aktienmehrheit durch das Deutsche Reich im Jahr 1937 – auch U-Boote für die Kriegsmarine. In der Nähe des Stammwerks in der Kieler Werftstraße 112 – 114 entstand aufgrund der verstärkten alliierten Luftangriffe zwischen 1941 und 1943 der U-Boot-Bunker »Kilian«, als einer von zwei U-Boot-Bunkerwerften an der Schwentine-Mündung.

In dem massiven Bunkerbau mit den gewaltigen Ausmaßen von 180 Meter Länge und 80 Meter Breite sollte Platz für die Instandsetzung und Endmontage von U-Booten gewonnen werden. Beim Bau wurden mehr als 1000 Bauarbeiter eingesetzt und gewaltige Mengen an Baustoffen verbraucht, so zum Beispiel 200 000 Kubikmeter Beton. Nach seiner Fertigstellung konnten die einzelnen Bauteile der U-Boote, die an verschiedenen Standorten produziert worden waren, nun trotz anhaltender Bombardierungen im U-Boot-Bunker »Kilian« zusammenmontiert werden. Im rückwärtigen Bereich wurde ein massiver Werkstattbunker angeschlossen. Wie auf allen Kieler Werften wurden auch hier bis zum Ende des Zweiten Weltkrieges Zwangsarbeiter eingesetzt, die in unmittelbarer Nähe der Werke oder in einfachen Barackenlagern untergebracht waren. Etwa jeder vierte Werftbeschäftigte war damals ein Zwangsarbeiter.

Bis in den letzten Kriegswochen waren nur vereinzelte zufällige Bombentreffer auf dem U-Boot-Bunker »Kilian« zu verzeichnen. Doch bei einem Luftangriff der Royal Air Force mit 576 Flugzeugen in der Nacht vom 9. zum 10. April 1945, bei dem 6712 Bomben auf das Kieler Werftgelände fielen, wurden Teile des Bunkers beschädigt und zahlreiche Schiffe versenkt. So auch das U-Boot »U 4708«, das im Inneren des Bunkers mit mehreren Besatzungsmitgliedern sank. Die noch einsatzbereiten Schiffe und U-Boote der Kriegsmarine liefen wenige Wochen später kurz vor Ende des Zweiten Weltkrieges in Norddeutschland am 3. Mai 1945 aus, um sich selbst zu versenken und nicht als Kriegsbeute den nahenden Alliierten in die Hände zu fallen.

Das riesige Bauwerk wurde im Oktober 1946 mit knapp 12 Tonnen Sprengstoff gesprengt; »U 4708« konnte zuvor nicht gehoben werden. Die verbliebenen Trümmer des Bunkers wurden 1988 unter Denkmalschutz gestellt und sollten an die Zwangsarbeiter erinnern, die in diesem nationalsozialistischen Rüstungskomplex gelitten haben und durch die mangelnde Versorgung ums Leben gekommen sind. Die Bunkertrümmer sollten als Friedenssymbol erhalten werden und als Gegenstück der in der Nähe befindlichen Marine-Ehrenmale Laboe und Möltenort fungieren. Der Verein »Mahnmal Kilian e. V.« organisierte ab 1997 Führungen über das Gelände, ein Angebot, das von Tausenden Interessierten wahrgenommen wurde. Lichtartisten nutzten die Betonreste zur künstlerischen Auseinandersetzung mit dem Objekt. Zum Gedenken an die fünf Besatzungsmitglieder des verschütteten »U 4708« wurden fünf Kreuze auf einem Trümmerrest angebracht. 1999 erhielt der Verein als Anerkennung für seine Arbeit den Deutschen Preis für Denkmalschutz.

Doch alle Bestrebungen, die Überreste des Bunkers dauerhaft zu erhalten, scheiterten. Mit der Erweiterung des Ostuferhafens begann man ab 2001 mit den Abbrucharbeiten. Nach der Enttrümmerung der Reste und den anschließenden Bauarbeiten am Hafengelände ist von dem ehemaligen U-Boot-Bunker oberirdisch nichts mehr vorhanden. Der Verein »Mahnmal Kilian e. V.« betreut heute eine Bildungs- und Erinnerungsstätte in einem entfestigten Hochbunker vom Typ T-750 in Kiel-Wik. Solche Truppenmannschaftsbunker baute man bis 1945 an zahlreichen Standorten der Kriegsmarine und auf Werftanlagen entlang der Nord- und Ostseeküste.

Gesprengter U-Boot-Bunker »Kilian«, 1957

19 Warnamt I, Hohenwestedt

Tierhotel Nindorfer Hof
Bredenhop 1
24594 Nindorf

Der Aufbau ziviler Luftschutzmaßnahmen wurde in der Bundesrepublik Deutschland Anfang der 1950er Jahre durch die Westalliierten genehmigt und anschließend rechtlich durch Bundesgesetze geregelt.

Zugang zum Bunker (o.) und Hauptgang im unterirdischen Bauwerk (u.), 2012

Ab Mitte der 1950er Jahre wurden auf dem Gebiet der Bundesrepublik zehn Warnämter errichtet, die zuerst in Provisorien und ab 1960 in typisierten Bunkeranlagen untergebracht waren. Jeder Standort erhielt Anfang der 1960er Jahre einen atombombensicheren Schutz- und Arbeitsbunker.

Über ein Netz von mehr als 2000 Messstellen (ODL-Messnetz) wurde rund um die Uhr die Umweltradioaktivität gemessen, an die geschützten Anlagen der Warnämter übermittelt und dort anschließend analysiert. Zu jedem Standort gehörten darüber hinaus eigene Messfahrzeuge, die zusätzlich zu den festen Messstationen relativ unabhängig Messungen der verschiedensten Parameter vornehmen konnten.

In militärischen Einrichtungen wie etwa in der US-Kommandozentrale in Kindsbach (→ S. 144), wo die aktuelle Luftlage ständig beobachtet wurde, richtete man zudem mehrere Verbindungsstellen ein, die bei einer gravierenden Verletzung des Luftraumes sofort eine Meldung an das entsprechende Warnamt absetzen konnten. Nach der dortigen

Auswertung wäre im Bedrohungsfall umgehend die Bevölkerung alarmiert worden – sowohl mithilfe eines angeschlossenen Netzes von Elektro- und Hochleistungssirenen (1985 existierten rund 64500 Sirenen), durch Radiomitteilungen oder über mit Warnempfängern ausgestattete Warnstellen. Bis 1985 wurden 12000 dieser Warnstellen zum Beispiel in Behörden, Krankenhäusern, städtischen Unternehmen oder in Kasernen eingerichtet. Das effektive System der Lageerfassung und die Möglichkeit einer umgehenden Alarmierung der Bevölkerung waren die Voraussetzungen für die Einleitung weiterer privater Schutzvorkehrungen oder für das schnellstmögliche Aufsuchen der existierenden öffentlichen zivilen Luftschutzbunker.

Mit der Reaktorkatastrophe in Tschernobyl im April 1986 wurde ein weiterer Einsatzzweck des Warnamtssystem erkannt. Nachdem der Block 4 des dortigen Atomkraftwerkes havariert war und große Mengen von Radioaktivität ausgetreten waren, ermittelten Messsonden an verschiedenen Standorten in der Bundesrepublik eine erhöhte Radioaktivität. Kurze Zeit später ergingen entsprechende Warnungen an die Bevölkerung, kein Freilandgemüse aus bestimmten Regionen mehr zu verzehren. Durch diesen Einsatz wurden anschließend die von den Warnämtern gesammelten Informationen in das Integrierte Meß- und Informationssystem für die Überwachung der Radioaktivität in der Umwelt (IMIS) eingespeist.

Mit der Wiedervereinigung und dem Wegfall der militärischen Konfrontation auf deutschem Boden wurden die Warnämter in den 1990er Jahren schrittweise stillgelegt und der Betrieb und die Auswertung des Messsystems dem Bundesamt für Strahlenschutz übertragen. Zahlreiche Sirenen und Warnstellen wurden in diesem Zusammenhang ebenfalls abgeschaltet. Das IMIS dagegen ist immer noch in Betrieb und die von den stationären Messsonden ermittelten Daten können darüber hinaus heute im Internet frei eingesehen werden.

Bei der kleinen Ortschaft Nindorf wurde Mitte der 1960er Jahre das Warnamt I Hohenwestedt samt standardisiertem Tiefbunker fertiggestellt. Wie auch in Butzbach-Bodenrod (→ S. 130) entstand ein vieretagiges, 35 Meter langes und 29 Meter breites Bauwerk, dessen Seitenwände und Decke aus drei Meter starkem Beton bestanden. Im Bauwerkskern existierte der große Arbeitsraum, wo die entsprechenden Umweltparameter angezeigt wurden. In Friedenszeiten waren hier etwa 30 Mitarbeiter beschäftigt, die im Ernstfall von bis zu 150 freiwilligen Helfern unterstützt worden wären. Der Standort wurde 1998 endgültig aufgeben. Heute befindet sich auf dem Gelände eine Tierpension.

Im 60 Kilometer entfernten Quickborn wird heute ein privates Warnamtsmuseum betrieben. Ein ehemaliger Mitarbeiter des Warnamts I hat in den vergangenen Jahren zahlreiche originale Einrichtungsgegenstände zusammengetragen und informiert über den Aufbau und die Funktionsweise der ehemaligen Warnämter.

Schlafraum (o.) und Duschen im Schleusenbereich des ehemaligen Warnamts, 2012

20 Gauleiter-Kaufmann-Bunker, Hamburg

Harvestehuder Weg 12
20148 Hamburg

www.unter-hamburg.de

Außenansicht des früheren Gauleiter-Bunkers mit zusätzlicher Decke, 2010

Schon vor ihrer Machtübernahme hatten die Nationalsozialisten Deutschland in eigene Verwaltungseinheiten aufgeteilt – vorerst aber nur als Bezirke der Partei. Die sogenannten Gaue wurden durch einen Gauleiter verwaltet, der den Machtausbau der Nationalsozialistischen Deutschen Arbeiterpartei (NSDAP) vorantreiben sollte. Nachdem die Nazis im gesamten Deutschen Reich an die Macht gekommen waren, wurden die Grenzen der staatlichen Provinzen an die Gaugrenzen sukzessive angepasst.

Der Gauleiter von Hamburg war seit dem 15. April 1929 Karl Kaufmann, und er blieb es bis Kriegsende. Kaufmann residierte in einer prunkvollen Villa in der Nähe der Außenalster, die 1884 für den Schiffsmakler Ivan Gans gebaut worden war. 1900 kaufte der amerikanische Bankier Henry Budge (1840 – 1928) das Anwesen, ließ das Gebäude erweitern und bewohnte es bis zu seinem Tod zusammen mit seiner jüdischen Frau. Als sie ein Jahrzehnt später starb, beschlagnahmten die Nationalsozialisten 1938 die Villa, obwohl Emma Budge verfügt hatte, das Anwesen nach ihrem Tod der US-amerikanischen Regierung zu übergeben. Stattdessen war es bis 1945 Residenz des Reichsstatthalters und Hamburger Gauleiters Karl Kaufmann, der außerdem als »Führer« der Hamburger Staats- und Gemeindeverwaltung, Reichsverteidigungskommissar im Wehrkreis X und ab 1942 als Leiter des Amtes des Reichskommissars für Deutsche Seeschiffahrt fungierte.

Im Garten der Villa wurde 1939/40 ein etwa 22 Meter langer und 14 Meter breiter Luftschutzbunker als »Befehlsstelle des Reichsverteidigungskommissars im Wehrkreis X« errichtet. Das Bauwerk bestand aus insgesamt neun Räumen und war für bis zu 20 Personen ausgelegt. Neben der Luftschleuse gab es einen Dieselmotor, der Notstrom liefern sollte, falls die städtische Stromversorgung ausfiel. Darüber hinaus gab es einen Stabsraum, Arbeitsräume, Sanitäreinrichtungen und Räume für die Versorgungseinrichtungen. Als bei Luftangriffen auf die Stadt Hamburg 1942 einige Bunkeranlagen Durchschläge verzeichneten, wurde auf das ursprünglich einen Meter starke Bunkerdach eine zusätzliche Bunkerdecke von etwa 2,40 Metern aufgebracht.

Ehemalige Budge-Villa, 2010

Die Bunkerwände wurden wenige Monate später ebenfalls mit Stahlbeton verstärkt. Während der Luftangriffe suchten im Bunker auch zahlreiche leitende Beamte der Stadtverwaltung Zuflucht.

Obwohl Großadmiral Karl Dönitz, der nach Hitlers Selbstmord dessen Amt für wenige Tage übernahm, die Verteidigung der Stadt befohlen hatte, wurde Hamburg am 3. Mai 1945 auf Weisung Kaufmanns und des Kampfkommandanten Alwin Wolz kampflos übergeben.

Nach dem Krieg nutzten britische Besatzungstruppen die Villa als Lazarett und später als Offizierscasino und Gästewohnheim, bevor sie das Anwesen 1956 an die Stadt zurückgaben. Drei Jahre später zog die Hochschule für Musik und Theater in die Villa ein. Der Bunker wurde bis in die 1970er Jahre von einer Malerfirma und anschließend von der Hochschule als Lager und Büro bzw. als Abstellraum genutzt. Die Bunkeranlage steht seit April 2010 unter Denkmalschutz und kann nach Abschluss der Sanierungsarbeiten voraussichtlich ab 2013 im Rahmen von Führungen des Vereins »unter hamburg e. V.« besichtigt werden. Der Verein hat sich für die Unterschutzstellung des Bunkers starkgemacht und entwickelt nun ein Konzept für seinen Erhalt als Ort der Zeitgeschichte.

Notstromaggregat im einstigen Kaufmann-Bunker, 2010

21 Flakbunker Heiligengeistfeld, Hamburg

»Medienbunker«
Feldstraße 66
20359 Hamburg

»Energiebunker«
Neuhöfer Straße
21107 Hamburg

Kirmesstände vor dem ehemaligen Gefechtsturm, 2010

Zur Abwehr alliierter Bomberverbände wurden in den Hamburger Stadtteilen St. Pauli und Wilhelmsburg ab 1942 – wie auch in Berlin (→ S. 100) und Wien (→ S. 208) – sogenannte Flakbunker errichtet. Diese Bauwerke sollten einerseits die Innenstädte mit großen Flakgeschützen vor feindlichen Luftangriffen schützen und andererseits als Luftschutzbunker für Tausende von Zivilisten dienen. An jedem Standort entstanden jeweils zwei gewaltige Betonkolosse: Auf einem »Leitturm« waren modernste Ziel-, Mess- und Radargeräte installiert, die den Luftraum nach feindlichen Bomberverbänden absuchten und entsprechende Meldungen an den benachbarten »Gefechtsturm« übergaben. Auf diesem waren Flugabwehrgeschütze unterschiedlicher Kaliber installiert.

Die Flakbunker wurden nach Plänen des Architekten Friedrich Tamms errichtet und auch durch den Einsatz von Zwangs- und Fremdarbeitern fertiggestellt. Sie verfügten über Krankenstationen sowie eine eigene Strom- und Wasserversorgung. In allen Bauwerken dieser Art gab es parallel verlaufende Treppenhäuser für die Luftschutzsuchenden bzw. die Soldaten und Flakhelfer. Die militärischen und zivilen Bereiche waren klar voneinander getrennt.

Mit einer maximalen Schussweite von 21 und einer Schusshöhe von 15 Kilometern war der militärische Nutzen der Geschütze eher bescheiden. Nur als Luftschutzbunker, in dem Zigtausende Zivilisten Zuflucht suchen konnten, wurden diese Betonfestungen ihrem Auftrag gerecht.

Zudem konnten die Alliierten die deutsche Luftaufklärung durch den Abwurf von Stanniolstreifen erfolgreich stören. Auch die immer höher fliegenden Bomberverbände, die in Angriffswellen von mehreren hundert Flugzeugen ihre Ziele ansteuerten, stellte die Flugabwehr beim Versuch der gezielten Bekämpfung vor unlösbare Probleme. So konnten auch die verheerenden Angriffe der Alliierten zwischen dem 25. Juli und dem 3. August 1943 auf Hamburg nicht verhindert werden. Bei der »Operation Gomorrha« genannten Angriffsserie wurde die Stadt an mehreren Tagen mit einer gezielten

Mischung von Luftminen, Spreng-, Phosphor- und Stabbrandbomben angegriffen, so dass sich eine Feuerwalze über die Stadt ausbreitete. Bei den Angriffen verloren insgesamt etwa 34 000 Menschen ihr Leben, weitere 125 000 wurden teils schwer verletzt.

Die beiden Leittürme wurden in Hamburg nach dem Krieg gesprengt und abgerissen, die beiden Gefechtstürme stehen noch. Der 75 mal 75 Meter große und 39 Meter hohe Gefechtsturm auf dem Heiligengeistfeld (Flakturm IV/»Medienbunker«) mit zwei Meter dicken Wänden und einer Deckenstärke von drei Metern fasste 18 000 Personen und war während des Krieges mehrfach überbelegt. Nach 1945 wurde der Bunker von mehreren Firmen nachgenutzt und 1990 zu einem Medienzentrum samt Diskothek umgebaut.

Flakbunker Wilhelmsburg

Aus den Erfahrungen beim Bau der drei Flakturm-Paare in Berlin und des Gefechtsturmes auf dem Heiligengeistfeld zog man Lehren und nahm Veränderungen an den geplanten Türmen in Wilhelmsburg und Wien vor. Da man bei den ersten vier Flaktürmen zu viel Stahl und Beton verbaut hatte, die mit zunehmender Kriegsdauer knapp wurden, mussten diese Baustoffe effizienter eingesetzt werden, so dass die neuen Flaktürme nicht mehr ganz so massiv ausgeführt wurden. Als große Neuerung wurden die Geschützbettungen auf der obersten Plattform so errichtet, dass sie einen besseren Schutz vor feindlichen Luftangriffen boten. Standen diie Geschütze der Türme in Berlin und auf dem Heiligengeistfeld relativ frei auf den vier Plattformen, so wurden die Geschützbettungen des Flakturms Wilhelmsburg erstmalig – wie dann später auch in Wien – mit massiven Schutzwänden umgeben. Dadurch ragte nur noch das Geschützrohr oben heraus.

Im 57 mal 57 Meter großen und 42 Meter hohen Gefechtsturm in Wilhelmsburg (Flakturm VI/»Energiebunker«), der im Sommer 1943 einsatzbereit war, fanden auf acht Etagen bis zu 20 000 Schutzsuchende Platz.

Der Bunker wurde nach dem Zweiten Weltkrieg gesprengt, blieb aber äußerlich intakt. In den Jahren 2011/12 wurde das Bauwerk vollständig vom Schutt befreit und anschließend entkernt. Es soll im Rahmen der Internationalen Bauausstellung (IBA) Hamburg bis 2013 für etwa 30 Millionen Euro zu einem »Energiebunker« mit einem Biomasse-Blockheizkraftwerk, einem Wasserspeicher sowie einer Solarthermieanlage umgebaut werden. Durch den großen massiven Betonkörper können in dem Relikt des Zweiten Weltkrieges mehrere Energiesysteme intelligent miteinander vernetzt werden und so einen Beitrag zum aktiven Klimaschutz leisten. Heute dienen viele ehemalige Militärareale und Bunker als Standorte für den Aufbau von Anlagen zur Erzeugung von erneuerbaren Energien.

Oben: Flakbunker Wilhelmsburg, 2010; unten: nachgenutzte Bunkerräume auf dem Heiligengeistfeld, 2010

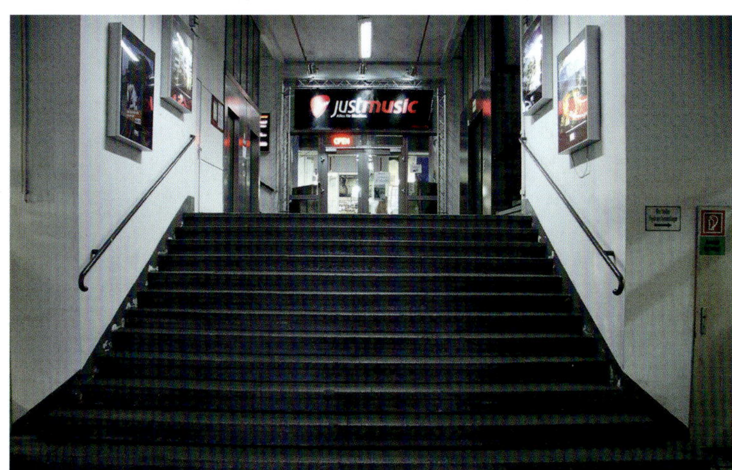

22 Tiefbunker Hamburg-Hauptbahnhof

Steintorwall
20095 Hamburg

www.hamburgerunterwelten.de

Essenausgabe in der ehem. Zivilschutzanlage (o.) und Warnhinweis an der Bunkertür (u.), 2010

Der erste alliierte Luftangriff auf Hamburg erfolgte am 18. Mai 1940: Rund 30 Flugzeuge warfen etwa 500 Bomben auf die Stadt ab. Ein eher bescheidener Auftakt des Bombenkrieges. Das sollte sich schnell ändern: Insgesamt wurde Hamburg bis zum Ende des Zweiten Weltkrieges 213 Mal Ziel alliierter Bomberverbände. Bei den Angriffen wurden von etwa 17 000 Bombern und Kampfflugzeugen mehr

als 100 000 Sprengbomben sowie 1,5 Millionen Brandbomben unterschiedlichster Art und Größe abgeworfen. Im Mai 1945 war die Innenstadt Hamburgs zu 80 Prozent zerstört. Nach Schätzungen verloren dabei zwei Drittel der Bevölkerung ihre Wohnungen und damit einen Großteil ihrer Habe. Bei den Bombardierungen entstand ein geschätzter Schaden von etwa 23 Milliarden Reichsmark (RM) und eine Trümmermasse von mehr als 43 Millionen Kubikmetern. Bei den Luftangriffen auf die Stadt und deren Rüstungsbetriebe wurde auch die städtische Infrastruktur – wie zum Beispiel das Eisenbahn- und das Nahverkehrsnetz – teilweise zerstört und so zeitweise unterbrochen. Der Wiederherstellung dieser sowohl zivil als auch militärisch genutzten Verbindungen war immer eine der vorrangigsten Aufgaben bei den Instandsetzungsarbeiten nach den einzelnen Angriffen.

Im Rahmen des mit »Führerbefehl« vom 10. Oktober 1940 eingeleiteten Luftschutz-Sofortprogramms (→ S. 12) wurde am Hamburger Hauptbahnhof ab 1941 ein dreietagiger unterirdischer Luftschutzbunker vornehmlich für Bahnreisende errichtet, der bis zu 3,75 Meter starke Betonwände besaß und knapp 2500 Menschen Schutz bot. Während der Luftangriffe war dieser Bunker aber – genauso wie viele andere Anlagen – nicht selten mehrfach überbelegt. Insgesamt wurden bis zum Ende des Zweiten Weltkrieges etwa 1000 Luftschutzbunker in Hamburg errichtet.

Nach Kriegsende wurde der Bunker am Steintorwall aufgrund der Nähe zum Hauptbahnhof nicht gesprengt, sondern nach einer kurzen Nutzung als Bunkerhotel sich selbst überlassen. Im Rahmen des Zivil- und Katastrophenschutzprogramms im Kalten Krieg wurde das Bauwerk ab 1965 saniert und mit moderner Technik ausgestattet. Ab 1969 stand die »Zivilschutzanlage Steintorwall« mit 2700 Plätzen als Schutzraum für den Katastrophenfall zur Verfügung. Dieser Bunker war eine von knapp 80 Anlagen mit etwa 80 000 Schutzplätzen, die bis zum Ende des Kalten Krieges in Hamburg für diesen Zweck errichtet wurden. Mittlerweile wurden viele dieser Bauten aus der Zivilschutzbindung entlassen und zum Beispiel zu Wohnzwecken komplett umgebaut.

Die Schutzeinrichtung am Hauptbahnhof ist ebenfalls nicht mehr einsatzbereit und wird seit einigen Jahren vom Verein »Hamburger Unterwelten e. V.« betreut und kann an festen Terminen und nach vorheriger Anmeldung besichtigt werden.

Oben: Zugang zum Bunker unter dem Steintorwall am Hauptbahnhof, 2010; unten: Schleusenbereich, 2010

23 Tiefbunker Berliner Tor, Hamburg

Zivilschutzanlage Berliner Tor
Borgfelder Straße 1
20537 Hamburg

www.unter-hamburg.de

Bis zum Ende des Zweiten Weltkrieges wurde in Hamburg 778 Mal Luftschutzalarm ausgelöst. In aller Regel wurde die Bevölkerung durch die über das gesamte Stadtgebiet verteilten Luftschutzsirenen gewarnt, von denen nach einem Luftangriff auch Entwarnung gegeben wurde. Zusätzliche Informationen lieferte das Radio. Neben der allgemeinen Luftschutzwarnung wurde auch 702 Mal Fliegeralarm ausgelöst, der in 213 Fällen der Hansestadt galt. Dabei erhielt die Luftschutzwarnzentrale Hamburg, die als Befehlsstelle im Polizeipräsidium eingerichtet war, ihre Informationen von den unterschiedlichen militärischen Flugwachkommandos. Der Warndienst wurde im Herbst 1940 so umstrukturiert, dass eine Vorwarnzeit für die Bevölkerung von mindestens zehn Minuten gegeben sein sollte.

Obwohl Hamburg von einem dichten Netz von Flakgeschützen umgeben war, konnten diese die massiven Angriffe der alliierten Luftstreitkräfte nicht verhindern. 71 Batterien mit 346 Geschützrohren, die im Juli 1943 zur Verfügung standen, konnten nur einige hundert feindlicher Flugzeuge bekämpfen, gemessen an den insgesamt rund 17 000 Bombern eine verschwindend kleine Zahl. So wurde ab Sommer 1940 die Zivilbevölkerung direkt in den Zweiten Weltkrieg hineingezogen. Die ursprüngliche Einwohnerzahl Hamburgs sank von 1,7 Millionen im Mai 1939 auf 1,1 Millionen sechs Jahre später. Neben den knapp 50 000 Bombenopfern sind rund 63 000 Hamburger im Militärdienst umgekommen; Hunderttausende sind aus der teilweise zerstörten Stadt geflohen.

Wegen der zunehmenden Luftangriffe wurden in Hamburg während des Zweiten Weltkrieges rund 1000 Bunkeranlagen für die Zivilbevölkerung errichtet oder Kelleranlagen und Tunnel luftschutzgemäß ausgebaut. Zu ihnen gehörte der ab 1940 erbaute unterirdische Rundbunker am Berliner Tor, der auf drei Etagen Platz für knapp 600 Personen bot. In den Jahren von 1960 bis 1963 wurde der Bunker als einer der ersten im gesamten Bundesgebiet zur Zivilschutzanlage aus- und umgebaut. Im Katastrophenfall oder bei einem Konflikt zwischen den Streitkräften der Nato und des Warschauer Paktes sollte

Sitzplätze im Rundbunker, 2010

Hauptzugang, 2010

der Bunker 440 Personen ein Überleben auch bei einem atomaren Schlagabtausch sichern.

Der Tiefbunker ist eine von etwa 40 noch vorhandenen Zivilschutzanlagen Hamburgs. Technische Einrichtungen wie Notstromgeneratoren, Tiefbrunnen, Klima- und Filtertechnik sollten das Überleben der Insassen für einige Tage sicherstellen. Zum Ende des Kalten Krieges standen für rund 80 000 Hamburger solche Schutzplätze zur Verfügung.

Wie die Bunkeranlage am Hauptbahnhof (→ S. 64) kann heute auch der Bunker am Berliner Tor besichtigt werden. Der Verein »unter hamburg e. V.« betreut seit einigen Jahren das Bauwerk und bietet an festen Terminen Führungen an.

Grundriss des Untergeschosses (l.) und Wandzeichnung zur Ablenkung der Schutzsuchenden (r.), 2010

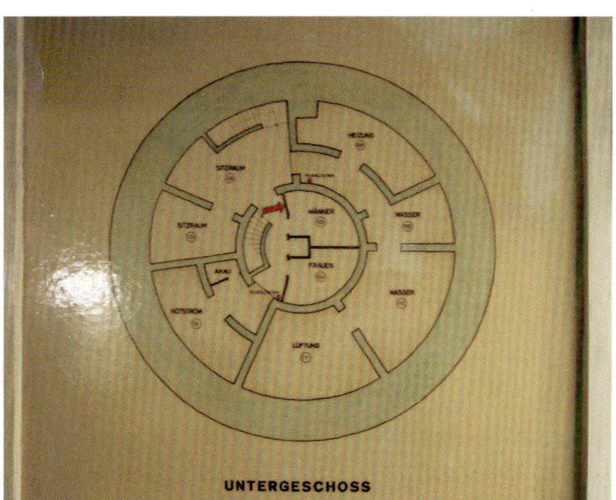

24 Hochbunker Neptun-Werft, Rostock

Kulturkombinat Bunker
Neptunallee 8
18057 Rostock

www.bunker-rostock.de

Ehem. Werkluftschutz-Bunker, 2010

Den Aufstieg zur industriellen Großstadt hat Rostock der Rüstungsindustrie zu »verdanken«. Insbesondere für das Personal der Heinkel-Flugzeugwerke und der Neptun-Werft entstanden verteilt über das gesamte Stadtgebiet neuer Wohnraum und eine entsprechende städtische Infrastruktur. Dabei hatte die 1850 gegründete Neptun-Werft nach der Weltwirtschaftskrise 1929 mit Auftragsrückgängen und Verlusten zu kämpfen gehabt und schließlich 1932 Konkurs anmelden müssen. Doch durch die Aufrüstungspläne der Nationalsozialisten wurde das Unternehmen wiederbelebt. Zwar wurden in der Werft zunächst keine Schiffe mehr produziert, doch agierte man als Zulieferbetrieb für das Heereswaffenamt in Berlin, das man unter anderem mit Stahlplatten für verschiedene Waffengeräte versorgte. Die Herstellung von Stahlkonstruktionen sowohl für den Ausbau der Heinkel- und Arado-Werke vor den Toren der Stadt als auch für den Flughafen Warnemünde bescherte der Werft einen allmählichen Aufschwung. 1936 nahm man schließlich auch den Schiffsbau wieder auf und belieferte die Marine mit Torpedoschiffen und Schnellbooten. Weitere Aufträge – auch von verbündeten Staaten wie Japan und Bulgarien – folgten. Die Produktion von Flakgeschützen und Panzerplatten für Flugzeuge lastete dann das Werk vollends aus.

Vom 24. bis 27. April 1942 wurde Rostock Ziel des zweiten britischen Flächenbombardements. Verheerende Schäden in den Rüstungsbetrieben und der Innenstadt waren die Folge. Mehr als die Hälfte der historischen Bausubstanz wurde vernichtet. Von ursprünglich bis zu 124 000 Einwohnern waren im Mai 1945 schließlich nur noch 69 000 geblieben, die in den letzten Kriegswochen zuerst den Strom der Flüchtlingstrecks aus den evakuierten Ostgebieten und später die Besatzung durch die Rote Armee erlebten. Die Heinkel-Werke wurden nach dem Zweiten Weltkrieg in Rostock demontiert, die Neptun-Werft blieb in Teilen jedoch in Betrieb.

Für die Beschäftigten der Neptun-Werft hatte man als Konsequenz der Bombardierungen in den Jahren 1943/44 einen Hochbunker für 1400 Personen errichtet. Der massive Bunker aus Stahlbeton besitzt vier Etagen und ist im Inneren ähnlich aufgebaut wie der Truppenmannschaftsbunker T-750 (→ S. 52): Um zwei zentrale Treppenhäuser gruppieren sich die Räume für die Luftschutzsuchenden. Anders als bei den T-750 befinden sich auch außerhalb des eigentlichen Bunkers seitliche Treppenhäuser und Zugänge, um eine schnellere Belegung durch die Beschäftigten sicherzustellen.

Die auf der Werft eingesetzten Zwangsarbeiter – zeitweise waren dies mehr als 1000 Personen – durften dagegen bei Luftalarm den Hochbunker nicht betreten und waren dem Bombenhagel schutzlos ausgeliefert; etwa ein Drittel von ihnen überlebte den Krieg nicht.

Nach dem Zweiten Weltkrieg befand sich im Bunker das Werksarchiv des Staatsbetriebs VEB Schiffswerft Neptun. Heute können dort Proberäume von Musikgruppen angemietet werden. Außerdem finden regelmäßig Musik- und Tanzveranstaltungen statt.

Auch für die Rostocker Zivilbevölkerung wurde im Rahmen des »Führer-Sofortprogramms« vom Oktober 1940 (→ S. 12) die Errichtung von acht Luftschutzanlagen beschlossen. Diese wurden allesamt wie die Werkluftschutzanlagen der Neptun-Werft und der Heinkel-Werke oberirdisch ausgeführt. Das größte Bunkerbauwerk der Stadt wurde in Rostock-Reutershagen ab März 1943 für mehr als 1100 Personen gebaut, aber bis Kriegsende nicht vollendet. Der einzige Tiefbunker Rostocks befand sich auf dem Areal des städtischen Krankenhauses und war für 250 Patienten ausgelegt. 1945 standen auf dem gesamten Stadtgebiet etwa 20 Bunkeranlagen und zahlreiche Splitterschutzanlagen, die jedoch nur einen geringen Schutz bei einem Luftangriff boten, zur Verfügung.

Treppenhaus im heutigen Veranstaltungsbunker, 2010

25 Troposphärenfunkzentrale 302, Eichenthal

Bunker Eichenthal
Eichenthaler Weg 7
18334 Lindholz OT Eichenthal

www.bunker-302.de

Öffnungszeiten:
Apr. – Okt.:
täglich 10.30 – 18 Uhr

Ehem. Schaltzentrale (o.), 2010; 3-D-Modell der Station (u.), 2012

Mitte der 1980er Jahre wurden auf dem Gebiet der DDR drei verbunkerte Troposphärenfunkzentralen errichtet. Sie waren elementare Bestandteile und die westlichsten Punkte im Troposphären-Nachrichtensystem »BARS« der Warschauer Vertragsstaaten – ein gitterförmiges Netz von Nachrichtenknoten mit 26 Standorten zwischen der DDR, Moskau und Bulgarien. Die Technik des Troposphärenfunks macht sich einer Eigenart der Troposphäre, der untersten Schicht der Erdatmosphäre, zu eigen. In dieser atmosphärischen Schicht, die sich vom Erdboden bis zu einer maximalen Höhe von etwa 12 bis 17 Kilometern erstreckt, spielt sich das Erdwetter ab. Die sich in dieser Schicht befindlichen kleinen Teilchen beginnen bei der Bestrahlung durch elektromagnetischen Wellen zu schwingen. Werden nun von zwei fest definierten Standorten elektromagnetische Strahlen in dieses Feld geschickt, so können diese sich begegnen und damit eine Verbindung herstellen. Die Troposphärenfunkstationen waren insbesondere für eine mögliche atomare Auseinandersetzung geplant worden. Denn das Perfide an diesem System der Funkverbindung ist, dass es nach einer Atomwaffenexplosion noch besser arbeitet, da die Troposphäre dann mit zusätzlichen Schmutz- und Staubpartikeln angereichert wird und dadurch mehr Material zum Schwingen angeregt werden kann. Zudem kann aufgrund der Erdkrümmung bzw. der weiteren Entfernung von der Oberfläche eine Strecke

Oben: Drucktüren der einstigen Personenschleuse, 2010; unten: früherer Senderaum, 2011

zwischen 150 und 200 Kilometern überbrückt werden und damit eine wesentlich größere Distanz als etwa mit terrestrischen Richtfunkverbindungen.

An den drei Standorten in der DDR entstanden neben den oberirdischen Gebäuden jeweils zweigeschossige, etwa 30 mal 30 Meter große unterirdische Bunker, in denen die Technik für den Troposphärenfunk untergebracht war. Der Zugang zum Bunker Eichenthal erfolgte über einen 180 Meter langen Tunnel, der eigentlich viel kürzer hätte ausgeführt werden sollen. Durch einen Einmessfehler der leitenden Ingenieure baute man den Bunker fälschlicherweise seitenverkehrt. Am Ende des Tunnels gelangt man in die erste Etage des Bauwerkes. Hier befinden sich hinter den mächtigen Drucktüren die zahlreichen Arbeits- und Funktionsräume. Die knapp drei Tonnen schweren Drucktüren schlossen das Bauwerk zur Außenwelt hermetisch ab. Damit die Hitzewelle, die bei der Explosion einer Atombombe entsteht, die Tür nicht mit dem Türrahmen verschmolz, waren die Türseiten mit Aluminium beschlagen. In der unteren Etage sind die technischen Versorgungssysteme wie etwa die drei großen Notstromgeneratoren, die Klima- und Belüftungstechnik sowie der Bauwerks-Dispatcher und das Wasserwerk untergebracht.

Die Troposphärenfunkzentralen sollten die Funktionsfähigkeit des Nachrichten- und Kommunikationsnetzes der Warschauer-Pakt-Staaten im Falle eines Atomkrieges zusätzlich sichern. Mit den eigentlichen Gefechts- und Führungsstellen der militärischen und politischen Führung der DDR waren die Standorte mit Draht- oder Richtfunkverbindungen verbunden.

Die Standorte gingen 1987/88 in Betrieb. Doch schon wenig später waren sie nach der Friedlichen Revolution und dem Zusammenbruch des Ostblocks militärisch sinnlos geworden. Aus Sicherheitsgründen versiegelte die Bundeswehr die Bunker und baute die Masten mit den Antennensystemen ab.

Im Sommer 2004 wurde der etwa 17 Hektar große Standort Eichenthal zwischen Rostock und Stralsund privatisiert und als öffentlich zugängliches Museum mit Dauerausstellungen und Filmvorführungen umgebaut. Seit 2007 steht die gesamte einstige militärische Liegenschaft unter Denkmalschutz und wird als Mahnmal gegen Krieg und Gewalt erhalten. Die Anlage kann zwischen April und Oktober täglich besichtigt werden; eine theatralische Licht- und Toninstallation demonstriert in Ansätzen die ehemalige Funktionsweise des Bunkers und den Schrecken eines atomaren Krieges.

In der Nähe von Bad Freienwalde befindet sich ein fast baugleiches Objekt, das heute ebenfalls ein Museum beherbergt und nach Anmeldung das ganze Jahr über besichtigt werden kann.

26 Führungsbunker der 6. Flottille, Kap Arkona

NVA-Bunker Kap Arkona
Kap Arkona
Am Parkplatz 1
18556 Putgarten

Öffnungszeiten:
Mai – Oktober: täglich zu wechselnden Zeiten

An einer der nördlichsten Stellen der Insel Rügen wurden schon zu Zeiten der Wehrmacht verbunkerte Bauwerke errichtet. In Sichtweite der beiden Leuchttürme auf dem Kap Arkona steht seit 1942 ein Bunker, der für die nahe gelegene Funkmess- und Flakstellung gebaut wurde. Solche Funkmessstellungen gab es im gesamten Deutschen Reich, um den Luftraum zu überwachen und mit den Flakstellungen einen Sperrgürtel gegen feindliche Flugzeuge bilden zu können. In unmittelbarer Nähe des Bunkers aus Wehrmachtzeiten, in dem heute unregelmäßig Kunstausstellungen präsentiert werden, befindet sich eine weitaus größere Bunkeranlage der 6. Flottille der Volksmarine der Nationalen Volksarmee (NVA). Das Bauwerk entstand in den Jahren 1979 bis 1983 aus betonierten Fertigteilelementen und wurde anschließend übererdet. Drei große Halbröhren waren vornehmlich für das Führungspersonal der 6. Flottille und des Küstenraketenregiments 18 zweigeschossig ausgebaut. Zehn kleinere Röhren dienten zusätzlich als Funktions- oder Unterkunftsräume. Die Röhre 13 war dem Verbindungspersonal der sowjetischen Ostsee-Flotte vorbehalten. Alle Röhren waren an einem zentralen Gang angeordnet, der an beiden Enden Zugänge hatte.

Blick auf den Bunkerkomplex vom Leuchtturm aus (o.), Technikausstellung im Bunker (u.), 2011

Erst 1987 war der gesamte Innenausbau des unterirdischen Komplexes fertig, und der Bunker konnte seiner Bestimmung übergeben werden. Bei Übungen mit 50 bis 70 Personen wurde die Einsatzbereitschaft von Bunker und Personal erprobt.

Wie beim Bau aller anderen militärischen Bunkerstandorte galt auch bei der Errichtung dieser

Ausstellungsraum im umgebauten Bunker, 2011

Anlage die höchste Geheimhaltungsstufe. Doch ein Fauxpas sorgte 1985 für Aufregung in den Reihen der NVA. Im Bildband »Soldaten des Volkes«, der zum 30. Jahrestag der Nationalen Volksarmee erschien, war ein Foto abgedruckt, das zwei blaue Marinehubschrauber im Anflug auf Kap Arkona zeigte. Das wäre nicht weiter dramatisch gewesen, doch im Hintergrund war die Bunkerbaustelle klar und vollständig zu erkennen. Das Buch blieb nur wenige Tage im Handel, wurde dann vom Markt genommen und vernichtet. Eine Neuauflage ohne das entsprechende Bild wurde in aller Eile herausgebracht.

Mit der Auflösung der NVA wurde dieser militärische Standort geschlossen. Die Bunkeranlage wurde wenig später von der Gemeinde Putgarten übernommen, sukzessive für die interessierte Öffentlichkeit erschlossen und allmählich in ein Museum umgewandelt. Da man beim Bau der größeren Röhren aus Feuerschutzgründen in den Geschossdecken Asbestbeton verwendet hatte, mussten diese Zwischendecken entfernt werden, um einen gefahrlosen Besuch zu ermöglichen. Ein ursprünglicher Zustand kann so zwar nicht mehr präsentiert werden, doch sind durch diese Maßnahme große Ausstellungsräume entstanden. Der einstige Bunkerkomplex der Volksmarine kann während der Saison täglich zu festen Zeiten besichtigt werden.

Ähnliche Anlagen entstanden in Trassenheide für die 1. Flottille und bei Gelbensande für die 4. Flottille. Diese Bauwerke sind allerdings verschlossen und dienen zum Teil Fledermauspopulationen als Quartier.

Zentraler Verbindungsgang, 2008

27 Führungsbunker Militärbezirk V, Alt Rehse

Tollense Lebenspark
Schlosspark 1
17217 Alt Rehse

Führung durch den Park:
So. 14 Uhr

Ehemaliger Kfz-Bunker (o.), 2005

In der Nähe von Neubrandenburg befindet sich idyllisch am westlichen Ufer des Tollensesees gelegen der kleine Ort Alt Rehse, der aus einem zum Kloster Broda gehörigen Gutshof hervorgegangen ist. 1897 hatte Freiherr Ludwig von Hauff das Gut erworben und anschließend ein Schloss samt angrenzendem Park bauen lassen. Dieses Ensemble wurde nach der Machtübernahme der Nationalsozialisten 1934 zwangsenteignet und ging in den Besitz des Hartmannbundes über. Im Auftrag der Reichsärzteführung sollte hier der Berufsverband der Mediziner eine »Führerschule der Deutschen Ärzteschaft« aufbauen. In den kommenden Jahren wurden die Gebäude des Gutes bis auf das Schloss, die Kirche, die Schule und das Pfarrhaus abgerissen. Im Rahmen des Ausbaus zur »Ärzte-Führerschule« wurden bis 1939 unter anderem 22 Fachwerkhäuser mit Schilfrohrdächern errichtet. Der Lehrbetrieb wurde 1935 aufgenommen und bis 1943 fortgeführt. Bei Schulungen und Seminaren wurden Ärzte, Apotheker und Hebammen mit »weltanschaulichen« Themen des NS-Regimes indoktriniert. Dazu zählten auch Vorträge über »Erbbiologie und Rassenpflege«, mit denen der »Euthanasie« genannte Massenmord an physisch und psychisch kranken Menschen legitimiert wurde.

Nach dem Ende des Zweiten Weltkrieges nutzten die Sowjet-Armee, ein Waisenheim und das Institut für Lehrerbildung das Areal, bis es schließlich 1955 das Ministerium für Staatssicherheit und 1958 dann die Nationale Volksarmee (NVA) übernahm. In den folgenden beiden Jahrzehnten dienten das Grundstück und die Gebäude den Soldaten nur zu Freizeit- und Erholungszwecken. 1978 begann dann ein Ausbau mit verbunkerten Gefechtsständen, in denen im Kriegsfall die Führungsriege des Militärs arbeitsfähig bleiben sollte. Das Objekt diente von nun an als Führungsstelle des Militärbezirkes V, des nördlichen Verteidigungsbezirkes der Landstreitkräfte der DDR mit dem Stab in Neubrandenburg.

Insgesamt wurden in Alt Rehse sechs Bunkerkomplexe aus Betonfertigteilen für 27 Millionen DDR-Mark errichtet. Im Zentrum der Anlage gab es einen zweietagigen Stabsbunker, daneben einen

Nachrichten- und Führungsbunker sowie Bunker für Fahrzeuge und Versorgungstechnik. Der Bunkerkomplex sollte 320 Angehörigen der NVA bei einem bewaffneten Konflikt einen gewissen Grundschutz vor atomaren, biologischen und chemischen Waffen bieten. Doch bei einem direkten Treffer mit einer Kernwaffe oder bei einer Detonation einer Bombe von mehr als 100 Kilogramm wäre die Anlage komplett oder in Teilen vernichtet worden. Für den südlichen Militärbezirk III entstand eine baugleiche Einrichtung in der Dübener Heide bei Kossa/Söllichau (→ S. 110).

Mit der Auflösung der Nationalen Volksarmee wurde das Objekt am Tag der Deutschen Einheit, am 3. Oktober 1990, von der Bundeswehr übernommen. Nach acht Jahren wurde der Standort am 30. Juni 1998 aufgegeben und die Bunkeranlage anschließend beräumt. Mit dem Verkauf des gesamten Ensembles 2006 entstand der »Tollense Lebenspark«, in dem Menschen alternative Lebensformen ausprobieren. Vor Ort werden Konzerte, Ausstellungen und Führungen organisiert. So können auch heute noch Gebäude der »Ärzte-Führerschule« als Relikt des nationalsozialistischen Rassenwahns und die Bunkeranlagen der NVA als Relikt des Kalten Krieges besichtigt werden.

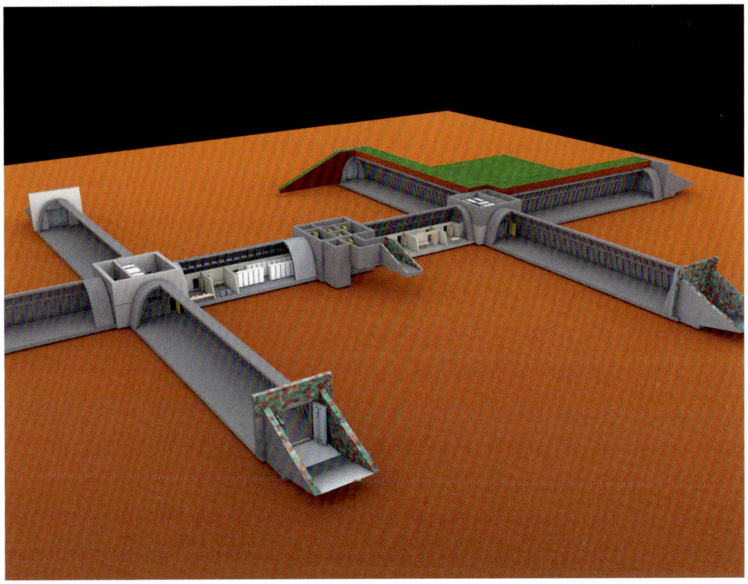

3-D-Modell des Führungsbunkers, 2012

Zugang zum erdüberdeckten Bunkerkomplex, 2005

28 Sonderwaffenlager Himmelpfort

Weinbergstraße
17279 Lychen

Massives Tor des ehemaligen Lagerbunkers, 2008

Auf beiden Seiten der innerdeutschen Grenze lagerten die Besatzungsmächte nukleare Sprengköpfe in so großer Zahl, dass man das Gebiet der Bundesrepublik und das der DDR komplett hätte atomar verwüsten können. Im Westen organisierten sich seit der Wiederbewaffnung in den 1950er Jahren engagierte Bürger in der Friedensbewegung auch für ein atomwaffenfreies Deutschland. Unter dem Motto »Schwerter zu Pflugscharen« versammelten sich in der DDR in den 1980er Jahren Friedensbewegte, die nicht länger zwischen sozialistischen und kapitalistischen Atomraketen unterscheiden wollten.

Weder die Nationale Volksarmee (NVA) noch die Bundeswehr waren im Kalten Krieg im Besitz eigener atomarer Gefechtsköpfe. Wohl aber verfügten sie über dafür geeignete Trägersysteme. Im Falle einer bewaffneten Konfrontation wären entsprechend ausgerüstete Gefechtsköpfe auf beiden Seiten an die ausgebildeten Einheiten ausgegeben und in die Befehlskette des jeweiligen militärischen Bündnispartners integriert worden. Einheiten der NVA hatten dieses Szenario mehrfach erprobt.

Im Rahmen einer geheimen Regierungsvereinbarung hatten die Führungen der DDR und der UdSSR im Januar 1967 den Bau von zwei verbunkerten Lagerbauwerken im Wert von 100 Millionen DDR-Mark beschlossen. Die baugleichen Anlagen entstanden bei Lychen und bei Stolzenhain, einmal für den nördlich von Berlin gelegenen Militärbezirk V (→ S. 74) sowie für den südlich gelegenen Militärbezirks III (→ S. 110). Die Projektunterlagen stellte die UdSSR zur Verfügung, die Errichtung der Lager war Sache der Baupioniere der NVA. Nach der Fertigstellung wurden die Objekte 1968 an die sowjetischen Streitkräfte übergeben und anschließend dort nukleare Gefechtsköpfe eingelagert. Inzwischen ist bekannt, dass in weiteren osteuropäischen Ländern baugleiche Objekte errichtet wurden.

Diese sogenannten Sonderwaffenlager waren mehrfach abgesicherte Militärstandorte. Neben einer noch relativ frei zugänglichen Wohnzone gab es ein gesichertes Kasernenobjekt, in dessen vorderem Bereich sich unter anderem Unterkunftsgebäude, das Stabsgebäude, ein Heizwerk sowie ein Garagentrakt befanden, im hinteren die eigentliche Lagerzone. Neben herkömmlichen Wachgebäuden existierten auf dem Areal einige getarnte Beobachtungsbunker, die das Gelände in alle Richtungen hin absichern konnten. Der Kernbereich der beiden Lagerbunker war etwa 25 Meter breit und 40 Meter lang. Dort konnten in vier rund 20 Meter langen und 5 Meter breiten Kammern jeweils bis zu 80 nukleare Gefechtsköpfe untergebracht werden. Diese Waffen waren im Ernstfall nach einer bestimmten Befehlskette für den Einsatz innerhalb der Streitkräfte der NVA vorgesehen.

Aus Sicherheitsgründen waren die Gefechtsköpfe in isothermischen Lager- und Transportbehältern in den Kammern auf dem Boden fixiert. Die Kammern wurden klimatisiert, um eine optimale Lagerumgebung zu gewährleisten. Für den Havariefall stand eine leistungsfähige Feuerlösch- und Lüftungsanlage zur Verfügung. Glücklicherweise ist es in den Objekten nie zu einem ernsthaften Unfall gekommen.

Kurz nach der Deutschen Einheit wurden diese Waffen von den sowjetischen Truppen abgezogen und die Lager offiziell im Dezember 1990 an die deutschen Behörden übergeben. Ab dem 29. Juni 1991 lagerten auf dem Gebiet der ehemaligen DDR wohl keine Kernwaffen mehr. Diese sollen in den Monaten zuvor über die Eisenbahnfährverbindung Mukran – Klaipeda endgültig abtransportiert worden sein. Da der Abtransport aber nur unter den Augen der sowjetischen Streitkräfte erfolgte und nicht wie bei der Operation »Lindwurm« (→ S. 147) medienwirksam begleitet wurde, sind auch andere Daten denkbar.

Das Sonderwaffenlager Himmelpfort bei Lychen wird seit 2011 zurückgebaut. In einem der beiden Lagerbunker werden sporadisch Führungen angeboten. Die Liegenschaft in Stolzenhain wird heute als Lager und Bauhof eines Bauunternehmens genutzt.

Hauptzufahrt zum einstigen Sonderwaffenlager, 2008

Ehem. Lagerkammer (l.) und Lagerbunker (r.), 2008

29 MfS-Führungsbunker (Objekt 17/5005), Biesenthal

Ruhlsdorfer Straße
16359 Biesenthal

Ehem. Wache (o.) und Dispatcher-Raum (u.), 2009

Auf einem 77 Hektar großen Gelände nordwestlich der Stadt Biesenthal und kurz vor der heutigen Autobahn A 11 wurde zwischen 1984 und 1988 eine verbunkerte zentrale Führungsstelle für das Ministerium für Staatssicherheit (MfS) errichtet.

Das MfS war der In- und Auslandsgeheimdienst der DDR und war bereits wenige Monate nach der Staatsgründung am 8. Februar 1950 eingerichtet worden. 1957 übernahm Erich Mielke die Leitung des Ministeriums und behielt sie bis zum 7. November 1989. Mielke baute in seiner gut 30-jährigen Dienstzeit das MfS zu der zentralen Überwachungs- und Unterdrückungsorganisation der DDR aus. Das MfS kontrollierte die DDR-Gesellschaft mit 91 000 hauptamtlichen und knapp 190 000 inoffiziellen Mitarbeitern (IM).

Mit dem auf der 44. Sitzung des Nationalen Verteidigungsrates der DDR (NVR) im November 1973 angekündigten und im Mai 1974 bestätigten Investitionsprogramm sollte eine moderne Infrastruktur geschaffen werden, die im Krisen- und Kriegsfall unter anderem für Mitglieder des NVR und des MfS Schutz bieten konnte. Durch die gesicherte Unterbringung sollte die Kommunikation mit den zentralen Führungsorganen und die Arbeitsfähigkeit im Kriegs- und Katastrophenfall aufrecht erhalten werden.

Die verbunkerte Führungsstelle des MfS, intern »Objekt 17/5005« genannt, kostete mit allen ober- und unterirdischen Bauwerken zwischen 100 und 120 Millionen DDR-Mark. Die etwa 50 mal 30 Meter große Bunkeranlage sollte 160 Personen bis zu 14 Tagen ein autarkes Überleben ermöglichen. Das zweigeschossige Schutzbauwerk war über einen 50 Meter langen Tunnel mit dem oberirdischen Stabsgebäude verbunden. In diesem befanden sich die Arbeitsräume der einzelnen Stäbe. Aufgrund von ökonomischen Zwängen wurde der Bunker – einer der letzten in der DDR gebauten – nur noch mit einer Außenwandstärke von 60 Zentimetern versehen, während der Regierungsbunker in Prenden (Objekt 17/5001; → S. 80) eine Wandstärke von 1,65 Metern besaß und der dazugehörige Nachrichtenbunker (Objekt 17/5002) immerhin noch eine von 90 Zentimetern. Damit Insassen und verbaute Technik die Druckwelle einer nahen Atombombenexplosion überstanden, war der Fußboden in allen relevanten Bereichen des Bauwerks aufgeständert und teils schwingungsgedämpft ausgelegt.

Nach der Deutschen Einheit wurde das Objekt im Juni 1993 von der Bundeswehr stillgelegt, teilweise zurückgebaut, anschließend versiegelt und mit einer Betonplombe verschlossen. Illegal verschafften sich einige Personen wenige Jahre später Zugang zum Bunker, indem sie ein Loch in die Betonplombe meißelten. Dieses wurde zwischenzeitlich erweitert und dient heute ein- bis zweimal im Jahr als Zugang für Führungen durch das unterirdische Bauwerk. Doch durch die heimliche Öffnung stand der Bunker mehrere Monate offen, so dass Vandalen und Schrottdiebe sich im Inneren austoben konnten. Auf dem weitläufigen Gelände befinden sich noch mehrere kleinere bogenförmige Mannschaftsbunker vom Typ Fertigteilbunker 3 (FB-3).

Die einzelnen MfS-Bezirksverwaltungen und einige Hauptabteilungen des MfS erhielten darüber hinaus typisierte, leicht geschützte unterirdische Ausweichführungsstellen. Zwei dieser Anlagen – bei Frauenwald (→ S. 126) und in Machern (→ S. 118) – werden heute ebenfalls museal nachgenutzt.

Zentraler Flur (o.), Lage- und Kartenraum (Mitte), Lüftungstechnik (u.), 2009

30 Regierungsbunker DDR (Objekt 17/5001), Prenden

Ützdorfer Straße
16348 Wandlitz OT Prenden

Im Krisen- und Kriegsfall hätte der Nationale Verteidigungsrat der DDR (NVR) die Amts- und Regierungsgeschäfte der DDR von hier koordiniert. Der NVR setzte sich aus führenden Mitgliedern der SED und der bewaffneten Organe zusammen und entschied als oberstes staatliches Organ über alle Fragen der Landesverteidigung und Mobilmachung.

Ehem. Personenzugang (o.) und Stickstoffdämpfer der Tragwerke (u.), 2002

Um auf einen Kriegszustand besser vorbereitet zu sein, beschloss der NVR in den Jahren 1973/74 die Einrichtung von geschützten Führungsstellen, die zwischen 1976 und 1990 entstanden. Im Rahmen eines Investitionsprogramms sollten zahlreiche Schutzbauwerke errichtet werden, so auch die Hauptführungsstelle des NVR mit der Bezeichnung »17/5001« im Wald bei Prenden, etwa 20 Kilometer nördlich von Berlin, in unmittelbarer Nähe der abgeschotteten Waldsiedlung Wandlitz, in der viele Mitglieder des NVR wohnten.

Das 66 Meter lange und 49 Meter breite Bauwerk kostete rund 250 Millionen DDR-Mark und wurde zwischen 1978 und 1983 gebaut. Der Regierungsbunker gilt als der modernste Bunker auf dem Gebiet der ehemaligen DDR. Bis zu 350 Personen konnten dort Schutz vor atomaren Angriffen finden. Innerhalb des Bauwerkes existierten auf drei Etagen zahlreiche Arbeits- und Unterkunftsräume, sanitäre Anlagen, eine Küche, ein medizinischer Bereich sowie die technischen Einrichtungen, die den Insassen ein Überleben im Bunker bis zu vier

Wochen ermöglichen sollten, um die Arbeitsfähigkeit sicherzustellen.

Eine technische Besonderheit stellten die mächtigen Stickstoffdämpfer (Pneumokord-Stoßdämpfer) dar. Einzelne Bereiche des Bunkers, die sogenannten Tragwerke, die man sich als Container vorstellen kann und die im Bauwerk freischwebend hingen, wurden mit Stahlseilen zwischen Decke und Stickstoffdämpfer verspannt. Andere Bereiche ruhten auf Plattformen, die mit normalen Stahlfedern aus dem Eisenbahnbau freihängend und -schwingend eingebaut wurden. Durch diese raffinierte Konstruktion konnte sich der Bunker bei einem Atomschlag um 40 bis 60 Zentimeter bewegen und so die Druckwelle, die bei einer nuklearen Explosion entsteht, entsprechend abfangen.

Bei der Ausstattung der zentralen Räume achtete man auf eine hochwertige Einrichtung. Teile des Bunkerbodens waren mit Teppichböden ausgelegt, einige Wände mit Eichenholz getäfelt. Auf der Ausstattungsliste finden sich auch 37 Kunstdrucke sowie je 250 Weißweingläser, Sektkelche, Cognacschwenker und Wodkabecher. Am 13. Dezember 1983 wurde der Regierungsbunker in Anwesenheit von Staats- und Parteichef Erich Honecker feierlich in Dienst gestellt; glücklicherweise musste er niemals seine Funktionsfähigkeit beweisen.

Das Bauwerk wurde nach der Deutschen Einheit bis 1993 von der Bundeswehr betrieben, dann in Teilen zurückgebaut und schließlich massiv verschlossen. Die oberirdischen Bauten wurden abgetragen, die Anlage wurde anschließend mit einer Sandschicht übererdet. Eine Nachnutzung durch die gesamtdeutsche Bundesregierung schied aus Platz- und politischen Gründen kategorisch aus.

Im Jahr 2002 wurde der Bunker illegal geöffnet und somit wissentlich dem unkontrollierten Verfall und der Zerstörung preisgegeben. Nach einer später genehmigten Öffnung zur Dokumentation des Bauwerkes mit anschließendem Besucherverkehr im Herbst 2008 wurden alle Zugänge wieder im Auftrag der Berliner Forsten, die für das Areal zuständig sind, verschlossen.

Liegenschaftsübersicht, 2002

Links: Apparate zur chemischen Sauerstoffgewinnung (RDU-Komplekte), rechts: Druckluftbehälter, 2002

31 Hauptquartier der Kriegsmarine »Koralle«, Lanke

Bernauer Straße
16348 Wandlitz OT Lanke

Etwa ein Kilometer südlich vom Ortsausgang des Dorfes Lanke in Richtung Bernau entstand ab 1939 eine Marinefernmeldeschule samt verbunkerter unterirdischer Nachrichtenzentrale der Kriegsmarine. Die Kriegsmarine war 1935 aus der Reichsmarine hervorgegangen. Auch diese Teilstreitkraft war den Bestimmungen des Versailler Vertrages unterworfen, der Deutschland nach dem Ende des Ersten Weltkrieges strikte Rüstungsbeschränkungen auferlegte. Das deutsch-britische Flottenabkommen vom 18. Juni 1935 erlaubte es den Deutschen dann, die Flotte in Maßen auszubauen. Die Nationalsozialisten wollten sich mit diesen Zugeständnissen aber nicht begnügen und setzten sich bald darauf über alle Rüstungsbegrenzungen hinweg, auch bei der Marine.

Für die Führung und die Kommunikation der nun vergrößerten Flotte musste eine eigene Infrastruktur geschaffen werden: das auf einer Fläche von 54 Hektar angelegte Objekt im Wald bei Lanke mit dem Tarnnamen »Koralle«. Von hier aus konnte die Kommunikation des Oberkommandos via Funk mit der auf den Weltmeeren operierenden U-Boot-Flotte der Kriegsmarine aufrechterhalten werden. Der U-Boot-Waffe wurde von der Marineführung eine besondere Bedeutung zugesprochen, da die Deutschen bei den größeren Kampfschiffen den gegnerischen Flotten zahlenmäßig weit unterlegen waren.

Gesprengter Führungsbunker, 2008

Die Funkstation in Lanke war als reine Empfangsanlage ausgelegt. Wenn Befehle übermittelt werden sollten, wurden sie über eine Drahtverbindung an den Sender »Goliath« bei Kalbe im heutigen Sachsen-Anhalt geschickt, dem damals stärksten Sender der Welt mit einer Leistung von einem Megawatt und mehr als 10 000 Kilometern Reichweite. Eine neuartige verbunkerte und ausfahrbare Antennenanlage entstand ab 1944 nördlich des Objektes bei Bölkendorf am Krummer See.

Nachdem der ursprüngliche Sitz der Kriegsmarine in Berlin am Tirpitzufer (heute Reichpietschufer) im Shell-Haus gegenüber dem Bendlerblock durch alliierte Luftangriffe im Sommer 1943 stark beschädigt worden war, zog das Oberkommando der Kriegsmarine mehrfach um, bevor es sich von Ende 1943 bis zum April 1945 im Objekt »Koralle« einquartierte. Auf dem Gelände errichtete man zu diesem Zweck 1943/44 zusätzlich mehrere oberirdische Großbunker.

Neben dem unterirdischen Nachrichtenbunker wurde ein Truppenmannschaftsbunker T-750 (→ S. 52) gebaut, ein Bunkertyp, den die Kriegsmarine an vielen Standorten in identischer oder leicht modifizierter Bauweise errichten ließ. Der Truppenmannschaftsbunker galt als Zufluchtsort für die Soldaten und Bediensteten, die in keinem der anderen Bauwerke eingesetzt waren. Insgesamt bot der Hochbunker 750 Personen Schutz. Des Weiteren war hier der Fernschreibdienst des Oberkommandos der Marine untergebracht.

Als letztes größeres Bunkerbauwerk entstand der sogenannte Flakbunker, in dessen oberer Etage sich ein großer Lagebesprechungsraum und das Arbeitszimmer des Befehlshabers der Unterseeboote Karl Dönitz befanden. Auf dem Bunkerdach waren mehrere Flugabwehrgeschütze installiert, die »Koralle« vor feindlichen Fliegerangriffen schützen sollten. Vor der heranrückenden Roten Armee wurde das Quartier im Frühjahr 1945 in Richtung Norden evakuiert.

Die Bunker und oberirdischen Gebäude des Objektes »Koralle« wurden nach dem Zweiten Weltkrieg von den sowjetischen Besatzungstruppen gesprengt. Einer der beiden oberirdischen Großbunker diente der DDR-Bereitschaftspolizei anschließend als Trainingsanlage für den Häuserkampf. Den gesprengten Tiefbunker ließ die Sowjetarmee in den 1960er Jahren zu einem Nachrichtenbunker umbauen. Als Kuriosum richteten sich die Soldaten in der untersten Etage eigens eine Sauna ein.

Seit dem Abzug der Sowjettruppen im Jahr 1992 ist das Gelände ungenutzt und verwildert zusehends. Der Nachrichtenbunker befindet sich mittlerweile in einem völlig verwahrlosten Zustand. Kümmerten sich in den vergangenen Jahren ehrenamtlich mehrere Personen um das Objekt, so ist der Verfall nun nicht mehr zu stoppen. Vor einem Betreten wird unbedingt gewarnt.

Erhaltener Gang im zweiten Untergeschoss, 2008

32 Führungsstelle des Verteidigungsministeriums, Harnekop

Lindenallee 1
15345 Prötzel OT Harnekop

Parallel zur offiziellen Gründung der Nationalen Volksarmee (NVA) am 1. März 1956 entstand das Ministerium für Nationale Verteidigung (MfNV). Das Hauptquartier der NVA befand sich in Friedenszeiten in Strausberg bei Berlin, wo Armee und Ministerium die größten Arbeitgeber waren und das Stadtbild bis zum Ende der DDR stark prägten. Mit der 1962 eingeführten allgemeinen Wehrpflicht wurde die angestrebte Personalstärke von 170 000 Soldaten kurze Zeit später erreicht.

Im märkischen Harnekop, etwa 15 Kilometer von Strausberg entfernt, wurde für den Kriegs- und Katastrophenfall die verbunkerte Hauptführungsstelle des MfNV und des Hauptstabes der NVA errichtet. Zwischen 1971 und 1976 entstand dort für 125 Millionen DDR-Mark ein dreietagiger Bunker, dessen 1,50 Meter dicke Außenwände mit Stahlplatten versehen waren, um auch Schutz vor dem elektromagnetischen Impuls (EMP) zu bieten, der bei einer Atombombenexplosion entsteht.

Der ehemalige zentrale Lage- und Führungsraum, 2010

In der rund 60 mal 40 Meter großen Anlage mit 220 Räumen konnten bis zu 450 Personen Platz finden. Große Notstromgeneratoren, Tiefbrunnen, Klima- und Filtertechnik, Küchentrakt und medizinische Behandlungsräume sollten ein Überleben im Bunker bis zu vier Wochen sicherstellen. Bei Betrieb aller technischen Anlagen und der hermetischen Abriegelung der Anlage von der Außenwelt sank die maximale Überlebensdauer auf 36 Stunden. Der Hauptzugang zum Bunker in Harnekop befand sich innerhalb des oberirdischen Stabsgebäudes, das in Plattenbauweise errichtet worden war.

Der Bunker sollte die Arbeitsfähigkeit des Ministeriums und des Hauptstabes der NVA im Kriegsfall gewährleisten, wozu in Friedenzeiten regelmäßig entsprechende Übungen stattfanden. Die Teilstreitkräfte der NVA besaßen jeweils eigene Schutzbauwerke: Die Volksmarine grub sich ab 1974 in der Nähe von Rostock bei Tessin ein, die Landstreitkräfte ab 1962 bei Potsdam-Geltow (→ S. 88) und die Luftstreitkräfte ab 1965 bei Fürstenwalde.

Etwa 20 Soldaten sorgten bis zur Auflösung der NVA am 3. Oktober 1990 dafür, dass das Objekt

Hauptzufahrt mit einstigem Wachgebäude, 2008

rund um die Uhr einsatzbereit war. Der Bunker wurde intern als »SBW 16/102« – die Abkürzung SBW steht für Schutzbauwerk – und im Nachrichtennetz der NVA als Hilfsnachrichtenzentrale 8 (HNZ-8) bezeichnet. Um ein widerrechtliches Betreten der Anlage in Harnekop zu verhindern, gab es dort eine 3,2 Kilometer lange Hochspannungssicherungsanlage (HSA). Solche Anlagen fanden sich bei allen sicherheitsrelevanten militärischen Objekten auf dem Gebiet der DDR. Dabei wurde die normale Wechselspannung von 220 Volt auf eine pulsierende Gleichspannung von mehreren tausend Volt umgestellt und die Drähte des mittleren von drei Zäunen wurden unter Strom gesetzt. Mit der Auflösung der Nationalen Volksarmee wurden alle diese Anlagen außer Dienst gestellt.

Das Areal in Harnekop mitsamt seinen unterirdischen Bunkern wurde nach der Deutschen Einheit nicht mehr von der Bundeswehr benötigt und die Liegenschaft schrittweise privatisiert Das Bunkerbauwerk befand sich lange Jahre in einem technisch hervorragenden Zustand. In den vergangenen Jahren wurde die Wartung der technischen und baulichen Infrastruktur leider vernachlässigt.

Auf dem Gelände des einstigen streng geheimen militärischen Standortes haben sich neben der Bunkeranlage unter anderem ein Sammler von Fahrzeugen der DDR und des Ostblocks und ein Verein, der NVA-Technik sammelt, niedergelassen.

Zaunreste der Hochspannungssicherungsanlage (HSA), 2008

33 N-Stoff- und Sarin-Werk, Falkenhagen

Betonstraße
15306 Falkenhagen (Mark)

Kraftwerksruine (o.) und Bunkerzugang (u.), 2008

Mitten im Wald zwischen Falkenhagen und Treplin entstand ab 1938 am Schwarzen See unter dem Tarnnamen »Seewerk« ein streng geheimes Rüstungswerk der Monturon GmbH. An dieser Fabrik hielten die IG Farben AG und die staatseigene Montan GmbH jeweils 50 Prozent. Durch diese indirekte Beteiligung des Staates, die es vielfach in der Rüstungsindustrie gab, wurde das privatwirtschaftliche Risiko reduziert und der Einfluss auf die Unternehmensabläufe durch das Oberkommando des Heeres (OKH) sichergestellt. Die Eigentümer der Grundstücke an der östlichen Seeseite waren zuvor enteignet worden, so auch die Besitzer des mondänen Lustschlosses, das 1939 aus Platzgründen abgerissen wurde.

Neben den oberirdischen Verwaltungs- und Produktionsgebäuden entstand ein gewaltiger unterirdischer Komplex zur Herstellung von neuartigem Chlortrifluorid (Tarnname »N-Stoff«). Dieses hochreaktive und aggressive Mittel sollte als Kampfstoff oder Brandmittel eingesetzt werden, da es fast alle Materialien (selbst Beton, Granit und einige Metallarten), mit denen es in Berührung kam, sofort zerstörte. Auch der Einsatz als Zusatzmittel in Raketentreibstoff wurde in einem eigenen Forschungsbetrieb am Schwarzen See in Falkenhagen erprobt.

Die vieretagige unterirdische Produktionsstätte erhielt einen unterirdischen Eisenbahnanschluss, um sowohl die für den Herstellungsprozess benötigten Elemente als auch das spätere Produkt leichter an- bzw. abtransportieren zu können. Über der Erde waren von diesem Bauwerk nur die massiven Belüftungs- und Abfackeltürme zu sehen sowie die Zugänge zum Gleisanschluss der Eisenbahn.

Parallel zu dem gewaltigen unterirdischen Bunker entstand 1943/44 direkt angrenzend an das N-Stoff-Werk eine Produktionsanlage für das Nervengas Sarin. Damit die Baumaßnahmen schneller abgeschlossen werden konnten, errichtete man ganz in der Nähe ein Außenlager für Häftlinge des Konzentrationslagers Sachsenhausen. Mehrere hundert Häftlinge, zumeist verschleppte Personen aus Osteuropa, mussten beim Aufbau der beiden Rüstungsfabriken helfen. Glücklicherweise wurden diese vor Kriegsende nicht vollständig fertiggestellt, da beide Stoffe in Massenvernichtungswaffen hätten Verwendung finden sollen.

In den letzten Kriegswochen diente das Objekt als Notlazarett und als operativer Gefechtsstand der Wehrmacht. In der zweiten Aprilhälfte 1945 besetzte die Rote Armee das Gelände. Nach dem Krieg wurden die schon installierten Fabrikationsanlagen demontiert und in die Sowjetunion verfrachtet. In den 1970er Jahren richtete die Sowjetarmee im unterirdischen Bunkersystem des ehemaligen Industriewerkes, dem größten im heutigen Brandenburg, einen ihrer wichtigsten Gefechtsstände auf dem Gebiet der DDR ein. Die Anlage wurde dazu an zahlreichen Stellen fast vollständig umgebaut. So erhielt zum Beispiel der ehemalige Eisenbahnstollen an beiden Enden Personenzugänge mit einem umfangreichen Schleusen- und Dekontaminationsbereich. Auch oberirdisch wurden zahlreiche neue Gebäude errichtet.

Erst mit dem Abzug der russischen Truppen im Oktober 1992 konnte das knapp 60 Jahre lang gesperrte Areal von der interessierten Öffentlichkeit besichtigt werden. Gleichzeitig setzte der Zerfall des Geländes ein, das von Schrottdieben und Umweltsündern heimgesucht wurde. Die Gemeinde Falkenhagen (Mark) ist scheinbar machtlos. Bis vor wenigen Monaten fanden noch regelmäßig Führungen über das Gelände und durch den Bunker statt. Unstimmigkeiten zwischen den Eigentümern und Pächtern, aber auch die Auflagen der Gemeinde, verhindern deren Fortsetzung.

Lüftungstechnik (o.) und Gang im ehem. Produktionsbunker (u.), 2008

34 SS-Nachrichtenbunker »Fuchsbau«, Fürstenwalde

Bunker ZGS 14
Am Fuchsbau
15517 Fürstenwalde / Spree

www.bunkeranlage-fuchsbau.de

Öffnungszeiten:
Samstags (nur nach Anmeldung)

Besucher im Luftlagedarstellungsraum (o.), ehem. Dispatcher-Raum (u. l.) und dreigeschossiger Führungssaal (u. r.), 2010

Am Ende des Akazienweges in Fürstenwalde befand sich linker Hand von 1942 bis April 1945 das KZ-Außenlager Ketschendorf. Als Außenlager des Konzentrationslagers Sachsenhausen errichtet, wurden etwa 100 Häftlinge ab 1942 in umliegenden Rüstungsbetrieben, wie zum Beispiel in den SS-eigenen Deutschen Ausrüstungswerken (DAW), zur Zwangsarbeit eingesetzt. Bereits wenige Monate nach Errichtung des Lagers wurde es für eine zehnfache Belegung erweitert, und die mehr als 1000 Inhaftierten verschiedener Nationen mussten in unterschiedlichen Unternehmen und Bauprojekten in der Umgebung Zwangsarbeit leisten. So auch beim Bau des Nachrichtenbunkers der SS in den Rauener Bergen zwischen Fürstenwalde und Bad Saarow. In dem ehemaligen Braunkohlegebiet entstand ab 1942

Reste der Nachrichten- und Vermittlungstechnik im Altbau, 2010

ein komplexes Bunkersystem mit dem Decknamen »Fuchsbau« als Nachrichtenknoten für ein im Aufbau befindliches SS-eigenes Fernmeldesystem. Mit dem Vormarsch der Roten Armee auf Berlin wurde die Bunkeranlage verlassen, und die Gefangenen des Außenlagers wurden in das Konzentrationslager Sachsenhausen zurückgebracht.

Nach dem Zweiten Weltkrieg geriet die Anlage in Vergessenheit und diente lediglich der lokalen Jugend als Abenteuerspielplatz. Anfang der 1960er Jahre wurde in einem Teil der Stollenanlage das »Verstärkeramt der Post, Übertragungsstelle I« eingerichtet und 1964 in Betrieb genommen. Ein Jahr später übernahm das Kommando Luftstreitkräfte / Luftverteidigung (LSK / LV) der Nationalen Volksarmee (NVA) die unterirdische Anlage, die Anfang der 1970er Jahre zum zentralen Gefechtsstand der Luftstreitkräfte ausgebaut und mit einem unterirdischen, zweietagigen, atombombensicheren Neubau versehen wurde. In einem Führungssaal konnte die aktuelle Luftlage über dem Territorium der DDR mit den angrenzenden Gebieten auf zwei verschiedenen Leinwänden elektronisch dargestellt werden. Der gesamte Komplex war 1978 einsatzbereit, auch das im Bunkerneubau installierte und in den Warschauer-Pakt-Staaten genutzte automatisierte Luftlageauswertungs- und Führungssystem »ALMAS«. Maximal 200 Personen konnten bis zu 20 Tage in dem Bauwerk geschützt vor atomaren, biologischen und chemischen Waffen ihren Dienst versehen. Vier Dieselgeneratoren lieferten dazu im Ernstfall den nötigen elektrischen Strom, falls das örtliche Versorgungsnetz ausgefallen wäre. Die Ausmaße des Neubaus betragen etwa 44 mal 37 Meter; zusammen mit dem Altbau, dem ehemaligen Stollensystem der SS, standen nun mehr als 200 Räume auf rund 9000 Quadratmetern zur Verfügung. Das Bauwerk wurde nach Auflösung der NVA zunächst durch die Bundeswehr weiterbetrieben, 1995 jedoch aufgegeben und verschlossen.

Seit 2005 werden unregelmäßig Führungen durch das Bunkersystem angeboten. Sowohl die unter- als auch die oberirdischen Anlagen stehen seit 2006 unter Denkmalschutz. Am Rande des ehemaligen Kasernenbereiches hat 2010 eine Sommerrodelbahn eröffnet.

Am Ort des ehemaligen KZ-Außenlagers am Fürstenwalder Akazienweg erinnern ein Gedenkstein und eine Informationstafel an die Schicksale der Häftlinge in der NS-Zeit.

35 Bunkeranlagen in Zossen-Wünsdorf

Bücher- und Bunkerstadt
Wünsdorf
Gutenbergstraße 1
15806 Zossen OT Wünsdorf

www.buecherstadt.com

Führungen:
Apr. – Okt.: Mo. – Fr. 14 Uhr,
Wochenende / Feiertage
12, 14, 16 Uhr
Nov. – Mrz.: Di. – Fr. 14 Uhr,
Wochenende / Feiertage
13, 15 Uhr

Gesprengter »Maybach I«-Bunker, 2010

Bereits 1910 war südlich von Zossen ein Übungsplatz der kaiserlichen Truppen samt eigener Garnison angelegt worden. Während des Ersten Weltkrieges errichtete man in Wünsdorf ein Kriegsgefangenenlager für etwa 30 000 muslimische Araber, Afrikaner und Inder, die auf Seiten der Briten und Franzosen gekämpft hatten. In dem sogenannten Halbmondlager wurde am 13. Juli 1915 die erste Moschee auf deutschem Boden offiziell eingeweiht. Das Lager wurde mit Ende des Ersten Weltkrieges aufgelöst und die Moschee wegen Baufälligkeit 1925/26 wieder abgerissen.

Während der Weimarer Republik befand sich in Wünsdorf das Hauptquartier der Reichswehr und ab März 1935 das Oberkommando der Wehrmacht. Die Garnison wurde in der NS-Zeit weiter ausgebaut und zum Schutz der Offiziere und der Mitarbeiter mit mehreren Bunkeranlagen versehen.

Im Sommer 1939, kurz vor Beginn des Zweiten Weltkrieges, wurde der dreigeschossige Nachrichtenbunker »Zeppelin« fertiggestellt. Im Nachrichtensystem der Wehrmacht war dieser Bunker zu jener Zeit der modernste, wichtigste und größte unterirdische Fernmeldeknoten. Er bestand aus einem 117 mal 22 Meter großen zweietagigen Baukörper, mit einem zusätzlichen dreistöckigen, 57 mal 40 Meter großen Anbau. Mehr als 60 000 Kubikmeter Beton wurden benötigt, um 14 700 Quadratmeter Nutzfläche bombensicher auszubauen. Das Bauwerk war über drei mehr als 100 Meter lange Zugangstunnel und einen Lastenaufzug zu erreichen.

Außerdem entstanden in Wünsdorf zwei weitere Bunkerkomplexe mit den Tarnnamen »Maybach«, die von außen einer Landhaussiedlung glichen. »Maybach I« war für den Stab des Oberkommandos des Heeres (OKH), »Maybach II« für den Stab des Oberkommandos der Wehrmacht (OKW) vorgesehen. Der Nachrichtenbunker »Zeppelin« war zusätzlich unterirdisch mit dem Bunkersystem »Maybach I« verbunden.

Sämtliche Gebäude bestanden aus Stahlbeton und besaßen neben den oberirdischen Arbeits- und Unterkunftsräumen jeweils zwei unterirdi-

Links: Betonhülle des ehemaligen Auswerte- und Informationszentrums im Bunker »Nickel«, 2010; rechts: Zugang in den umgebauten Nachrichtenbunker, 2010

sche Etagen. Bei Luftalarm wurden die Arbeiten in die bombensicheren unteren Räumlichkeiten verlegt. Vier baugleiche Bunkerhäuser wurden bis Kriegsende zusätzlich in Gießen (→ S. 128) für einen vorgeschobenen Gefechtsstand des OKH beim »Führerhauptquartier Adlerhorst« errichtet. Auf dem gesamten Gelände in Wünsdorf entstanden darüber hinaus 19 knapp 23 Meter hohe Luftschutztürme der Bauart Winkel (→ S. 154), in denen jeweils etwa 300 Personen auf acht Etagen Schutz finden konnten.

Nach dem Ende des Zweiten Weltkrieges wurde Wünsdorf zum Sitz des Oberkommandos der Gruppe der Sowjetischen Streitkräfte in Deutschland (GSSD) erklärt und erneut ausgebaut. Es entstanden weitere militärische Zweckbauten, unterirdische Gefechtsstände und Wohnhäuser für die Soldaten. Mehr als 50 000 Sowjets lebten, zum Teil mit ihren Familien, in dieser abgeschirmten Stadt. Die größte sowjetische Bunkeranlage innerhalb des militärischen Sperrgebietes mit der Tarnbezeichnung »Nickel« wurde erst 1984 vollendet. Sie bestand aus drei 60 Meter langen und 13 Meter breiten Bogendeckungen mit einem zentralen und verbindenden betonierten Mittelteil. Von hier aus wurde ab 1985 die Luftlage Zentraleuropas zusammenfassend auf verschiedenen Lagewänden dargestellt, um mögliche Luftraumverletzungen erkennen und erforderliche Gegenmaßnahmen einleiten zu können.

Mit dem Abzug der Besatzungstruppen 1994 begann eine rein zivile Nutzung. Nach der Konversion und der Entsorgung der auf dem Gelände vorhandenen Altlasten wurden zahlreiche Gebäude zu Wohnzwecken umgebaut und saniert, in andere zogen regionale Verwaltungsbehörden und Institutionen ein. Die unterirdischen Bunkeranlagen können im Rahmen von regelmäßigen Führungen besichtigt werden. Zu sehen sind allerdings zumeist nur die leeren Baukörper, da die umfangreichen technischen Einrichtungen allesamt mit dem Abzug der russischen Streitkräfte entfernt wurden. Zahlreiche Museen wie etwa das Garnisonsmuseum oder das Museum »Roter Stern« zur Geschichte der Region und Deutschlands bisher einzige Bücherstadt, in der Zehntausende antiquarische Bücher käuflich erworben werden können, laden aber ganzjährig zu einem Besuch ein.

Winkelturm neben den sanierten ehemaligen Kasernenblöcken, 2010

36 Hauptquartier der Luftwaffe »Großer Kurfürst«, Geltow

Henning-von-Tresckow-Kaserne
Werderscher Damm 21 – 29
14548 Schwielowsee

Luftaufnahme von der Kaserne, 2011

Nach dem Machtantritt der Nationalsozialisten entstanden im Berliner Umland im Zuge der Aufrüstung der Wehrmacht zahlreiche militärische Einrichtungen. Neben den großen Standorten der verschiedenen Teilstreitkräfte der Wehrmacht – etwa der Kriegsmarine bei Bernau (→ S. 82) und des Heeres bei Zossen-Wünsdorf (→ S. 90) – wurde in der Nähe von Potsdam nach Plänen von Ernst Sagebiel ein repräsentativer Kasernenkomplex an der Westseite des Großen Entenfängerberges gebaut. Sagebiel war damals einer der bekanntesten Architekten, von dem unter anderem auch die Entwürfe für das damalige Reichsluftfahrtministerium in der Berliner Wilhelmstraße (heute Bundesministerium der Finanzen) und für den Gebäudekomplex des Flughafens Berlin-Tempelhof (→ S. 102) stammen.

Für die Luftkriegsschule III mit Hauptsitz in Werder errichtete man von 1936 bis 1939 nördlich von Geltow Unterkunfts- und Kommandanturgebäude sowie umfangreiche unterirdische Luftschutzeinrichtungen. Die Bunkeranlage mit der offiziellen Tarnbezeichnung »Großer Kurfürst« hieß im Volksmund »Göring-Bunker«, weil sie während des Zweiten Weltkrieges als Hauptquartier des Oberkommandos der Luftwaffe genutzt wurde. Hermann Göring, dem Oberbefehlshaber der Luftwaffe und Reichsminister der Luftfahrt, oblag bis 1940 die alleinige strategische Planung und Weisungsbefugnis bei der Errichtung von Luftschutzbauten in Deutschland. Mit dem im Herbst 1940 aufgrund der alliierten Bombenangriffe erlassenen »Führer-Sofortprogramm« (→ S. 12) wurde dann Albert Speer als Generalbauinspektor für die Reichshauptstadt mit der Projektierung und dem Bau von Luftschutzräumen in Berlin beauftragt.

Wegen der alliierten Luftangriffe auf die Region Berlin-Brandenburg brachte man viele Kunstschätze und Kulturgüter vorübergehend in Bunkeranlagen in Sicherheit, so auch die Sarkophage von Friedrich Wilhelm I. und Friedrich II., die aus der Potsdamer Garnisonkirche in den Luftwaffenbunker ausgelagert wurden. Außerdem wurden auf dem Kasernengelände 1942 vier Hochbunker der Bauart »Winkel« errichtet, in denen bei alliierten Luftangriffen insgesamt etwa 1000 Angehörige der Wehrmacht Zuflucht fanden. Nach Ende des Zweiten Weltkrieges nutzte der Stab der 16. Luftarmee der sowjetischen Streitkräfte den Komplex bis in die 1950er Jahre.

Im Anschluss wurde die Liegenschaft für die Nationale Volksarmee der DDR (NVA) ausgebaut. Dazu wurde auch die unterirdische Anlage instand gesetzt und 1962 als Hauptgefechtsstand der Landstreitkräfte eingeweiht. In den 1970er Jahren wurde die Bunkeranlage baulich erweitert und um einen zusätzlichen zweietagigen Nachrichtenbunker ergänzt. Ende der 1980er Jahre begann man mit dem Bau eines weiteren Gebäudes für das Kommando Landstreitkräfte der NVA, dessen genaue Funktion bis heute nicht geklärt ist und dessen Fertigstellung durch die Friedliche Revolution obsolet wurde.

Heute wird der Standort in Geltow von der Bundeswehr als Henning-von-Tresckow-Kaserne genutzt, wo auch das Einsatzführungskommando der Bundeswehr stationiert ist. Der Bunker wurde inzwischen verschlossen, eine Nachnutzung ist nicht mehr vorgesehen.

Luftschutzturm der Bauart »Winkel« auf dem heutigen Kasernengelände, 2012

Zugang zum Bunker, 2012

37 Hochbunker Reinhardtstraße, Berlin

Sammlung Boros
Reinhardtstraße 20
10117 Berlin

www.sammlung-boros.de

Berliner Unterwelten e. V.
Brunnenstraße 105
13355 Berlin

www.berliner-unterwelten.de

Führungen:
Dez.– Febr.: Do.– Mo.
Mrz.– Nov.: Mi.– Mo.

Überbauter Hochbunker in der Reinhardtstraße, 2012

Im Juni 1940 flogen die Alliierten erste Luftangriffe auf den Berliner Raum. Als die Bombardements zunahmen – bis Kriegsende sollten es 310 Angriffe sein, bei denen rund 12000 Menschen ihr Leben verloren –, wurde Albert Speer am 30. September 1940 als Generalbauinspektor für die Reichshauptstadt mit der Projektierung und dem Bau von Luftschutzeinrichtungen für die Zivilbevölkerung in Berlin beauftragt. Nicht einmal zwei Wochen später, am 10. Oktober, erließ Hitler eine Weisung, mit der diese Maßnahme auf das gesamte Reichsgebiet ausgedehnt wurde. Dieses »Führer-Sofortprogramm« (auch Luftschutz-Sofortprogramm genannt) läutete hektische Bauaktivitäten in Berlin und etwa 60 weiteren Städten ein, die als Luftschutzorte erster Ordnung eingestuft worden waren.

Nachdem bereits wenige Wochen vor den ersten Luftangriffen auf Berlin öffentlichkeitswirksam einige Bunkeranlagen in Berlin von Ministerien und Verwaltungsbehörden für schutzsuchende Mütter und Kinder freigegeben worden waren, sollten nun schnellstmöglich auch für den Großteil der Berliner Zivilbevölkerung Schutzräume gebaut werden. Vornehmlich in den Wohngebieten und in der Nähe von wichtigen Verkehrsknotenpunkten sollten jetzt Hunderte meist standardisierte Hoch- und Tiefbunker errichtet werden. Da dieses gewaltige Bauprogramm zum Schutz der Zivilbevölkerung Unmengen an Personal und Baumaterialien benötigte, zog man Tausende von Fremd- und Zwangsarbeitern zu den Bauarbeiten heran und passte die Anforderungen an die Ausstattung der Luftschutzbunker den realisierbaren Größen an. Trotzdem entbrannte förmlich ein Kampf um Material und Personal, da auch Teile der Rüstungsindustrie in den bombensicheren Untergrund verlagert werden sollten und die Wehrmacht überdies Ressourcen für gigantische Bauwerke wie den Atlantikwall (→ S. 182) von der französischen bis zur norwegischen Nordseeküste einforderte.

Trotzdem entstanden in Berlin bis zum Kriegsende knapp 1000 Bunkeranlagen verschiedenster Größen. Einer von ihnen war der oberirdische »Reichsbahnbunker« in der Nähe des Bahnhofs

Friedrichstraße. Nach zwei Jahren Bauzeit wurde er 1943 fertiggestellt und bot auf einer Grundfläche von knapp 1000 Quadratmetern auf fünf Etagen 2500 Menschen in 120 Räumen hinter bis zu zwei Meter dicken Außenwänden Schutz vor alliierten Fliegerangriffen.

Nach dem Zweiten Weltkrieg diente das Bauwerk dem sowjetischen Geheimdienst NKWD, dem Vorläufer des KGB, kurzzeitig als Untersuchungsgefängnis. Ab 1949 lagerte man darin zunächst Textilien und ab 1957 Trocken- und Südfrüchte, was dem Bau den Spitznamen »Bananenbunker« einbrachte. Nach der Wiedervereinigung begann ab 1992 die kulturelle Nutzung mit dem legendären Musikclub »Bunker«, der Besucher aus aller Welt anzog. 2001 erwarb eine Investorengruppe den Bunker vom Bund und verkaufte ihn zwei Jahre später an den Medienunternehmer und Kunstsammler Christian Boros. Zwischen 2004 und 2007 entstand ein Penthouse auf dem Bunkerdach. Heute kann Boros' Sammlung zeitgenössischer Kunst nach Anmeldung besichtigt werden.

Tiefbunker und Unterwelten-Museum Gesundbrunnen

Da die stadtauswärts nach Nordwesten führende heutige U-Bahnlinie 8 die Ringbahn unterqueren muss, liegt das Niveau des U-Bahnhofes Gesundbrunnen tiefer als sonst üblich unter dem Straßenpflaster. In dem daraus sich ergebenden Zwischenbereich nördlich und südlich des unterirdischen Bahnhofes wurden 1940/41 zivile Bunkeranlagen eingebaut, in denen bei Luftangriffen bis zu 2000 Personen Schutz finden konnten.

Der Verein »Berliner Unterwelten e. V.«, der seit Jahren die unterirdischen Bauwerke und Systeme der Hauptstadt dokumentiert, hat in der südlichen Anlage ein Unterwelten-Museum eingerichtet und bietet regelmäßig Führungen durch die Bunkeranlagen am Bahnhof Gesundbrunnen an.

Darüber hinaus werden von dem Verein zahlreiche weitere Führungen im Untergrund Berlins an festen Terminen oder für Gruppen nach vorheriger Anmeldung angeboten.

Unterwelten-Museum, 2008

38 MfS-Führungsstelle Normannenstraße, Berlin

Stasi-Museum Berlin
Ruschestraße 103
10365 Berlin

www.stasimuseum.de

Öffnungszeiten:
Mo.–Fr.: 11–18 Uhr
Sa. / So.: 12–18 Uhr

Ehem. Arbeitszimmer von Erich Mielke, 2010; unten: Haus 1 nach der Sanierung, 2012

Am 8. Februar 1950 wurde das Ministerium für Staatssicherheit (MfS oder Stasi) gegründet, das bis zum Zusammenbruch des DDR-Regimes die zentrale Überwachungs- und Unterdrückungsorganisation der DDR war. Anders als westliche Geheimdienste, die offiziell die klare Gewaltenteilung zwischen Exekutive, Legislative und Judikative anerkennen, besaß das MfS umfassende polizeiliche und staatsanwaltliche Rechte. Das MfS kontrollierte die DDR-Gesellschaft auf allen Ebenen mit einem Netz aus zuletzt fast 190 000 inoffiziellen Mitarbeitern (IM). Die IM wurden auch im Ausland eingesetzt; die Zahl der in der Bundesrepublik Deutschland aktiven Personen wird nach aktuellen Forschungen auf 12 000 geschätzt.

In allen Bezirken der DDR wurden dezentrale Verwaltungs- und Führungsorganisationen des MfS aufgebaut (Bezirksverwaltungen). Daneben gab es in allen Bezirken unabhängig vom eigentlichen Polizeiapparat direkt dem MfS unterstellte Untersuchungshaftanstalten, in denen vornehmlich politische Häftlinge festgehalten und physisch und psychisch gefoltert wurden. Ab 1950 entstand in Berlin-Lichtenberg die Zentrale des Ministeriums, wo bis zu 7000 MfS-Angehörige arbeiteten, ein gigantischer Verwaltungskomplex auf knapp zwei Quadratkilometern. Den Baumaßnahmen für die streng abgeschottete Stasi-Zentrale mussten unter

Links: Akten in der BStU, 2012; rechts: Zugang zum Bunker (heute gesperrt), 2008

anderem eine Kirche und einige Wohnhäuser des bekannten Architekten Bruno Taut weichen. Mit der Friedlichen Revolution 1989 wurde das MfS zuerst umbenannt und später aufgrund von Bürgerprotesten vollständig aufgelöst. Die umfassende Vernichtung der im Laufe der Jahrzehnte angehäuften Unterlagen und Akten der Staatssicherheit konnte durch Bürgerkomitees verhindert werden, die die Bezirksverwaltungen und die Zentrale der Stasi in Berlin stürmten und besetzten.

Während man dem Volk nur in wenigen Fällen Schutzräume für einen Katastrophenfall zugestand, sorgte man sich durchaus um die eigene Sicherheit. So baute man an zahlreichen Standorten, verteilt über das gesamte Staatsgebiet der DDR, für die Sicherstellung der Arbeitsfähigkeit im Ernstfall mehr als 20 verbunkerte Objekte, sogenannte Ausweichführungsstellen. In der Zentrale in Berlin waren nicht nur einige Keller luftschutztechnisch ausgestattet, sondern es entstand in den 1970er Jahren ein zweigeschossiges Bunkerbauwerk. Die fast quadratische Anlage (24 mal 23 Meter) umfasste rund 50 Räume.

Man verzichtete beim Bau auf massive Wände und Decken und setzte ganz auf Tarnung. Die Außenwände im MfS-Bunker in der Normannenstraße waren gerade einmal 40 Zentimeter dick, die Deckenstärke betrug 50 Zentimeter. Die Bunkeranlage war aber auch nur für die kurzzeitige Unterbringung einiger Stasi-Mitarbeiter gedacht. Die eigentliche geschützte Führungsstelle, das sogenannte Objekt 17/5005 (→ S. 78), befand sich ab Ende der 1980er Jahren in der Nähe von Biesenthal, nördlich von Berlin, abgelegen im Wald.

Heute werden einige Gebäude der einstigen MfS-Zentrale nachgenutzt. Im Haus 1, dem ehemaligen Dienstsitz des Stasi-Chefs Erich Mielke, befindet sich die »Forschungs- und Gedenkstätte Normannenstraße / Stasi-Museum«, andere Gebäudeteile werden von Abteilungen des Bundesbeauftragten für die Unterlagen des Staatssicherheitsdienstes der ehemaligen Deutschen Demokratischen Republik (BStU) oder als Ärztehaus genutzt.

Besucher im Archiv der BStU, 2012

39 Mehrzweckanlage U-Bahnhof Pankstraße, Berlin

Mehrzweckanlage
U-Bahnhof Pankstraße
13357 Berlin

www.berliner-unterwelten.de

Führungen:
Dez.–Febr.: Do.–Mo.
Mrz.–Nov.: Mi.–Mo.

Lüftungsanlagen der MZA U-Bahnhof Pankstraße, 2012

Aus ökonomischen und verwaltungstechnischen Gründen setzte man die bundesrepublikanische Richtlinie für den Zivilschutz in Berlin erst zehn Jahre später um als in den übrigen Bundesländern. Ab Mitte der 1970er Jahre begann man auch in der Frontstadt des Kalten Krieges mit dem Bau von Schutzanlagen für die Zivilbevölkerung. Bereits ab 1968 hatte man bestehende Anlagen aus der Zeit des Nationalsozialismus saniert, modernisiert und für die neuen Anforderungen technisch ausgerüstet. Nun entstanden auch einige Mehrzweckanlagen, die eine Doppelfunktion erfüllen konnten: drei Parkhäuser bzw. Tiefgaragen sowie die U-Bahnhöfe Pankstraße und Siemensdamm wurden so gebaut, dass sie im Ernstfall auch als Zivilschutzanlage dienen konnten.

So entstand etwa zwischen 1973 und 1977 beim Neubau des U-Bahnhofes Pankstraße im Rahmen der Streckenverlängerung der heutigen U-Bahn-Linie 8 direkt am und im Bahnhof eine öffentliche Zivilschutzeinrichtung. In dieser Mehrzweckanlage konnten im Katastrophenfall 3340 Personen für maximal 14 Tage Schutz finden. Für die Ausstattung hatte der Bund knapp sieben Millionen DM bereitgestellt. Neben einem Notstromgenerator, der Filter- und Belüftungstechnik und einer Notküche gab es auch zwei Tiefbrunnen, die eine unabhängige Trinkwasserversorgung gewährleisten sollten. Im Ernstfall wären U-Bahnen an den Bahnsteigen abgestellt worden, um zusätzliche Sitz- und Aufenthaltsmöglichkeiten zu schaffen. Zum Schutz hätten massive Stahlbetontore das Bauwerk zu den U-Bahn-Tunneln hin abgeschlossen. Die Funktionsfähigkeit dieser Tore wurde bis vor wenigen Jahren noch regelmäßig überprüft. Seit Dezember 2010 steht diese Einrichtung unter Denkmalschutz; der Verein »Berliner Unterwelten e. V.« bietet regelmäßige Führungen durch die Anlage an.

Zusammen mit den zwölf sanierten Altanlagen aus der Zeit des Zweiten Weltkrieges waren durch die Neubauten 17 Bauwerke in West-Berlin vorhanden, die innerhalb weniger Tage zu Zivilschutzanlagen für knapp 25 000 Menschen umgerüstet werden konnten. Zudem existierte am Stadtrand, in

Betten in der früheren Zivilschutzanlage, 2010

der Nähe des Wannsees, ein sogenanntes Hilfskrankenhaus in einem umgebauten ehemaligen Hochbunker aus dem Zweiten Weltkrieg, das für den Katastrophenfall vorbereitet war und komplett mit Operationsräumen, Röntgentechnik, Krankenzimmern etc. ausgestattet war.

In Ost-Berlin wurden von Seiten der DDR-Regierung keine besonderen Vorkehrungen für den Kriegs- oder Katastrophenfall getroffen, um die Bevölkerung zu schützen. Es gab lediglich Untersuchungen, welche Räumlichkeiten im Ernstfall für die Bewohner zur Verfügung stehen würden. Letztlich hätte ein Großteil der Zivilbevölkerung der DDR in den Kellern ihrer Häuser Zuflucht suchen müssen. In den ersten Plattenbauten der DDR hatte es noch einige luftschutztechnische Einbauten gegeben, doch aufgrund ökonomischer und finanzieller Engpässe hatte man den Aspekt des zivilen Luftschutzes dann vernachlässigt – das galt nicht für den Verwaltungsapparat und für militärische Einrichtungen, für die Schutzeinrichtungen gebaut wurden.

Nach der Deutschen Einheit dachte man kurz darüber nach, auch im Ostteil sieben zusätzliche Zivilschutzanlagen herzurichten, nahm aber schließlich angesichts der veränderten Weltlage und knapper Mittel davon Abstand.

Ehemalige Küche, 2010

40 Flakbunker Humboldthain, Berlin

Volkspark Humboldthain
13357 Berlin

www.berliner-unterwelten.de

Führungen:
Apr. – Okt.:
Do. – So. 11, 13, 15 Uhr

Ehem. Gefechtsturm Humboldthain (o.), 2010; gesprengter Turm im Friedrichshain (u.), 1946

Als unmittelbare Reaktion auf die alliierten Luftangriffe im Sommer 1940 auf Berlin forderte Adolf Hitler den Bau von massiven Flakbunkern, damit die Innenstadt fortan vor feindlichen Angriffen aus der Luft verschont bleibe. Am 9. September 1940 erging der »Führerbefehl zur Aufstellung von Flak-

türmen in Berlin«. Albert Speer, der Generalbauinspektor für die Reichshauptstadt, sollte dafür Sorge tragen, dass die vom Architekten Friedrich Tamms entworfenen Bauwerke von der Organisation Todt gebaut wurden. An vier Standorten sollte je ein massiver Gefechtsturm mit mehreren Flakgeschützen und ein kleinerer Leitturm mit verschiedenen Radar- und Telekommunikationseinrichtungen errichtet werden. Nicht zuletzt durch den Einsatz von Fremd- und Zwangsarbeitern war bereits im April 1941 das erste Turmpaar im Tiergarten fertig. Allein der Bau des Gefechtsturms schlug mit 45 Millionen Reichsmark zu Buche und benötigte unter anderem 100 000 Kubikmeter Beton und 10 000 Tonnen Stahl. Ein halbes Jahr später wurden die beiden Türme im Volkspark Friedrichshain der Wehrmacht übergeben, noch einmal sechs Monate später die im Volkspark Humboldthain. Die geplanten Flaktürme in der Hasenheide wurden dagegen nicht mehr ausgeführt, stattdessen ein weiteres Bauwerk auf dem Hamburger Heiligengeistfeld, nachdem der »Führerbefehl« inzwischen auf die Hansestadt Hamburg

(→ S. 62) und auf Wien (→ S. 208) ausgeweitet worden war.

Während der Luftangriffe fanden auf den unteren Ebenen beider Türme, geschützt von mehrere Meter dicken Außenwänden, einige tausend Zivilisten Schutz. Auf den anderen Geschossen der Betonkolosse – die Seitenlängen des Gefechtsturms im Humboldthain betrugen jeweils 70 Meter, die Höhe 42 Meter – wurden zu anderen Zwecken genutzt, so zum Beispiel für die Einlagerung von Kunstschätzen, aber auch für die Fertigung von Rüstungsgütern.

Die Flaktürme wurden in der Propaganda des NS-Regimes zu baulichen Meisterleistungen und zu wahren Kampffestungen stilisiert, konnten aber weder die Bombardierungen der jeweiligen Städte erfolgreich verhindern, noch gar den Untergang des verbrecherischen NS-Systems aufhalten. Geblendet von der Propaganda und beeindruckt durch die schiere Größe, umgab die Flaktürme bald fast ein Mythos. In den Schubladen der Architekten lagen »für die Zeit nach dem Sieg« bereits Umgestaltungspläne vor, um die Bunker zu »Heldenfestungen« umzubauen. Doch ungeachtet der Propaganda konnten die Flakbunker den Kriegsverlauf in keinster Weise beeinflussen.

Alle Gefechts- und Leittürme wurden in Berlin in der Nachkriegszeit zu Abenteuerspielplätzen. Doch nur wenige Monate später forderte der Alliierte Kontrollrat mit der Direktive Nr. 22 vom 6. Dezember 1945 die Zerstörung sämtlicher militärischer Bunkeranlagen. Die Alliierten unternahmen anschließend mehrere Versuche, die Kolosse zu sprengen – mit mäßigem Erfolg. Nicht etwa weil die Bunker so widerstandsfähig waren, sondern weil man versuchte, die mitten im Stadtgebiet gelegenen Bauwerke so »vorsichtig« zu sprengen, dass die umliegenden Gebäude nicht in Mitleidenschaft gezogen wurden. Letztlich hat man beide Türme im Tiergarten komplett abgetragen, während die Türme in den Parkanlagen Humboldthain und Friedrichshain beim Wiederaufbau und bei der Beseitigung der Bombenschäden in der Stadt mit Millionen Kubikmetern Trümmerschutt übererdet und danach zu Parkanlagen umgestaltet wurden.

So können heute die in unmittelbarer Nähe der Bunkeranlagen am U-Bahnhof Gesundbrunnen (→ S. 95) gelegenen baulichen Überreste des Leitturms und die beiden zum S-Bahnring hingewandten Geschützplattformen des Gefechtsturms am Rande des Humboldthains besichtigt werden. In den Sommermonaten ist es möglich, den teilweise gesprengten Gefechtsturm im Rahmen von Führungen des Vereins »Berliner Unterwelten e. V.« zu besichtigen, nachdem in unzähligen Arbeitsstunden rund 1400 Kubikmeter Trümmerschutt im Inneren des Bunkers bewegt wurden, um eine sichere Exkursion zu ermöglichen.

Trümmerlandschaft (o.) und Besuchergruppe (u.) im Gefechtsbunker im Humboldthain, 2010

41 Bunkeranlagen des Flughafens Tempelhof, Berlin

Tempelhofer Freiheit
Platz der Luftbrücke
12101 Berlin

www.tempelhoferfreiheit.de

Führungen:
Mo. – Do. 16 Uhr, Fr. 13, 16 Uhr,
Sa. / So. 11, 14 Uhr

Besuchergruppe in der sogenannten Ehrenhalle, 2007

Als einer der ersten Verkehrsflugplätze in Deutschland nahm der Flughafen Tempelhof seinen Betrieb am 8. Oktober 1923 auf. In den folgenden Jahren entwickelte sich ein reger Flugverkehr, der Berlin mit ganz Europa verband. Da die Kapazitäten aber schon bald völlig ausgereizt waren, beauftragten die Nationalsozialisten den Architekten Ernst Sagebiel, einen repräsentativen und monumentalen Zentralflughafen für die Reichshauptstadt zu entwerfen. Dort sollten nun sechs Millionen Passagiere im Jahr abgefertigt werden und darüber hinaus auch Massenveranstaltungen stattfinden können.

Schon kurz nach Machtantritt der Nationalsozialisten war ein ehemaliges Militärgefängnis, das sich am Nordrand des damaligen Flugfeldes befand, in ein Konzentrationslager umgewidmet worden. Hier wurden zwischen Juli 1934 und November 1936 vor allem politisch Verfolgte von der Gestapo inhaftiert und gefoltert. Im Zuge des Flughafenausbaus wurde das Gebäude des »KZ Columbia-Haus« letztlich abgerissen.

Ab 1936 entstand mit einer Gesamtlänge von 1,2 Kilometern und einer Bruttogeschossfläche von 307 000 Quadratmetern eines der größten Gebäude der Welt. Das gesamte Areal des Flughafens wurde auf eine innerstädtischen Fläche von über 4,5 Millionen Quadratmetern ausgedehnt. Mit Kriegsbeginn 1939 wurde der zivile Flugbetrieb komplett eingestellt und Tempelhof in einen militärischen Fliegerhorst umgewandelt. Bereits fertige Bereiche des neuen Flughafens dienten nun als Rüstungsstandort der Produktion von militärischen Flugzeugen, unter anderem vom Typ Ju 87 und Ju 88. Auf der Baustelle des Flughafens und in der Rüstungsproduktion wurden Zwangsarbeiter beschäftigt, die in mehreren Baracken, die eigens auf und bei dem Gelände errichtet worden waren, untergebracht wurden.

Auf dem Flughafen Tempelhof wurden während des Zweiten Weltkrieges zahlreiche Bunker- und Luftschutzanlagen errichtet, die noch heute vorhanden sind. Unter den Seitenflügeln des Hauptgebäudes befinden sich Luftschutzeinrichtungen, die auch von der Zivilbevölkerung genutzt werden konnten.

Links: Wandkritzeleien aus der Nachkriegszeit im Dokumenten-Bunker, 2007; Vorraum des früheren »Lufthansa-Bunkers«, 2007

Einzigartig sind die Wandmalereien mit Motiven aus den Geschichten von Wilhelm Busch, die den Schutzsuchenden im »Lufthansa-Bunker« ein wenig Behaglichkeit verschaffen sollten; dort fanden vor allem Passagiere und Besatzungen der Lufthansa Unterschlupf. Unter einem anderen Gebäudeteil wurde ein Dokumenten-Bunker für die Einlagerung von Filmrollen und Teile des Reichsluftbildarchivs errichtet, der durch die unsachgemäße Sprengung durch die Rote Armee während der Erstürmung Berlins komplett ausbrannte.

Als die US-Streitkräfte den Flughafen nach dem Zweiten Weltkrieg nutzten, richtete der US-amerikanische Geheimdienst (CIA) in den 1970er Jahren unter der Halle 2 eine geheime Kommandozentrale ein. In den 1980er Jahren wurden dort die Soldaten während der häufig stattfindenden Manöver einquartiert. Dieser Bereich ist in Form eines Gewölbes ausgebaut, um der darüberliegenden Halle genug Stabilität zu geben.

Der Flughafen wurde Ende April 1945 von der Roten Armee besetzt und am 2. Juli 1945 an die westlichen Alliierten übergeben. Noch im August nahmen die US-Streitkräfte, die bis zum Abzug die eigentlichen Hausherren in Tempelhof blieben, den Flugbetrieb wieder auf. Während der Blockade West-Berlins, bei der alle Straßen- und Eisenbahnverbindungen durch die sowjetischen Besatzungstruppen auf dem Gebiet der DDR für die westlichen Alliierten unterbrochen wurden, kam dem Flughafen Tempelhof eine zentrale Rolle zu: Zwischen dem 24. Juni 1948 und dem 12. Mai 1949 wurden die Bewohner Berlins über eine Luftbrücke mit allen notwendigen Verbrauchsgütern versorgt. In Hochzeiten starteten und landeten in Tempelhof die »Rosinenbomber« im 90-Sekunden-Takt. Vor dem ehemaligen Hauptgebäude erinnert noch heute das Luftbrücken-Denkmal an diese Versorgungsflüge. Der 1950 wieder aufgenommene zivile Flugbetrieb wurde nach langen und hitzigen Diskussionen zum 30. Oktober 2008 eingestellt. Seitdem ist das Flugfeld für alle zugänglich, ohne dass es bislang ein durchdachtes Nutzungskonzept gäbe.

Teile des riesigen Flughafengebäudes und einige Bunkeranlagen können heute im Rahmen von Führungen besichtigt werden. Auf der gegenüberliegenden Straßenseite des einstigen Standorts des KZ Columbia-Haus befindet sich seit 1994 ein Mahnmal.

Freizeitvergnügen auf der ehemaligen Landebahn, 2012

42 Festungswerk, Heeresversuchsanstalt Hillersleben

Truppenübungsplatz Altmark
Militärhistorische Sammlung
Salchauer Chaussee 1
39638 Letzlingen

Öffnungszeiten:
Besuch der Ausstellung nach Anmeldung

Einrückende Festungsbesatzung, um 1940 (Propagandaaufnahme)

1934 begann man im Auftrag des Reichswehrministers eine Heeresversuchsanstalt in der Colbitz-Letzlinger Heide anzulegen. Ein Jahr später wurden bereits die ersten Kasernenbauten in Hillersleben offiziell eingeweiht. Bis zum Ende des Zweiten Weltkrieges wurden auf dem 70 Millionen Reichsmark teuren Militärgelände Artillerie- und Panzerabwehrwaffen, später auch große Geschütze erprobt – darunter das 43 Meter lange, 12 Meter hohe und 1400 Tonnen schwere Dora-Eisenbahngeschütz, das sieben Tonnen schwere Geschosse verschießen konnte. Mehrere hundert Mann waren für den Fronteinsatz dieser Kanone in Sewastopol auf der Krim zuständig.

Ein ebenfalls in Hillersleben getestetes Geheimprojekt waren die von der Hochdruckpumpe (HDP) verschossenen »Röchling-Pfeilgranaten«, deren Weiterentwicklung in Peenemünde auf der Insel Usedom in der NS-Propaganda als »Vergeltungswaffe 3« (V3) bezeichnet wurde und mit denen die Deutschen nach Abschluss der Entwicklungsarbeiten von der französischen Kanalküste aus das englische Festland und die Hauptstadt London beschießen wollten. Die verbunkerten Abschussrampen an der Kanal-Küste wurden aber bei einem alliierten Luftangriff zerstört, so dass die Waffe nicht mehr zum Fronteinsatz kam.

In Spitzenzeiten arbeiteten in der Heeresversuchsanstalt Hillersleben bis zu 4000 Personen. Für die Erprobung der Waffen, unter ihnen auch erbeutete Geschütze, stand ein 700 Meter breiter und knapp 30 Kilometer langer Schießplatz zur Verfügung. Die Liegenschaft in Hillersleben gehörte zu den damals weltweit modernsten militärischen Versuchs- und Erprobungskomplexen. Bei den zahlreichen Waffenvorführungen waren auch Vertreter aus Politik und Wirtschaft anwesend.

Eine Besonderheit stellt das komplexe Festungswerk »Scharnhorst« auf dem sogenannten A-Platz der Versuchsanstalt dar. Das massive, Ende der 1930er Jahre errichtete, mit mehreren Etagen unter der Erde gelegene Bauwerk wurde für Propaganda-, Erprobungs- und Ausbildungszwecke genutzt. Ähnliche Kampf- und Verteidigungsbunker entstanden am Westwall (→ S. 142) und an der Festungsfront

Oder-Warthe-Bogen (→ S. 200). Diese Kampffestung war in allen Bereichen komplett ausgebaut und mit den entsprechenden Waffensystemen ausgerüstet worden. Selbst ein Fahrstuhl für den Transport auf die unteren Ebenen und eine kleine Feldbahn kamen zum Einsatz. Die oberirdischen Teile des Festungswerkes wurden nach dem Zweiten Weltkrieg gesprengt, die weitläufigen unterirdischen Anlagen sind jedoch noch vorhanden und wurden vor einigen Jahren durch die Bundeswehr und ein Filmteam dokumentiert.

Sowjetischer Schießbahnwegweiser auf dem Truppenübungsplatz, 2006

Nach 1945 nutzten die sowjetischen Streitkräfte das Areal als Truppenlager und Übungsplatz. Für die Vorbereitung des Großmanövers »Waffenbrüderschaft 80«, das vom 4. bis 12. September 1980 stattfand, wurden auf und neben dem Gelände umfangreiche Rodungsmaßnahmen durchgeführt und das Areal enorm vergrößert. Nach dem Abzug der russischen Streitkräfte 1994 nutzte die Bundeswehr den Übungsplatz und ließ ihn zum modernen 23 000 Hektar großen Gefechtsübungszentrum Altmark umbauen. Tausende Tonnen an Munitionsresten wurden seit der Übernahme durch die Bundeswehr geborgen und vernichtet. Die Beseitigung dauert bis heute an. 2012 eröffnete im Kasernenbereich in Gardelegen eine kleine Ausstellung zur Geschichte der Liegenschaft. Der Truppenübungsplatz darf nicht betreten werden; noch immer sind die umfangreichen Baumaßnahmen zu einem modernen Ausbildungszentrum nicht abgeschlossen.

Beschussziele der Versuchsanstalt, 2006

43 Untertageanlage »Malachit« (KL-12), Halberstadt

Gedenkstätte
Langenstein-Zwieberge
Vor den Zwiebergen 1
38895 Langenstein

Oben: Drucktor zum nicht ausgebauten Stollensystem, 2006; unten: einstige Eisenbahnzufahrt, 2005

7000 Häftlinge des Konzentrationslagers Buchenwald wurden ab dem 21. April 1944 zum Bau eines komplexen Stollensystems unter den Thekenbergen bei Halberstadt eingesetzt. Sie waren in dem eigens errichteten KZ-Außenlager Langenstein-Zwieberge untergebracht. Aufgrund der menschenunwürdigen Lebens- und Arbeitsbedingungen starben mehr als die Hälfte der KZ-Häftlinge innerhalb eines Jahres, bis US-amerikanische Truppen das Lager am 11. April 1945 befreiten.

Das unterirdische, mehr als 13 Kilometer lange Stollensystem bei Langenstein erhielt die Tarnbezeichnung »Malachit«. Nach seiner Fertigstellung sollten im Berg Triebwerksteile für Flugzeuge der Junkers Flugzeug- und Motorenwerke AG gefertigt werden, einem der wichtigsten Rüstungsbetriebe in der NS-Zeit. Diese sogenannte U-Verlagerung war keine Ausnahme. Nach den zunehmenden alliierten Luftangriffen ab 1940/41 auf deutsche Rüstungsunternehmen, Zulieferbetriebe oder Verkehrsknoten hatte man begonnen, alle wichtigen Rüstungsstandorte in bombensichere oder unterirdische Anlagen zu verlagern, um dort einen störungsfreien Produktionsablauf zu ermöglichen.

Nach dem Zweiten Weltkrieg lag das Stollensystem jahrzehntelang brach. Erst Mitte der 1970er Jahre, als die Nationale Volksarmee der DDR (NVA) daranging, bombensichere unterirdische Depots für ihre Streitkräfte anzulegen, erinnerte man sich der

Stollenanlage. Nach ersten Erkundungen beschloss man, einen etwa sieben Kilometer langen Bereich des ursprünglich fast doppelt so großen Systems für die Zwecke der NVA zum »Komplexlager 12« (KL-12) auszubauen. Neben dem umfangreichen Lagerbereich entstand bis 1984 eine unterirdische, 440 Meter lange Verladerampe sowohl für Eisenbahn- als auch für Lkw-Transporte. Zusätzlich richtete man eine Bunkeranlage innerhalb des ohnehin schon geschützten Stollensystems für die Soldaten ein. Mit der Fertigstellung standen 14000 Quadratmeter Lagerfläche zur Verfügung, und im Bunkersystem fanden bis zu 250 Personen Schutz vor atomaren, biologischen und chemischen Waffen.

In dem Komplexlager wurden mehrere tausend Tonnen Munition, Ausrüstungsgegenstände der Armee und Lebensmittel eingelagert. Um im Ernstfall die Materialien in kürzester Zeit an die kämpfende Truppe auszuliefern, wurden mehrfach im Jahr Auslagerungsübungen durchgeführt. 20 Güterwaggons konnten innerhalb von 40 Minuten beladen werden.

Nach der Wiedervereinigung der beiden deutschen Staaten und der anschließenden Auflösung der NVA nutzte die Bundeswehr die unterirdische Anlage bis Ende 1993 als Materialdepot der Luftwaffe. Im Zuge der Währungsunion wurden in zwei Stollen des Systems 620 Millionen Geldscheine mit einem Wert von etwa 100 Milliarden DDR-Mark eingelagert. Man hoffte, das Geld würde dort verrotten, doch das geschah nicht so schnell, wie man angenommen hatte. Als man entdeckte, dass Schatzräuber eine Öffnung zu den Stollen gegraben hatten, wurden die Geldscheine wieder ausgelagert und anschließend in einer Müllverbrennungsanlage entsorgt. 1995 wurde die Stollenanlage an einen Privatmann veräußert.

Bereits 1949 wurde in der Nähe des ehemaligen KZ-Außenlagers, dort, wo man die ums Leben gekommenen Häftlinge in Massengräbern bestattet hatte, ein erstes Mahnmal eingeweiht. In den folgenden Jahren wurde das Areal zu einer offiziellen Mahn- und Gedenkstätte der DDR mitsamt einer Dauerausstellung umgestaltet. Diese informiert über die Geschichte des Lagers, das Leid der hier eingesetzten Häftlinge und die von den Nationalsozialisten verübten Verbrechen.

An einigen Tagen des Jahres ist auch eine Besichtigung eines ehemaligen, nicht von der Nationalen Volksarmee nachgenutzten Eingangsstollens möglich; auch wenn nach wenigen Metern ein Gitter den weiteren Weg in das Innere versperrt, kann man tief in den Berg hineinschauen und bekommt einen Eindruck von den gewaltigen Dimensionen des von den Zwangsarbeitern aufgefahrenen Stollensystems.

Der Zugang zum Gedenkstollen ist über die Gedenkstätte möglich. Das Stollensystem der NVA kann seit 2000 sporadisch im Rahmen von Führungen besichtigt werden.

Ehem. Dispatcher-Raum (o.) und Lagerstollen (u.), 2005

44 Untertageanlage »Turmalin« (KL-2), Blankenburg (Harz)

Harz-Kaserne
38889 Blankenburg (Harz)

Einstige Eisenbahn- und Lkw-Zufahrt (o.) und Verladerampe (u.), 2011

Unter dem Tarnnamen »Turmalin« wurde in den Bergen nördlich der Stadt Blankenburg ab Anfang 1944 ein Stollensystem gegraben. Für die bei den Arbeiten eingesetzten Zwangsarbeiter errichtete man in der Nähe ein Barackenlager, das als Außenlager Blankenburg-Regenstein des Konzentrationslagers Mittelbau-Dora geführt wurde. Ursprünglich war das unterirdische System als Produktionsstätte für das Magdeburger Rüstungsunternehmen »Schäffer und Budenberg« vorgesehen, das vornehmlich Messgeräte und Armaturen fertigte. Im Winter 1944/45 begann man jedoch im Auftrag des KZ Mittelbau-Dora (→ S. 124) in der unterirdischen Anlage mit der Fertigung von Messgeräten für die Fernrakete A4, die in der NS-Propaganda als »Vergeltungswaffe 2« (V2) bezeichnet wurde. Kurz darauf musste der Ort jedoch geräumt werden.

Ab Mitte der 1970er Jahre wurde der ursprüngliche Stollen als bombensicheres Depot für die Nationale Volksarmee (NVA) ausgebaut. Dabei erweiterte man das Stollensystem auf eine Länge von sieben Kilometern und sicherte es bergmännisch. Zwei 100 Tonnen schwere Drucktore schlossen die große Eisenbahn- bzw. Kfz-Zufahrt nach außen ab. In dem Depot wurde vor allem Munition unterschiedlichster Art eingelagert. Um zu verhindern, dass bei einem Unfall oder bei einem Angriff eine Kettenreaktion der eingelagerten Munition einsetzt, si-

Lagergut im Arzneimitteldepot der Bundeswehr, 2011

cherte man einige Stollen innerhalb der Anlage mit zusätzlichen massiven Toren. Zum Schutz der Soldaten wurde im Stollensystem ein separater Bunker für 280 Personen gebaut, die mit den eingelagerten Wasservorräten, Lebensmitteln und Betriebsstoffen bis zu vier Wochen überleben konnten.

Wie im Komplexlager 12 in der Nähe von Halberstadt (→ S. 106) erfolgte der Umschlag der Waren über eine 260 Meter lange kombinierte Eisenbahn- und Lkw-Verladerampe. Zugleich war das Stollensystem nach Auslieferung sämtlichen eingelagerten Materials im Fall eines Angriffes der Streitkräfte des Warschauer Pakts auf das Gebiet der Bundesrepublik Deutschland zusätzlich als vorgeschobener Gefechtsstand bzw. militärische Führungsstelle vorgesehen. Die innerdeutsche Grenze lag nur etwa 30 Kilometer entfernt. Entsprechende Nachrichtenverbindungen hatte man bereits in der Bauphase vorbereitet. Dazu wären im Einsatzfall die nun leeren Lagerstollen feldmäßig ausgestattet worden, oder ein Eisenbahnführungszug der NVA wäre in das System eingefahren und wäre so luftschutzsicher untergestellt gewesen. Die Baukosten für das KL-2 betrugen etwa 240 Millionen DDR-Mark.

Nach der Wiedervereinigung und der Auflösung des NVA-Materiallagers werden der Kasernenbereich und das unterirdische Stollensystem bis heute als »Versorgungs- und Instandsetzungszentrum Sanitätsmaterial« der Bundeswehr genutzt. Von hier aus werden sowohl nationale Bundeswehrstandorte als auch im Auslandseinsatz befindliche Soldaten mit Arzneimitteln jeglicher Art versorgt.

45 Führungsbunker Militärbezirk III, Kossa

Militär-Museum Kossa
Dahlenberger Str. 1
04849 Kossa

www.bunker-kossa.de

Öffnungszeiten:
Mi. – So. von 10 – 16 Uhr
(Führungen nach Anmeldung)

Einstige Rechenzentrale (o.), Zugang zum Technikbunker (u. l.), Notstromaggregat (u. r.), 2010

Zwischen 1976 und 1979 wurde im Wald bei Kossa analog zum NVA-Führungsbunker bei Alt Rehse (→ S. 74) ein verbunkerter Komplex für den Militärbezirk III errichtet. Dieses Waldgelände in der Dübener Heide war schon zuvor für militärische Zwecke genutzt worden. In der NS-Zeit hatte ab 1936 die Westfälisch-Anhaltinische Sprengstoff AG (WASAG) auf einem 440 Hektar großen Areal eine Munitionsfabrik betrieben. Bis Kriegsende wurden hier monatlich mehr als 550 000 Granaten unterschiedlichen Kalibers sowie Panzerfäuste und Werfermunition mit Sprengstoff befüllt. 1945 waren in

dem Rüstungsbetrieb mehr als die Hälfte der 3600 Arbeiter Zwangsarbeiter. Auf dem Weg zum heutigen Militärmuseum Kossa kommt man an den baulichen Überresten des Lagers »Heide« vorbei, in dem etwa 2000 Zwangsarbeiter, vornehmlich aus Osteuropa, zusammengepfercht waren. Eine kleine Gedenk- und Informationstafel erinnert an ihr Schicksal. Nach Kriegsende wurde die Fabrik demontiert und die teils verbunkerten Produktionsgebäude gesprengt.

Ende der 1970er Jahre errichtete die Nationale Volksarmee (NVA) der DDR auf einem 75 Hektar großen Teilbereich des einstigen Rüstungswerks eine verbunkerte Führungsstelle. Aus finanziellen Gründen brachte man die verschiedenen Führungseinheiten nicht in einem Gesamtbau unter, sondern in kostengünstigeren bogenförmigen Fertigteilbunkern vom Typ FB-75 (ausgelegt für Fahrzeuge oder ausgebaut als Stabs- oder Arbeitsbunker) und FB-3 (Mannschaftsbunker). Vorproduzierte Betonelemente, die nach dem Zusammenbau die Form eines Gewölbes ergaben, wurden je nach Einsatzzweck zweietagig ausgebaut. Wie an anderen sensiblen Standorten der NVA wurde auch das Areal in Kossa mit einem Hochspannungszaun umgeben.

Der Stab und das Führungskommando des Militärbezirks III war für etwa 90 000 Soldaten zuständig. Die Mobilmachung der Truppe hätte im Kriegsfall aus Leipzig erfolgen und bei Bedarf an Kossa übergeben werden können, wo der Einsatz der Ersatz- und Ausbildungsbrigaden geschützt koordiniert werden konnte. Bis zu 320 Personen hätten dann im Bunker gearbeitet und wenn nötig bis zu drei Tagen autark überleben können. Einheiten der NVA wären während eines bewaffneten Konflikts mit den Streitkräften der Nato in einer gemeinsamen Front mit der Sowjetarmee eingesetzt worden; die Führung der Truppen wäre von einer ähnlichen Anlage im Zwickauer Stadtteil Mosel erfolgt. Diese ist heute nicht zugänglich und wird von einer Tochtergesellschaft der Volkswagen AG genutzt, die dort unter anderem Motoren testet.

Mit der Deutschen Einheit und der Auflösung des Warschauer Paktes wurde der Standort im Wald der Dübener Heide militärisch sinnlos. Die Bundeswehr wickelte die Liegenschaft bis 1993 ab, das Areal wurde anschließend privatisiert und schließlich in ein Militärmuseum umgewandelt. Seit 2002 steht die Anlage unter Denkmalschutz und kann im Rahmen von Führungen oder individuell besichtigt werden.

Zweigeschossig ausgebauter ehem. Stabs- und Führungsbunker, 2010

Früherer Unterkunftsbereich mit Notausgang, 2010

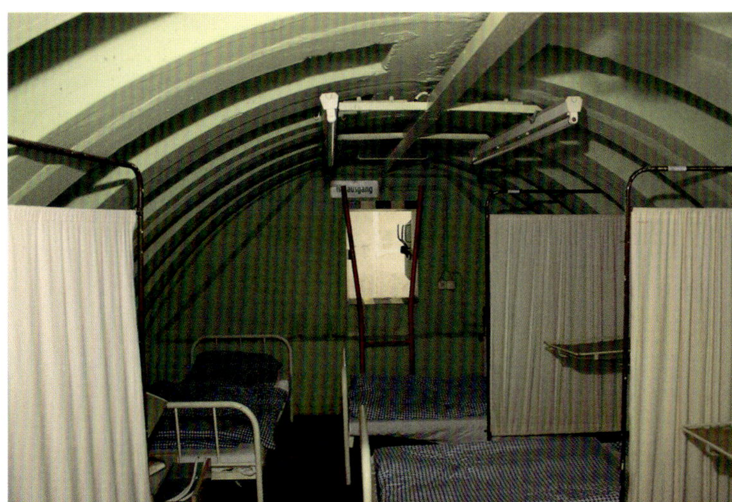

46 Ausweichführungsstelle des MfS, Machern

Stasi-Bunker
Lübschützer Teiche
04827 Machern

www.runde-ecke-leipzig.de

Öffnungszeiten:
an jedem letzten Wochenende im Monat: 13 – 16 Uhr

Oben: Ehem. Schleusenbereich; unten: »Legendierungshalle«, 2010

Die Leipziger Bezirksverwaltung (BV) des Ministeriums für Staatssicherheit (MfS) hatte ihren Sitz zwischen Dittrichring und Großer Fleischergasse. Wie in Leipzig gab es auch in den anderen Hauptstädten der Bezirke in der DDR entsprechende Verwaltungen, um die Arbeit des am 8. Februar 1950 gegründeten Geheimdienstes flächendeckend in der gesamten DDR zu gewährleisten. Anders als Nachrichtendienste in westlichen Staaten, wo eine Gewaltenteilung zwischen Exekutive, Legislative und Judikative existierte, besaß das MfS umfassende polizeiliche und staatsanwaltliche Rechte. Das MfS kontrollierte mit seinem riesigen Netz aus Inoffiziellen Mitarbeitern (IM) alle Bereiche der DDR-Gesellschaft.

Um das wichtigste Personal und die Krisenstäbe des MfS im Kriegsfall zu schützen, wurden ab Ende der 1960er Jahre in der Nähe der Bezirkshauptstädte knapp 20 typisierte Bunkeranlagen errichtet (oder befanden sich im Bau). Jedes einzelne der 38 mal 34 Meter großen Bauwerke kostete samt Ausstattung bis zu vier Millionen DDR-Mark. Dabei besaßen die Bunker vom Typ 1/15 nur eine geringe Schutzfunktion, allein ihre getarnte und versteckte Lage konnte einen gewissen Grundschutz gewährleisten.

Zwischen 1968 und 1972 wurde in Machern, etwa 20 Kilometer von der Innenstadt Leipzigs entfernt, eine verbunkerte Ausweichführungsstelle für

Zentraler Bunkerflur, 2010

die BV Leipzig errichtet. Die Liegenschaft war vor Ort als Objekt des Volkseigenen Betriebes (VEB) für Wasserversorgung und Abwasserbehandlung Leipzig getarnt; die beiden Zugänge in die Bunkeranlage waren in einer unscheinbaren länglichen Holzbaracke untergebracht. Etwa 100 Mitarbeiter hätten im Bunker während eines bewaffneten Konflikts zwischen den Streitkräften des Warschauer Pakts und der Nato einen geschützten Arbeitsplatz vorgefunden. Treibstoff für die Notstromgeneratoren war für etwa sieben Tage eingelagert. Ein kompletter hermetischer Abschluss der Anlage war allerdings nur für maximal zwölf Stunden möglich. Wie bei der Anlage in Hartenstein (→ S. 112) gehen von einem zentralen Gang im rechten Winkel zahlreiche Arbeits- und Funktionsstollen ab.

In den Kelleretagen des in den 1980er Jahren errichteten neuen Bürogebäudes für die BV Leipzig entstand darüber hinaus eine luftschutzsichere Etage für eine zeitweilige Unterbringung von MfS-Mitarbeitern.

Der Pfarrer der Stadt Machern entdeckte die Ausweichführungsstelle des MfS im Dezember 1989. Dem »Bürgerkomitee Leipzig e. V.« gelang es nach der Friedlichen Revolution, das Gelände zu pachten und es vor dem Verfall und der Zerstörung durch Vandalen zu retten. Seit 1995 steht das Objekt unter Denkmalschutz. Die Liegenschaft ist heute eine Außenstelle der Leipziger »Gedenkstätte Museum in der ›Runden Ecke‹«. Am letzten Wochenende eines jeden Monats kann das Objekt besichtigt werden.

Neben der Anlage in Machern ist nur noch ein ähnlicher Bunkertyp im thüringischen Frauenwald als Museum erhalten (→ S. 126), alle anderen liegen auf privaten Grundstücken oder sind verfallen und vergessen.

47 Sonderwaffenlager Großenhain

Zum Fliegerhorst 21
01558 Großenhain

Verschlusstore des ehem. Lagerbunkers, 2011

Nördlich der Stadt Großenhain hatte man bereits ab 1913 eine Fliegerstation errichtet, die mit Beginn des Ersten Weltkrieges zu Ausbildungszwecken genutzt wurde. Auch Manfred Freiherr von Richthofen begann hier seine fliegerische Karriere. Bis zum Ende des Ersten Weltkrieges wurden hier insgesamt etwa 60000 Mann ausgebildet. Mit den Versailler Verträgen endete zunächst die militärische Nutzung, bis die Nationalsozialisten im Zuge der verdeckten Aufrüstung 1934 den Ausbau des Areals zu einem Fliegerhorst beschlossen. Es entstanden ein Kasernenkomplex, mehrere Gebäude und zehn Flugzeughallen. Mit der Fertigstellung wurde der Fliegerhorst ab 1935 wieder zu Ausbildungszwecken genutzt, zunächst von Aufklärern, mit Kriegsbeginn von Schlachtfliegern. Als die Rote Armee Richtung Berlin vorrückte, flogen von Großenhain aus Jagdverbände der Wehrmacht Angriffe gegen die vorrückenden Streitkräfte, und Transportverbände sicherten zugleich den Nachschub für die eingeschlossenen Festungen in Schlesien, wie etwa Breslau.

Am Ende des Zweiten Weltkrieges besetzte die Rote Armee den Platz und passte seine Infrastruktur einige Jahre später den Anforderungen der sowjetischen Luftstreitkräfte an. Einer ersten Verlängerung der Start- und Landebahn auf 2050 Meter folgte unter anderem zwischen 1967 und 1969 der Bau von 40 verbunkerten Flugzeugdeckungen vom Typ AU-13, um die Militärflugzeuge sicher unterstellen zu können. Diese verbunkerten Bauten waren eine Konsequenz aus dem Sechstagekrieg, als die Israelis durch einen Präventivschlag im Juni 1967 die gesamte ägyptische Luftwaffe hatten zerstören können, da die Flugzeuge ungesichert auf den Flugplätzen abgestellt waren.

Anfang der 1970er Jahre wurde auf dem Flugplatz Großenhain auch ein Sonderwaffenlager errichtet, in dem Atomwaffen deponiert wurden. In den beiden Bauwerken vom Typ »Granit« konnten bis zu zwölf nukleare Gefechtsköpfe klimatisiert und bombensicher gelagert werden. Solche typisierten Sonderwaffenlager, die sich noch an vielen militärischen Flugplätzen der sowjetischen Armee finden

Vorbereitung für den Abriss eines Gefechtsstandes, 2011

Einstige Flugzeugdeckung, 2011

und vom nuklearen Wahnsinn der Zeit des Kalten Krieges zeugen, bestanden aus Fertigteilen, die eigens in Betonwerken der Sowjetunion produziert wurden. Danach transportierte man sie in die DDR, wo sie aufgestellt, mit Erde überdeckt und mit einem massiven Tor verschlossen wurden. Innerhalb des ohnehin schon gesicherten Flughafenbereiches waren die Sonderwaffenlager in einem gesonderten Sicherheitsbereich noch von einer weiteren Umzäunung umgeben.

Seit dem Abzug der russischen Streitkräfte 1993 wird der Flugplatz – wie schon einmal in den 1920er Jahren – wieder zivil genutzt. In den letzten Jahren hat man einige Gebäude abgerissen oder komplett umgebaut.

In einem der beiden Sonderwaffenlager befindet sich heute eine Ausstellung zur fast 100-jährigen Geschichte des Flugplatzes, und ein sogenannter Sockelflieger – ein ausrangiertes Flugzeug auf einem Sockel im Eingangsbereich – erinnert an die ehemalige militärische Nutzung während des Kalten Krieges.

48 Gefechtsstand der Sowjetarmee, Königsbrück

Königsbrücker Heide
01936 Königsbrück

Bunker auf dem Übungsplatz (o.), 2011; Modell des Gefechtsstandes, 2. UG (u.), 2012

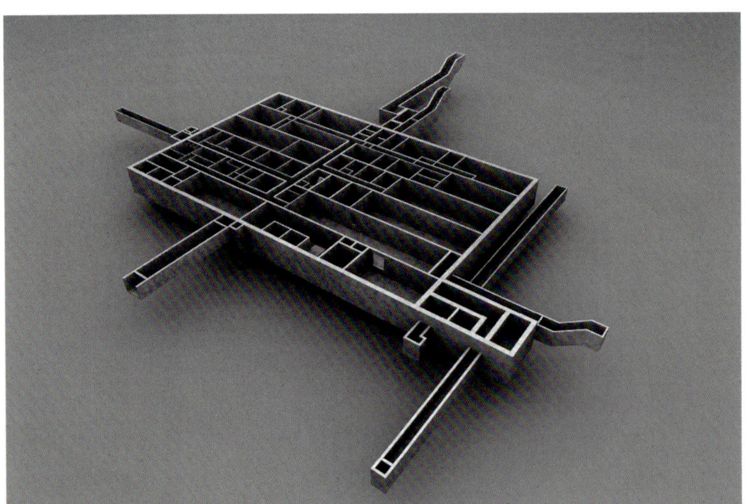

Auf dem Gelände des ehemaligen Truppenübungsplatzes Königsbrück wurden im 20. Jahrhundert zahlreiche kleinere und größere Bunkeranlagen errichtet. Das militärische Übungs- und Ausbildungsgelände war 1906 für das XII. Armee-Korps des Heeres des Deutschen Kaiserreiches eröffnet worden und diente während des Ersten Weltkrieges als Internierungslager für rund 15 000 russische, italienische, serbische, belgische und französische Kriegsgefangene. In der NS-Zeit erfolgte ab 1935 eine Erweiterung des Geländes auf 7800 Hektar, der sieben umliegende Dörfer zum Opfer fielen; deren Bewohner wurden zwangsumgesiedelt.

Auf dem Areal baute man im Zuge der Kriegsvorbereitung zu Erprobungs- und Beschusszwecken auch einige Bunkerbauwerke nach, die Teil von Befestigungslinien etwa in Frankreich oder der Tschechoslowakei waren. Nach Kriegsende richtete sich die Sowjet-Armee auf dem Gelände ein und baute in den folgenden knapp 40 Jahren unter höchster Geheimhaltung weitere, diesmal jedoch größere und funktional wichtigere Bunkerbauwerke.

So errichtete man in der zweiten Hälfte der 1970er Jahre am östlichen Rand des Truppenübungsplatzes einen 58 mal 40 Meter großen unterirdischem Bunker mit zwei Etagen. Neben Tiefbrunnen, Notstromgeneratoren, Klima- und Filtertechnik gab es zahlreiche Nachrichten-, Arbeits- und Stabsräume.

Um der Druckwelle einer detonierten Atombombe standzuhalten, waren besonders sensible Bauteile auf einer schwingungsfähigen Plattform angebracht. Die unterirdische Anlage diente als vorgelagerter Gefechtsstand einer operativen Gruppe des Vereinten Oberkommandos (VOK) der Sowjetarmee mit seiner Hauptführungsstelle im polnischen Legnica (Liegnitz) und sollte im Kriegsfall als möglicher Wechselgefechtsstand des Oberkommandos für den westlichen Kriegsschauplatz der Truppen des Warschauer Pakts dienen. Durch den frühen Rückbau der Anlage zu Beginn der 1990er Jahre und den Abzug der russischen Streitkräfte, die keine entsprechenden Unterlagen hinterlassen haben, war bislang eine genaue Zweckbestimmung noch nicht möglich.

Etwas abgesetzt vom Hauptbunker existierte eine im Notfall mechanisch ausfahrbare Antenne. Der Gefechtsstand war mit vielen anderen Militärobjekten fernmeldetechnisch verbunden, so auch mit der auf der anderen Seite des Truppenübungsplatzes liegenden Troposphärenfunkzentrale 303 bei Röhrsdorf. Als eine von drei verbunkerten Anlagen für das strategische Troposphären-Nachrichtensystem »BARS« (→ S. 70) auf dem Gebiet der DDR stellten Einheiten der Nationalen Volksarmee den Betrieb dieses Systems bis zur Auflösung der NVA und der Stilllegung der Bunker sicher.

Nach dem Abzug der sowjetischen Streitkräfte wurde der Bunker 1994 verschlossen, und sowohl die oberirdischen Bauwerke als auch der gesamte angrenzende Kasernenbereich wurden komplett abgerissen. Der ehemalige Truppenübungsplatz wurde renaturiert und ist heute das größte zusammenhängende Naturschutzgebiet in Sachsen. Die Eingänge in die verschiedenen Bunkersysteme sind auch heute noch massiv verschlossen; das Betreten der Königsbrücker Heide ist bis auf die freigegebenen Wanderwege ohne Ausnahmegenehmigung verboten.

Ehemaliger Lagerbunker für sowjetische SS-12 Boden-Boden-Raketen aus vorgefertigten Betonelementen, 2011

49 Ausweichführungsstelle der SDAG Wismut, Hartenstein

Wildbacher Straße
08118 Hartenstein

Gebäude, die zu Tarnungszwecken auf dem Bunkergelände errichtet wurden, 2011

Um auch im Kriegsfall arbeitsfähig zu bleiben, errichtete man unter anderem für die Bezirksverwaltungen (→ S. 118), für verschiedene Hauptabteilungen und für bestimmte Objektverwaltungen des Ministeriums für Staatssicherheit (MfS) standardisierte Bunkeranlagen vom Typ 1/15. Diese Bauwerke besaßen nur eine geringe Schutzklasse, denn ihre Schutzfunktion gründete eigentlich nur in der Tarnung und in der abgelegenen Örtlichkeit.

Das MfS, die zentrale Überwachungs- und Unterdrückungsorganisation der DDR, war auch in einigen wichtigen, zumeist staatseigenen Betrieben präsent, wo sie sich neben ihren Bezirksverwaltungen zusätzliche Dienststellen einrichtete. So auch bei der SDAG Wismut. Die Sowjetisch-deutsche Aktiengesellschaft Wismut entwickelte sich bis zum Ende der DDR zum drittgrößten Uranproduzenten der Welt und trug ihren Teil dazu bei, dass die Sowjetunion zur nuklearen Weltmacht aufstieg. Hervorgegangen war sie aus der 1946 gegründeten SAG Wismut, einer Staatlichen Aktiengesellschaft, die im Dezember 1947 bereits 43 590 Arbeitskräfte beschäftigte.

1953 wurden die Staatlichen Aktiengesellschaften auf dem Gebiet der DDR aufgelöst und in der Regel in Volkseigene Betriebe (VEB) umgewandelt. Anders der Fall der SAG Wismut. Zwar wurde auch sie zum 31. Dezember 1953 aufgelöst, aber anschließend als SDAG Wismut neu gegründet. Zu dieser Zeit arbeiteten dort 132 800 Menschen, die allermeisten von ihnen in den riesigen Stollenanlagen. Durch effizientere Arbeitsabläufe und den Einsatz modernster Geräte sank die Mitarbeiterzahl bis 1962 auf 45 000.

Bis 1990 und der schrittweisen Stilllegung des Uranerzabbaus wurden von der SAG/SDAG Wismut insgesamt 231 400 Tonnen Uran produziert. Das entspricht rund einem Drittel des sowjetischen Atomkomplexes. Die Arbeit der SDAG Wismut wurde zum 18. Dezember 1991 endgültig eingestellt und in eine bundeseigene GmbH überführt, die mit der umweltgerechten Sanierung der ehemaligen Bergbauflächen beauftragt wurde. Der Bund stellte für diesen Zweck Haushaltsmittel in Höhe von 13 Milliarden DM zur Verfügung.

Das gesamte Unternehmen mit all seinen Objekten und Produktionsstätten unterlag der permanenten Kontrolle des MfS. Spionageabwehr, Geheimnisschutz und Vorbeugung vor Sabotage koordinierte bis 1982 die »Objektverwaltung Wismut«. Danach übernahm diese Aufgabe die »Abteilung Wismut«, eine Organisation, die direkt der Bezirksverwaltung des MfS in Karl-Marx-Stadt unterstellt war. Mehr als 1000 Mitarbeiter fungierten dabei als Inoffizielle Mitarbeiter (Spitzel) des Ministeriums.

Im Wald bei Hartenstein wurde Ende der 1970er Jahre ein Schutzbauwerk vom Typ 1/15/V2 für die Objektverwaltung Aue der SDAG Wismut errichtet – ein 38 mal 34 Meter großes unterirdisches Bauwerk mit einer Nutzfläche von rund 800 Quadratmetern. Der aus Fertigteilen gebaute Bunker fasste etwa 100 Personen und war als Ausweichführungsstelle der Objektverwaltung Aue und als Führungsstelle der Gebietskoordinierungsgruppe der Wismut gedacht. Hinter dem Bereich der Dekontamination schließt sich ein zentraler Gang an, von dem im rechten Winkel zahlreiche Stollen abgehen.

In diesen waren die einzelnen Arbeits- und Funktionsräume untergebracht.

Mit Indienststellung wurde der Bunker in ständiger Einsatzbereitschaft gehalten. Nach der Auflösung des Ministeriums für Staatssicherheit wurden die Bunkeranlagen in Hartenstein geschlossen. Bald gerieten sie in Vergessenheit. Vandalen und Schrottdiebe verwandelten sie – wie auch an vielen anderen Standorten – in eine Trümmer- und Mülllandschaft.

Zentraler Gang (o.) und Treppenzugang (u.) der ehem. Ausweichführungsstelle, 2011

50 Untertageanlage »Albit« (KL-22), Rothenstein

Bundesstraße 88
07751 Rothenstein

Führungen:
auf Anfrage möglich

Verkehrsstollen im Lagerbereich (o.), Stollenplan am Eingang (u.), 2010

Am 28. Juni 1943 wurde der »Führererlass« über die »Sicherstellung von Räumen zur Aufnahme von Rüstungsfertigungen aus luftgefährdeten Gebieten und zur Unterbringung von Rüstungsarbeitern in luftgeschädigten Gebieten« ausgegeben. Die von Hitler befohlene Verlagerung von Rüstungsbetrieben sollte

Albert Speer als Reichsminister für Bewaffnung und Munition koordinieren. Zu diesem Zweck konnten reichsweit Liegenschaften, Räume und Anlagen beschlagnahmt oder weniger kriegswichtige Unternehmen auch gänzlich umgesiedelt werden.

Im Zuge dieser Verlagerung bezog auch der Optikkonzern Carl Zeiss Jena ab 1943 die Höhlen eines alten Bergwerkes bei Rothenstein, das den Decknamen »Albit« erhielt, um dort Rüstungsgüter zu produzieren. Dafür wurde das Stollensystem auf knapp 28000 Quadratmeter vergrößert, so dass ab Ende des Jahres sowohl für Carl Zeiss als auch für die Geraer Technischen Werkstätten luftschutzsichere Produktionsstätten zur Verfügung standen.

Nachdem man nach Kriegende in dem Stollen- und Höhlensystem zunächst Gemüse und andere Lebensmittel eingelagert hatte, nahm sich Mitte der 1960er Jahre die Nationale Volksarmee der Stollen an und ließ sie zwischen 1968 und 1972 in eines der ersten unterirdischen Komplexlager der NVA umbauen. Bis Mitte der 1980er Jahre entstand auf dem Gebiet der DDR eine ganze Reihe solcher La-

Ehemalige Lkw-Zufahrten zum Stollensystem, 2010

ger, davon sechs als unterirdische Anlagen. Das waren Materialdepots, aus denen militärische Einheiten im Mobilmachungs- bzw. im Kriegsfall für den Nachschub der Front mit den notwendigen Ausrüstungsgegenständen, Waffen und Fahrzeugen sorgen sollten. Die Bestände in den Komplexlagern wurden regelmäßig kontrolliert und verderbliche Güter bei Bedarf erneuert.

Bei Rothenstein entstand auf einer Stollenlänge von etwa fünf Kilometern und einer Nutzfläche von knapp 20 000 Quadratmetern solch ein bombensicheres Munitionslager – das Komplexlager 22 (KL-22) –, in dem 25 Personen tätig waren. Im Kriegsfall konnten ungefähr 200 Personen in der Anlage in einem »Bunker im Bunker« untergebracht werden – geschützt vor atomaren, biologischen und chemischen Waffen. Notstromgeneratoren, Luft- und Klimaanlagen sowie zwei Tiefbrunnen gewährleisteten eine unabhängige Versorgung von der Außenwelt. Durch 23 Tonnen schwere Kipptore konnten die Ein- und Ausgänge die Anlage im Ernstfall gesichert werden. Als Besonderheit dieser unterirdischen militärischen Einrichtung galt eine eigene Munitionsaufbereitungsanlage in einem separierten Bereich des Stollensystems. Dabei konnte in kleinen bunkerähnlichen Räumen innerhalb des Stollens Munition zerlegt oder wieder aufbereitet werden.

Schon zum Zeitpunkt der Inbetriebnahme stellte sich heraus, dass die Kapazitäten in Rothenstein für die Menge des einzulagernden Materials nicht ausreichten, so dass ein weiterer Komplex bei Großeutersdorf, die ehemalige REIMAHG Walpersberg (→ S. 122), ausgebaut wurde.

Nach der Auflösung der NVA übernahm die Bundeswehr das Komplexlager 22 und nutzte es bis zum Jahr 2003. Pläne zum Umbau von Teilen des Systems zu einem Rechenzentrum wurden bislang nicht verwirklicht. Trotz öffentlicher Verkaufsanzeigen 2009 konnte kein Käufer oder Mieter gefunden werden. Seitdem werden durch den Eigentümer aufgrund der zahlreichen Anfragen von interessierten Personen unregelmäßig Führungen durch die unterirdischen Anlagen angeboten.

51 REIMAHG-Werk, Walpersberg

Dokumentationszentrum
Walpersberg
Dorfstraße 7
07768 Großeutersdorf

www.walpersberg.com

Öffnungszeiten
Dokumentationszentrum:
Mo. – Fr.: 10 – 16 Uhr
Donnerstag auf Anfrage
zusätzlich: 17 – 20 Uhr
jeden 1., 2. und 3. Samstag im
Monat: 12 – 16 Uhr

Oben: Stollen des ehem. Rüstungsbetriebes, 2008; unten: gesprengter Produktionsbunker am Berghang, 2010

Aufgrund der zunehmenden alliierten Bombenangriffe in der zweiten Kriegshälfte wurden viele Rüstungsbetriebe in den bombensicheren Untergrund verlegt. So entstand auch bei Walpersberg ab April 1944 ein gigantisches unterirdisches Stollensystem für die Flugzeugproduktion.

Der im März 1944 gegründete »Jägerstab« sollte die deutsche Luftfahrtindustrie schnellstmöglich wieder aufbauen und versuchen, mit neuen Flugzeugtypen die Lufthoheit zurückzugewinnen, die

längst in den Händen der Briten und Amerikaner lag. Die Hoffnungen der NS-Führung richteten sich vor allem auf die von der Firma Messerschmitt bereits 1941/42 entwickelte Me-262 – das erste in Serie gebaute Flugzeug mit Strahltriebwerken überhaupt –, die den alliierten Flugzeugen technisch überlegen war. Daraufhin entstanden an vielen Orten im südlichen Reichsgebiet verbunkerte Zulieferbetriebe und Endmontagestätten für die Me-262.

Neben den Großbunkern in Bayern (→ S. 160) wurde mit dem REIMAHG-Werk (Reichsmarschall Hermann Göring) ein großes Rüstungsunternehmen südlich von Jena errichtet, um ebenfalls die Produktion der Me-262 aufzunehmen. Als Hauptproduktionsstätte der REIMAHG sollten vor Ort unter dem Decknamen »Lachs« im Walpersberg Produktionshallen entstehen. In dieser riesigen, knapp 250 000 Quadratmeter großen unterirdischen Anlage sollte die Endmontage der Flugzeuge erfolgen. Am Berghang wurden zusätzlich zehn Hochbunker gebaut. Als Besonderheit dieses Rüstungswerkes galt der eigens angelegte Flugplatz auf dem

Berg. Die Flugzeuge konnten nach der Endmontage über einen Schrägaufzug auf das Plateau des Berges transportiert werden, auf der eine betonierte Startbahn für die Me-262 angelegt wurde.

Trotz des massiven Einsatzes von Zwangsarbeitern – die Schätzungen schwanken zwischen 12 000 bis 15 000 aus 13 Nationen, die in mehr als 20 Lagern rund um die Baustellen untergebracht waren – wurde die Anlage bis Kriegsende nicht fertig. Die NS-Propaganda hatte großspurig die monatliche Auslieferung von 1200 Flugzeugen verkündet, in Wirklichkeit haben nur wenige Maschinen – die Angaben variieren zwischen 17 und 27 – das unterirdische Stollensystem flugfähig verlassen. Etwa 2000 Zwangsarbeiter starben nach aktuellen Schätzungen aufgrund der fürchterlichen Arbeitsbedingungen unter Tage und mangelhafter Versorgung.

Große Teile der Anlage wurden mit Kriegsende gesprengt, andere als Lebensmittellager – ab 1961 auch als Bohrkernarchiv des VEB Geologische Erkundung – genutzt. Anfang der 1980er Jahre wurden im Zuge der Errichtung von Komplexlagern für die Nationale Volksarmee als Ergänzung des Komplexlagers 22 in Rothenstein (→ S. 120) auch die Stollen im Walpersberg wieder militärisch genutzt. Wie in Blankenburg (→ S. 108) oder Rothenstein lagerte man auch hier auf einer Fläche von rund 11 000 Quadratmetern vornehmlich unterschiedlichste Arten von Munition ein.

Mit der Auflösung der bewaffneten Organe der DDR begann die Bundeswehr im unterirdischen Depot die im Umlauf befindliche Munition zu sammeln, deren Abtransport fünf Jahre dauerte. 1997 wurde der Standort aufgegeben und verschlossen. Die Stollen des nahen »Bergbaureviers Großkamsdorf«, die in den letzten Kriegsmonaten zur Produktion der Strahltriebwerke der Me-262 genutzt wurden, sind dagegen heute zu besichtigen.

Der 2005 privat initiierte Förderverein »Mahn- und Gedenkstätte Walpersberg e. V.« organisiert mehrmals im Jahr und auf Anfrage für Gruppen Wanderungen entlang den verschiedensten Hinterlassenschaften am Walpersberg. Der Verein organisiert Vorträge und unterstützt den Saale-Holzland-Kreis bei der Veranstaltung von jährlichen Gedenkfeierlichkeiten. In den letzten Jahren wurde eine Dokumentationsstätte im Dorfzentrum aufgebaut, die heute über das Rüstungswerk und die dort eingesetzten Zwangsarbeiter informiert. Die Überreste des Rüstungswerkes sind bisher verstreut und undokumentiert rund um den Walpersberg zu finden. Dem Verein ist es zu verdanken, dass nun eine Auseinandersetzung mit der Historie stattfindet.

An einem ehemaligen Hochbunker am Berghang erinnern Gedenktafeln an die hier ums Leben gekommenen Zwangsarbeiter.

Inspektion durch die US Army, 1945: Me-262 im Produktionsstollen (o.), Schrägaufzug zum Flugplatz auf dem Walpersberg (u.)

52 KZ Mittelbau-Dora, Nordhausen

KZ-Gedenkstätte
Mittelbau-Dora
Kohnsteinweg 20
99734 Nordhausen

www.dora.de

Öffnungszeiten:
Ausstellung der Gedenkstätte
Nov. – Febr.:
Di. – So. 10 – 16 Uhr
Mrz. – Okt.:
Di. – So. 10 – 18 Uhr

Führung durch die
Stollenanlage:
Di. – Fr. 11, 14 Uhr,
Sa. / So. 11, 13, 15 Uhr

Ehem. Hauptstollen (o.) und neuer Zugang (u.), 2010

In der Nacht vom 17. auf den 18. August 1943 griffen mehr als 500 alliierte Bomber im Rahmen der »Operation Hydra« das Raketenentwicklungs- und Produktionsgelände in Peenemünde an. In den modernen Einrichtungen im Norden der Ostsee-Insel Usedom wurde die erste Fernrakete der Welt entwickelt, das Aggregat 4 (A4), das in der NS-Propaganda als »Vergeltungswaffe 2« (V2) bezeichnet wurde. Ursprünglich sollte die von den Nazis als »Wunderwaffe« gepriesene Rakete in großen Fertigungshallen auch direkt vor Ort in Serie produziert werden. Doch nach dem Luftangriff waren viele Gebäude in Peenemünde zerstört, und die Fortsetzung der Serienfertigung erschien dort als zu unsicher. Daher suchte man nach Ausweichquartieren.

Bereits ab 1936 war in der Nähe von Nordhausen unter dem Kohnstein im Auftrag der Wirtschaftlichen Forschungsgesellschaft (Wifo) ein komplexes Stollensystem aufgefahren worden, um als unterirdisches Depot für verschiedene Treibstoffe zu dienen. Nach den Luftangriffen auf Peenemünde im August 1943 begann man, die Serienfertigung der A4 in unterschiedliche luftschutzsichere Anlagen zu verlagern. Dazu gehörten auch die bis zu diesem Zeitpunkt aufgefahrenen Stollen im Kohnstein, die nun erweitert und zu einem Rüstungswerk für die

Endmontage der A4-Rakete ausgebaut wurden. Da dort in den ersten Monaten nach Übernahme der unterirdischen Anlage keine Baracken oder anderweitigen Unterkunftsgebäude zur Verfügung standen, mussten die dorthin zur Zwangsarbeit transportierten KZ-Häftlinge auch im Stollen schlafen. Mit dem Anlaufen der eigentlichen Produktion zum Jahresbeginn 1944 entstand ein oberirdisches Barackenlager mit etwa 70 Gebäuden, samt Häftlingskrankenhaus und Krematorium. Das Lager galt bis zum Herbst 1944 organisatorisch als Außenlager des KZ Buchenwald und wurde am 28. Oktober 1944 zum selbständigen Konzentrationslager Mittelbau-Dora.

Neben der Endmontage der A4 wurde ab Sommer 1944 auch die Flügelbombe Fi-103 (→ S. 178) im Kohnstein unter Einsatz Tausender Zwangsarbeiter zusammenmontiert. Bis Mai 1945 wurde die gesamte unterirdische Anlage auf etwa 20 Kilometer ausgedehnt. Das Hauptsystem bestand aus den zwei knapp zwei Kilometer langen Hauptstollen, die durch zahlreiche Querstollen miteinander verbunden waren. Am Ende standen für Rüstungszwecke mehr als 250 000 Quadratmeter zur Verfügung, der damals größte unterirdische Rüstungskomplex.

Mehr als 60 000 Zwangsarbeiter aus 21 Nationen haben das Konzentrationslager oder eines der Außenlager durchlaufen. Etwa 20 000 von ihnen kamen durch die menschenverachtende Arbeit im Stollen, die unzureichende Versorgung mit Lebensmitteln, Wasser und Medikamenten sowie durch die katastrophale Unterbringung ums Leben.

Am 11. April befreiten US-Truppen das Konzentrationslager Mittelbau-Dora und begannen umgehend mit der Demontage der modernen Produktionseinrichtung und dem Abtransport der Raketenteile. Danach sicherte sich die Rote Armee die noch übrig gebliebenen Materialien aus dem Berg. Sowohl den US-Amerikanern als auch den Sowjets diente das Raketenprogramm der Nationalsozialisten nach dem Krieg zum Aufbau eigener Waffensysteme.

Bereits zum ersten Jahrestag der Befreiung wurde am ehemaligen Krematorium des KZ Mittelbau-Dora ein Mahnmal errichtet, 1966 von der DDR die nationale »Mahn- und Gedenkstätte Mittelbau-Dora« eingeweiht. Nach der Deutschen Einheit überarbeitete man 1995 die bisherige Dauerausstellung und integrierte Teile des unterirdischen Stollensystems in das Gedenkstättenkonzept, nachdem man bereits 1988 damit begonnen hatte, durch einen neuen Zugangsstollen einen Anschluss an einen der beiden ehemaligen Hauptstollen zu erhalten. Nach der offiziellen Einweihung eines neuen Hauptgebäudes im Jahr 2005 folgte im Jahr darauf auch die Eröffnung einer neuen Dauerausstellung.

Oben: Blick in das Stollensystem, 2010; unten: KZ-Häftlinge bei der Arbeit an der A4, ca. 1944

53 MfS-Ausweichführungsstelle der BV Suhl, Frauenwald

Am Rothenberg 1
98711 Frauenwald

www.bunkermuseum-frauenwald.de

Führungen:
täglich, nach Bedarf

Zentraler Arbeitsraum (o.) und Hauptgang (u.) des ehem. MfS-Bunkers, 2010

In der DDR gab es nicht nur für die militärischen Einrichtungen der Nationalen Volksarmee (NVA) verbunkerte Schutzräume, sondern auch für das Ministerium für Staatssicherheit (MfS) und dessen Bezirksverwaltungen (BV). Im Bezirk Suhl entstand als Ausweichführungsstelle für den Leiter der Bezirksverwaltung samt seinem Stab zwischen 1973 und 1976 im Thüringer Wald bei Frauenwald unter dem Decknamen »Trachtenfest« eine verbunkerte Anlage. Ähnliche Objekte gab es auch in den anderen 14 Bezirken der DDR.

Der knapp 1000 Quadratmeter große Bunker in Frauenwald war für maximal 180 Personen ausgelegt, die hier bis zu 14 Tage überleben können sollten. Von hier aus hätten die Mitarbeiter der Krisenstäbe der Bezirkseinsatzleitung die militärischen, politischen und wirtschaftlichen Aktivitäten im entsprechenden Territorium auch während eines in der Nähe erfolgten Angriffs durch atomare, biologische oder chemische Waffen aufrechterhalten sollen. Ausgestattet war die Anlage mit mehreren Notstromgeneratoren, mit Tiefbrunnen, Nachrichten- und Fernmeldeeinrichtungen sowie der benötigten Luft-, Filter- und Klimatechnik; daneben gab es einen medizinischen Bereich und zahlreiche Arbeits- und Unterkunftsräume.

Anders als in den Anlagen bei Hartenstein (→ S. 112) und Machern (→ S. 118) wurde in Frauen-

Wieder instandgesetzte Überwachungs-, Schalt- und Steuertechnik, 2010

wald seitlich noch ein weiterer, vollkommen autarker Bereich für das 45 Personen umfassende Wachpersonal errichtet. Oberhalb der Bunkeranlage diente eine etwa 50 mal 14 Meter große Halle, die sogenannte »Legendierungshalle«, zur Tarnung der Ein- und Ausgänge des unterirdischen Komplexes. Der Schutzwert der Anlage war ausreichend, aber nicht besonders gut. Die Deckenstärke beträgt nur 40 Zentimeter bei einer anschließenden Erdüberdeckung von knapp zwei Metern. Das Bauwerk bestand aus vorbereiteten Betonfertigteilen, die auf der Bunkerbaustelle nur noch montiert wurden. Einen direkten Treffer konventioneller, geschweige denn atomarer Waffen hätte das Bauwerk nicht überstanden. Die Qualität des Schutzes lag also vornehmlich in der gut getarnten Lage begründet. Damit war es bald vorbei, denn schon kurz nach der Fertigstellung wurde das Objekt »Trachtenfest« durch westliche Geheimdienste aufgeklärt und war damit wertlos geworden. Nach der Enttarnung beschloss man daher den Bau einer weiteren Bunkeranlage im Wald von Vesser, welcher auch wenige Jahre später fertiggestellt wurde.

Heute kann der Bunker in Frauenwald, der auf dem Gelände des Waldhotels »Rennsteighöhe« liegt, täglich besichtigt werden. Die aus den 1980er Jahren stammende Inneneinrichtung des Bunkers wurde möglichst originalgetreu rekonstruiert, um ihn so als Relikt des untergegangenen DDR-Regimes zu erhalten. Wie in manch anderen privaten Sammlungen wurde die Restaurierung leider an einigen Stellen übertrieben und die Räumlichkeiten mit DDR-Devotionalien überfrachtet.

Auf Anfrage wird als »besonderes Ereignis« auch eine Übernachtung im Bauwerk angeboten. Dabei genießen die Gäste nicht etwa eine geruhsame und vor allem atombombensichere Nacht in einem Etagenbett, sondern schlüpfen während eines »Reality-Erlebnisses« zurück in die Zeit vor der Deutschen Einheit und werden mit militärischen Grundausbildungsspielchen bis hin zu Nachtwache und Frühsport »unterhalten«. Dass die Referenten, die die Besuchergruppen durch die Bunkeranlage führen, zumeist in alten DDR-Uniformen auftreten, wirkt allerdings etwas befremdlich.

54 Waldkaserne Gießen

MuK Gießen e. V.
An der Automeile 16
35394 Gießen

www.muk-giessen.de

Erstes Kellergeschoss (u. r.) des »Maybach«-Bunkers (o.); Eingang zu den heutigen Veranstaltungsräumen (u. l.), 2012

Für die Führung der Wehrmacht war es unabdingbar, für den Kriegsfall ein mehrfach abgesichertes Fernmelde- und Nachrichtennetz aufzubauen. Dafür richtete man an Kasernen und auf Truppenübungsplätzen Nachrichten- und Vermittlungsknoten sowie Verstärkerämter ein, so auch am östlichen Stadtrand von Gießen, wo man im Rahmen der Kriegsvorbereitungen die 1934/35 erbaute Waldkaserne (ab 1939 Verdun-Kaserne) erweiterte und mit zahlreichen Bunkeranlagen versah.

Analog zu den Maybach-Bauten in Zossen-Wünsdorf bei Berlin wurden auch in Gießen ab 1939 am südlichen Rand der bereits existierenden Kaserne vier »Maybach«-Bunker samt einer unterirdischen Nachrichtenzentrale gebaut. Die vier jeweils 36 mal 16 Meter großen Bunkerhäuser waren

für den Generalstab des Heeres als Feldhauptquartier des Oberkommandos des Heeres (OKH) für den Frankreichfeldzug und den geplanten Überfall auf Großbritannien vorgesehen. Die gut getarnten Hochbunker enthielten auf zwei oberirdischen Etagen plus Dachboden und zwei unterirdischen Etagen Arbeitsräume, Dienstzimmer und Sanitäreinrichtungen sowie Räumlichkeiten für die Versorgungstechnik. Bei Luftalarm konnten die Beschäftigten einfach in die unteren Etagen umziehen und von dort aus ihre Arbeit fortsetzen.

Daneben entstand etwa 100 Meter entfernt eine verbunkerte Nachrichtenzentrale. Mit der Verlagerung des »Führerhauptquartiers« aus dem Hessischen (»Adlerhorst«, → S. 132) in die Eifel (»Felsennest«) wurden die Planungen des OKH auch für Gießen hinfällig. Die massiven Bunkerhäuser wurden während des Zweiten Weltkrieges nun vom Chef des Transportwesens des OKH genutzt.

Um einen rechteckigen Appellplatz der ehemaligen Kaserne sind noch heute sieben zwei- und dreigeschossige oberirdische Gebäude angeordnet. Im eigentlichen Kasernenobjekt entstanden zwei Luftschutztürme der Bauart »Winkel« *(rechts im Bild)*, die jeweils etwa 300 Personen bei einem Luftangriff Schutz boten. Ab 1940 bezog zusätzlich die Heeresschule für Nachrichtenhelferinnen einige Gebäude des Kasernenareals, wo man junge Mädchen als Ersatz für die an der Front eingesetzten Nachrichtensoldaten ausbildete.

Nach dem Zweiten Weltkrieg diente das Kasernengelände als Auffanglager für Kriegsgefangene und ausländische Arbeiter sowie anschließend als Standort der US-Streitkräfte. Mit deren Abzug 1993 und der anschließenden Konversion übernahm nach den 2007 durchgeführten Sanierungsmaßnahmen die Gießener Kreisverwaltung die oberirdischen Gebäude. Zwei der ursprünglich vier »Maybach«-Häuser wurden im Rahmen der Umgestaltung des Geländes abgerissen, eines wird heute gewerblich genutzt, das vierte, das bereits den US-Amerikanern als Casino diente, ist nun kultureller Veranstaltungsort. Der eigentliche Nachrichtenbunker befindet sich etwas weiter südlich im Wald und ist verschlossen.

55 Warnamt VI, Bodenrod

Pfadfinderzentrum Donnerskopf
35510 Butzbach-Bodenrod

www.donnerskopf.de

Richtfunkantenne des ehem. Warnamtes (o.) und Bunkerzugang (u.), 2012

Angesichts der Spannungslage im Kalten Krieg und der damit verbundenen Gefahr eines bewaffneten Konflikts zwischen den Streitkräften des Warschauer Pakts und der Nato stimmten Anfang der 1950er Jahre die Westalliierten dem Aufbau von zivilen Luftschutzmaßnahmen in der Bundesrepublik Deutschland zu. Dazu wurde am 1. Dezember 1953 die Bundesanstalt für zivilen Luftschutz gegründet und der Bund nach einer Änderung des Grundgesetzes ermächtigt, für Fragen des Zivilschutzes eine eigene Verwaltungsbehörde aufzubauen: das 1958 gegründete Bundesamt für den zivilen Bevölkerungsschutz. Bereits im Jahr zuvor waren am 10. Oktober 1957 per Gesetz die Maßnahmen zum Schutz der Zivilbevölkerung (ZBG) erlassen worden, die unter anderem die Errichtung eines Luftschutz-Warndienstes sowie eines örtlichen Alarmdienstes vorsahen. Daraufhin wurden – verteilt über das ganze Bundesgebiet – zehn Warnämter errichtet, die zuerst in Provisorien, später in typisierten Bauobjekten untergebracht waren. Jeder Standort erhielt Anfang der 1960er Jahre einen funktionalen Schutz- und Arbeitsbunker.

Die Hauptaufgabe der Warnämter bestand in der Alarmierung der bundesrepublikanischen Bevölkerung in Krisenfällen bzw. vor Angriffen mit konventionellen oder atomaren, biologischen und chemischen Waffen. Über ein eigens aufgebautes Netz von mehr als 2000 Messstellen (ODL-Messnetz) wurde rund um die Uhr die Umweltradioaktivität gemessen. Zu jedem Standort gehörten darüber hinaus eigene Messfahrzeuge, die unabhängig von den festen Standorten der Messsonden weitere Parameter ermitteln konnten. Zusätzlich erfolgte ein Informationsaustausch mit anderen Organisationen, wie etwa der Bundeswehr oder der Nato. In militärischen Einrichtungen wurden dazu mehrere personelle Verbindungsstellen eingerichtet, die je nach Lage eine Meldung an das entsprechende Warnamt abgeben konnten. Nach der Lageanalyse des Warnamtes wäre im Ernstfall die Bevölkerung der betroffenen Gebiete alarmiert worden. Der Alarm konnte durch ein Netz von Elektro- und Hochleistungssirenen (1985 existierten 64500 Sirenen), durch Radiomitteilungen oder über mit Warnempfängern ausgestatte Warnstellen erfolgen. Bis 1985 wurden rund 12000 dieser Warnstellen, zum Beispiel in Behörden, Krankenhäusern, städtischen Unternehmen oder Kasernen, eingerichtet. Ohne dieses effektive System der Lageerfassung und Alarmierung hätten andere Schutzvorkehrungen, wie etwa der Bau und der Unterhalt von zivilen Bunkeranlagen, keinen Sinn ergeben.

In Friedenszeiten nahmen die Warnämter auch eine zweite Aufgabe wahr: Da sie permanent die radioaktive Strahlung überwachten, konnten sie auch bei zivilen Katastrophen die Menschen alarmieren, wie etwa nach dem Störfall in Tschernobyl. Die Warnamts-Bunker waren rund um die Uhr besetzt, etwa 30 Mitarbeiter stellten den Betrieb in mehreren Schichten sicher. Bei Übungen oder im Einsatzfall wurden diese von knapp 150 freiwilligen Helfern unterstützt. Als nichtmilitärische Einrichtung stand das System der Warnämter unter dem besonderen Schutz der IV. Genfer Konvention, in der ihr Schutz während feindlicher Auseinandersetzung völkerrechtlich festgehalten war.

Das in der Nähe von Butzbach-Bodenrod Mitte der 1960er Jahre für den Großraum Hessen errichtete und mit einem vieretagigen Bunker versehene Warnamt VI wurde 1997 aufgelöst. Der 35 mal 29 Meter große und knapp 16 Meter hohe Bunker enthielt eine Vielzahl von technischen Versorgungseinrichtungen: zum Beispiel Notstromgeneratoren, Luft-, Klima-, Filter- und Wassertechnik. Der wichtigste Teil war jedoch der zweigeschossige Führungsraum, in dem zahlreiche Nachrichtenverbindungen zusammenliefen und die Luftlage-, ABC-Lage- und Warnlage auf entsprechenden Karten visualisiert wurde.

Das Messnetz für die Überwachung der radioaktiven Umweltbelastung wird seit Mitte der 1990er Jahre von der Bundesanstalt für Strahlenschutz weiter betrieben, an deren Hauptsitz in Berlin-Karlshorst ein provisorisches, nicht verbunkertes Warnamt eingerichtet wurde. Das Objekt auf dem Donnerskopf dient seitdem dem Verband christlicher Pfadfinder als Unterkunft und wird für verschiedene Veranstaltungen genutzt.

Manuelle Lüfter (o.) und zentraler Arbeitsraum im ehem. Warnamts-bunker (u.), 2012

56 »Führerhauptquartier Adlerhorst«, Langenhain-Ziegenberg

Schloßstraße
61239 Ober-Mörlen

Zur Vorbereitung des geplanten Westfeldzuges wurden zwischen September 1939 und August 1940 bei Langenhain-Ziegenberg in der Wetterau mehrere Gebäude, darunter auch Bunkeranlagen, als Befehlsstellen für Adolf Hitler und seinen militärischen Stab errichtet. Am 9. September 1939 erhielt Freiherr von Schäffer-Bernstein, der Eigentümer des 1747 errichteten Schlosses Ziegenberg, die Nachricht, dass die Liegenschaft beschlagnahmt sei und in Kürze von der Wehrmacht übernommen werde. Auch das nur knapp fünf Kilometer entfernte Schloss Kransberg wurde im Folgemonat enteignet und die Eigentümer mit 270000 Reichsmark entschädigt.

Unter der Leitung Albert Speers begann nun der Ausbau der Objekte und die Ergänzung durch zahlreiche Bunkeranlagen. Die Bauausführung lag bei der Organisation Todt. Für geschätzte 15 Millionen Reichsmark entstand ein komplexes System eines teilweise verbunkerten »Führerhauptquartiers«. Speer wollte analog zum Obersalzberg ein Objekt in idyllischer Lage zu einem temporären Regierungssitz umbauen. Als Hitler die ersten Fotos vom Umbau zu sehen bekam, äußerte er sich im Oktober 1939 ablehnend gegenüber dem vorgesehenen Quartier. Eine Unterbringung in einem Schloss empfand er in einer Kriegssituation als unangemessen.

Von außen mit Holzaufsatz getarnter Bunker 7 des ehemaligen Komplexes, 2012

Als sich die Bauarbeiten an der nachrichtentechnischen Ausstattung der Anlage im Frühjahr 1940 verzögerten, kam es zum endgültigen Aus für die Nutzung als »Führerhauptquartier«. Stattdessen wurde in der Eifel ab Februar 1940 eine Flakstellung der Luftverteidigungszone West (LVZ-West) zum »Führerhauptquartier Felsennest« ausgebaut und im Rahmen des beginnenden Westfeldzuges vom 10. Mai bis zum 6. Juni 1940 von Hitler genutzt. Bauten der LVZ-West waren ab 1938 geplant worden und sollten vor feindlichen Flugzeugen Schutz bieten. Die zuerst beschlossene Ausbaustufe der LVZ-West zwischen Jülich und Speyer wurde später stark erweitert und letztlich innerhalb des sogenannten Westwalls, der die westliche Außengrenze Deutschlands militärisch sichern sollte, integriert.

Da »Adlerhorst« nach dem Sieg über Frankreich und den aufgegebenen Invasionsplänen für England ab 1941 militärisch im sicheren Hinterland und fernab der Front lag, wurde er zeitweise als Genesungsheim für Soldaten der Wehrmacht genutzt.

Mit der Landung der Alliierten in der Normandie ab dem 6. Juni 1944 und dem alsbald erfolgten Vorstoß der Truppen in Richtung Deutschland kam auch dem Komplex »Adlerhorst« wieder militärische Bedeutung zu. Im Oktober 1944 richtete sich der Oberbefehlshaber West der Wehrmacht hier ein, um die deutschen Gegenmaßnahmen zu organisieren. Vom 11. Dezember 1944 bis zum 15. Januar 1945 bezog schließlich auch Adolf Hitler im Objekt Quartier, um bei der befohlenen Ardennenoffensive näher an der Front zu sein. Mit einem großen militärischen Gegenschlag sollten die westalliierten Streitkräfte vernichtend geschlagen und die Stadt Antwerpen, über dessen Hafen die westlichen Alliierten einen Großteil ihres Nachschubes organisierten, zurückerobert werden. Doch trotz eines gewaltigen Einsatzes von Menschen und Material konnte die Wehrmacht den alliierten Vormarsch nur verzögern, aber letztlich nicht aufhalten. Der Komplex wurde im Frühjahr 1945 von den vorrückenden US-Streitkräften mehrfach angegriffen und teilweise zerstört, so auch das Schloss Ziegenberg, das im März 1945 nach einem alliierten Luftangriff ausbrannte. Das gesamte Areal wurde anschließend geräumt und danach von der Bevölkerung geplündert.

Das Gelände hinter dem eigentlichen Komplex »Adlerhorst« wurde im Kalten Krieg von der Bundeswehr zum Depot ausgebaut; seit ihrem Abzug 2007 stehen Gebäude und Gelände leer und werden heute zum Verkauf angeboten. Im November 2008 beschloss das Gemeindeparlament den Abriss und die Renaturierung der gesamten Bunkeranlage, doch seit 2010 mehren sich dort auch Stimmen, die eine Konversion des 57 Hektar großen »historisch belasteten Areals« fordern und darauf einen Energiepark einrichten wollen. Eine Standortanalyse soll nun ergeben, ob und zu welchen Kosten diese Pläne umgesetzt werden können. Bis dahin ruhen die Abrisspläne.

Verbunkerte ehemalige Funkstelle auf dem Eichkopf (o.); Innenansicht des Bunkers 1 / Schlossbunker (u.), 2012

57 Hochbunker Friedberger Anlage, Frankfurt am Main

Erinnerungsstätte
Friedberger Anlage
Friedberger Anlage 5 – 6
60316 Frankfurt am Main

www.initiative-neunter-november.de

Öffnungszeiten:
Mai – Nov.: So. 11 – 14 Uhr

Hochbunker mit Gedenktafeln auf dem Vorplatz, 2012

Die am 29. August 1907 offiziell eingeweihte Synagoge an der Friedberger Anlage war mit 1600 Plätzen das größte und imposanteste jüdische Gotteshaus in Frankfurt am Main. Mit der Machtübernahme der Nationalsozialisten wurde die jüdische Bevölkerung immer offener drangsaliert und verfolgt. In der Nacht vom 9. auf den 10. November 1938 erlebte der Terror einen ersten Höhepunkt. Im ganzen Reich wurden unzählige Synagogen, Gebetshäuser und andere jüdische Einrichtungen von SA-Trupps, anderen Nazis und deren Sympathisanten niedergebrannt. So auch in Frankfurt. Da das Feuer in der Reichspogromnacht den Gebäudekomplex nicht vollständig zerstört hatte, wurden in den folgenden Tagen noch mehrfach Brände gelegt. Als die Synagoge daraufhin einsturzgefährdet war, forderte die Stadt die jüdische Gemeinde auf, das Gotteshaus auf eigene Kosten abreißen zu lassen. Eine Ungeheuerlichkeit, der sich die jüdische Gemeinde beugen musste, da längst der nationalsozialistische Unrechtsstaat herrschte. Bereits am 17. November begannen die Abbrucharbeiten, die sich bis Sommer 1939 hinzogen. Im April 1939 wurden fast alle jüdischen Grundstücke der Stadt zwangsenteignet und die Stadt Frankfurt nach der Zahlung eines Kaufpreises weit unter Wert zum Eigentümer der Liegenschaften.

Auf dem Grundstück an der Friedberger Anlage, auf dem noch wenige Jahre zuvor die Synagoge gestanden hatte, wurde ab 1942 ein massiver fünfetagiger Hochbunker errichtet, auch unter dem erzwungenen Einsatz von französischen Kriegsgefangenen. In dem 40 Meter langen, 20 Meter breiten und 16 Meter hohen Bauwerk konnten bei einem Luftangriff mehr als 3000 Zivilisten Schutz finden. Die mittelalterliche Innenstadt Frankfurts wurde im Frühjahr 1944 durch mehrere alliierte Luftangriffe vollständig zerstört. Bis Kriegsende starben bei Bombardierungen knapp 5500 Frankfurter, Zehntausende verließen die Stadt.

Direkt nach dem Zweiten Weltkrieg wurde auf dem Platz vor dem Bunker im Auftrag der amerikanischen Militärverwaltung ein kleiner Gedenkstein zu Erinnerung an die zerstörte Synagoge aufgestellt.

Der Bunker diente ab 1947 als Magazin der Stadt- und Universitätsbibliothek. Bis zum Wiederaufbau der teils stark zerstörten Frankfurter Bibliotheken lagerten hier mehr als 500000 Bücher. Ab 1968 wurde der Bunker für zwei Jahrzehnte als Möbellager genutzt.

Ab den 1980er Jahren kam in Frankfurt eine Debatte in Gang, ob die Stadt nicht den Bunker erwerben könne, um dort eine Gedenk- und Erinnerungsstätte an die zerstörte Hauptsynagoge zu bauen. Letztlich wurde nur der Platz vor dem Bunker nach Plänen der Landschaftsarchitektin Jeanette Garnhartner aus dem Jahre 1985 umgestaltet, die nach kleineren Veränderungen noch heute erhalten ist.

Mitte der 1980er Jahre stand seitens der Stadtverwaltung der Abriss des Hochbunkers oder eine Weiternutzung zur Diskussion. Die Debatte wurde 1987 beendet, als die Oberfinanzdirektion in ihrer Eigenschaft als Verwalterin der Liegenschaft entschied, den Bunker zu einer Zivilschutzeinrichtung umzubauen. Daraufhin wurde er saniert und technisch umgerüstet, so dass im Katastrophenfall 2500 Menschen Zuflucht finden können. 1988 formierte sich eine Bürgerinitiative, die »Initiative 9. November«, und forderte die Entlassung des Bauwerks aus der Zivilschutzbindung, um dort eine Gedenkstätte für die Opfer der Judenverfolgung aufzubauen. 1991 unterstützte der Magistrat der Stadt das Vorhaben, modifizierte es aber insofern, als dort nun eine allgemeinere »Gedenkstätte der Opfer des Nazi-Regimes« entstehen sollte. Doch die Bundesanstalt für Immobilienaufgaben (BIMA) als Eigentümerin der Liegenschaft, die inzwischen einer kulturellen Nutzung zugestimmt hat, blockiert noch immer die Verwirklichung dieses Vorhabens, da der von ihr geforderte Kaufpreis von 2,85 Millionen Euro weder für die Initiative noch für die Stadt Frankfurt am Main finanzierbar ist.

Obwohl die endgültige Entscheidung noch aussteht, befindet sich seit 2009 in dem Bunker eine Dauerausstellung zum jüdischen Leben im Frankfurter Ostend, die von der »Initiative 9. November« gezeigt wird. Wenn die BIMA, wie von der Bürgerinitiative gefordert, den Bunker zu einem symbolischen Kaufpreis veräußern sollte, dann ist ein umfassender Umbau zu einem Gedenk- und Erinnerungsort mit Seminar- und Veranstaltungsräumen geplant. Perspektivisch soll auch die äußere Gestalt des Hochbunkers architektonisch verändert werden.

Gedenkort (o.) und -tafel (u.) für die 1938 zerstörte Synagoge, 2012

58 SS-Befehlsbunker »Unter den Eichen«, Wiesbaden

KZ-Gedenkstätte
»Unter den Eichen«
Unter den Eichen
65195 Wiesbaden

Öffnungszeiten:
Mai – Okt.:
Sa. 14 – 16 Uhr

Ausstellungstafel (u.) im ehem. Befehlsbunker (o.), 2012

Durch die Zunahme der alliierten Luftangriffe auf Deutschland schuf man in der Nähe der besonders gefährdeten Städte Ausweichquartiere für behördliche und polizeiliche Dienststellen, um auch nach einer Zerstörung des eigentlichen Dienstsitzes arbeitsfähig zu bleiben. Dazu gehörte auch ein SS-Bunker am nördlichen Stadtrand von Wiesbaden. Dort wurde zunächst im März 1944 ein Außenlager des Konzentrationslagers Hinzert angelegt.

In Hinzert im Hunsrück war im Oktober 1939 in einem ehemaligen Reichsarbeitsdienstlager, dessen Angehörige sich am Aufbau des Westwalls (→ S. 142) beteiligt hatten, zunächst ein SS-Sonderlager eingerichtet. Am 1. Juli 1940 wurde das Lager der Inspektion der Konzentrationslager in Oranienburg unterstellt und erhielt den Status eines Konzentrationslagers. Das ursprünglich für 560 Personen ausgelegte Lager war zeitweise doppelt und dreifach überbelegt. Hauptsächlich wurden in Hinzert Personen aus den besetzten Beneluxstaaten, aber auch aus Frankreich inhaftiert, die sich den Anweisungen des NS-Regimes widersetzt oder sich aktiv am Widerstand gegen die Besatzer beteiligt hatten. Bis zum Ende des Zweiten Weltkrieges hatten rund 14 000 Menschen das Lager durchlaufen, von denen etwa 1000 aufgrund der Haftbedingungen starben,

Hauptraum der KZ-Gedenkstätte, 2012

aber auch gezielt getötet wurden. Am Standort des ehemaligen Konzentrationslagers befindet sich seit 1945/46 ein erstes Mahnmal samt Ehrenfriedhof, der 1986 um eine Gedenkstätte erweitert wurde. Das heutige Dokumentationszentrum wurde im Dezember 2005 offiziell eingeweiht.

Knapp 1000 Häftlinge des KZ Hinzert wurden ab Frühjahr 1944 in fünf einfachen Holzbaracken, die mit Stacheldrahtzaun umgeben waren, im Norden Wiesbadens untergebracht. Sie mussten auf dem angrenzenden Areal des KZ Unter den Eichen den Ausweichsitz für den Befehlshaber der Ordnungspolizei, die Bauinspektion der Waffen-SS und weitere SS-Dienststellen sowie einen dazugehörigen Bunker bauen. Zudem mussten sie teilweise auch nachts nach alliierten Luftangriffen auf die Stadt als Räumkommando ausrücken, um bei der Beseitigung der Bombenschäden zu helfen. Darüber hinaus wurden die Häftlinge in Wiesbadener Betrieben und auf weiteren Baustellen zur Zwangsarbeit eingesetzt. Die Arbeitsdauer betrug täglich – bis auf den Sonntagnachmittag – zwölf Stunden.

Bei Bombenangriffen wurden die KZ-Häftlinge mit Waffengewalt daran gehindert, innerhalb des von ihnen selbst errichteten Bunkers Unterschlupf zu finden, der an einem Berghang unterhalb des eigentlichen Ausweichquartiers lag und als bombensichere Befehlszentrale der SS diente. Während eines alliierten Luftangriffes am 18. Dezember 1944 kamen so sechs luxemburgische Häftlinge ums Leben.

In den letzten Kriegstagen konnte sich ein Großteil der Häftlinge in der Region verstecken und die Befreiung der Stadt Wiesbaden durch die US-Streitkräfte am 28. März 1945 erleben. Einige Häftlinge mussten allerdings noch bis zur Auflösung des Lagers bei der Zerstörung bzw. Verbrennung von Unterlagen der verschiedenen Behörden helfen.

1991 wurde auf Beschluss des Magistrats der hessischen Landeshauptstadt der ehemalige Befehlsbunker der SS in eine Gedenkstätte umgewandelt. Seit der feierlichen Einweihung am 9. November 1991 erinnert eine Dauerausstellung an die Zeit des Nationalsozialismus in Wiesbaden und Umgebung.

59 Regierungsbunker BRD, Bad Neuenahr-Ahrweiler

Dokumentationsstätte
Regierungsbunker
Am Silberberg
53474 Bad Neuenahr-Ahrweiler

www.regbu.de

Öffnungszeiten:
Mrz. – Nov.: Mi., Sa., So. und Feiertage 10 – 16.30 Uhr
für Gruppen auf Anfrage zusätzliche Termine möglich

Oben: Zugangsbauwerk bei Marienthal, 2012; unten: Baustelle des Regierungsbunkers, um 1966

In ehemaligen Eisenbahntunneln in der Nähe von Ahrweiler, die Anfang des 20. Jahrhunderts in den Berg gehauen worden waren, entstand zwischen 1962 und 1971 der verbunkerte »Ausweichsitz der Verfassungsorgane des Bundes im Krisen- und Verteidigungsfall«. Da die Bahnstrecke nie in den

Betrieb gegangen war, wurden bereits im Zweiten Weltkrieg die Tunnel zweckentfremdet und zunächst für die Champignonzucht und später – mit Beginn der alliierten Luftangriffe – dann auch als Unterschlupf für die Zivilbevölkerung genutzt. Mit der Verlegung der Rüstungsstandorte in den bombensicheren Untergrund wurden Zwangsarbeiter und Häftlinge des KZ-Außenlagers Rebstock hier unter widrigsten Bedingungen gezwungen, die in der NS-Propaganda als Vergeltungs- und Wunderwaffen bezeichneten Fieseler Fi-103 (V1) und die Rakete A4 (V2) zu montieren.

Nach Kriegsende gerieten die Tunnel für kurze Zeit in Vergessenheit, doch Ende der 1950er Jahre erinnerte man sich ihrer, als man auf der Suche nach einem geeigneten Ort für einen Regierungsbunker war. 1960 begann der Ausbau zu einem komplexen Bunkersystem für die Bundesregierung. In den folgenden elf Jahren wurden zwei Tunnel zu einem 17,3 Kilometer langen unterirdischen Bauwerk umgestaltet, das im Einsatzfall 3000 Personen Schutz vor atomaren, biologischen und chemischen Waffen bot. Ein Überleben und die Sicherstellung der Arbeitsfähigkeit waren auf 30 Tage ausgelegt. Der 88 000 Quadratmeter große Bunker verfügte neben umfangreichen und mehrfach vorhandenen technischen Einrichtungen über 936 Schlaf- und 897 Büroräume. Im Bunker existierten ein Film- und Tonstudio, mehrere Krankenstationen, und selbst ein Frisör sollte im Ernstfall hier arbeiten können. Neben den sonst üblichen gemeinschaftlichen Sanitäreinrichtungen wurden dem Bundeskanzler und dem Bundespräsidenten jeweils ein eigenes Bad samt Dusche respektive Badewanne zugestanden. Insgesamt hatte man im Bunkerobjekt mehr als 2000 Türen verbaut. Die Bau- und Betriebskosten beliefen sich auf schätzungsweise drei Milliarden DM; eine genaue Aufschlüsselung ist aufgrund der Geheimhaltungsstufe nicht bekannt.

Die Abschottung gegenüber der Außenwelt wurde durch eine Erdüberdeckung von bis zu 110 Metern sowie durch massive, 25 Tonnen schwere Verschlusstore an den Tunnel- bzw. Bauteilenden sichergestellt. Eine Verbindung zu den einzelnen militärischen Gefechtsständen und den Ausweichsitzen der jeweiligen Landesregierungen wurde über eine Draht- oder Funkverbindung sichergestellt. Dazu existierte in etwa 40 Kilometer Entfernung eine verbunkerte Sendestelle für den Regierungsbunker in Bad Münstereifel (→ S. 28) zur Funkübertragung. Eine Funkempfangsstelle war vor Ort untergebracht. Wie auch an anderen Standorten existierte für den Notfall eine 25 Meter hohe Papstfingerantenne, die man auch hydraulisch hätte ausfahren können.

Die Funktionsfähigkeit des Bauwerkes wurde bei kombinierten Nato-Übungen (WINTEX) alle zwei Jahre überprüft. Dann bezogen 2000 Mitarbeiter für drei Wochen die unterirdischen Anlagen, spielten die unterschiedlichen Krisenszenarien durch, probten die erforderliche Kommunikationskette und die Führung der Regierungsgeschäfte.

Aufbau und Existenz des Regierungsbunkers waren auch den Aufklärern des Ministeriums für Staatssicherheit der DDR nicht verborgen geblieben. Ein Spion der Hauptabteilung Aufklärung war während der Bauarbeiten als Handwerker im Bunker beschäftigt. 1973 wurden gar streng geheime Unterlagen der Übung »WINTEX 73« der Sowjetunion zugespielt, die so Einblicke in die strategischen Planungen der Bundesregierung bei einem bewaffneten Konflikt erhielt.

Nach der Deutschen Einheit und dem Umzug der Bundesregierung von Bonn nach Berlin wurde der Regierungsbunker ab 1997 sukzessive heruntergefahren und ab 2001 zurückgebaut. Bis 2006 erfolgten Entkernungsarbeiten nahezu der gesamten unterirdischen Anlagen, was rund 16 Millionen Euro kostete. Seit 2008 sind 203 Meter der ehemaligen Anlage als Dokumentationsstätte erhalten und können zu festen Zeiten im Rahmen von Führungen besichtigt werden.

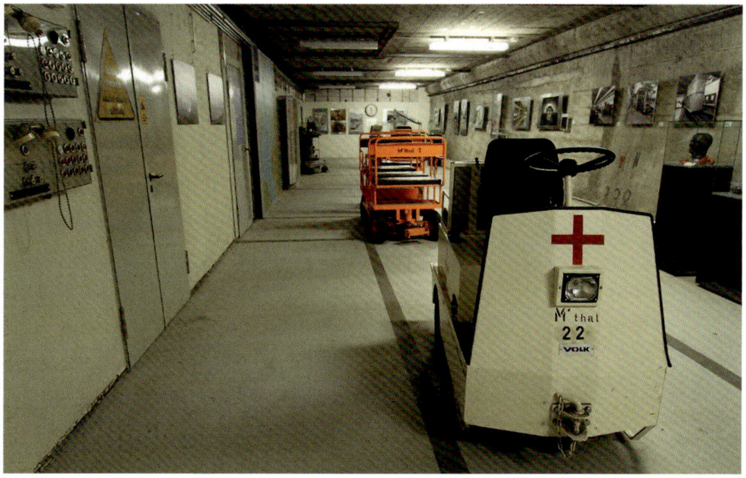

Oben: Besuchergruppe vor dem Tor des zurückgebauten Stollens, 2010; unten: Exponate in der Dokumentationsstätte, 2012

60 »Mace«-Abschussanlage, Rittersdorf

Gewerbegebiet Bildchen 1
54636 Rittersdorf

Ehem. Abschussbunker für die »Mace«-Marschflugkörper in Rittersdorf, 2010

Unmittelbar nach dem Ende des Zweiten Weltkrieges begannen die eben noch gegen Hitler und Nazi-Deutschland Verbündeten sich zu verfeinden. Der Kalte Krieg begann, der für die nächsten 40 Jahre die Weltpolitik prägen sollte. Im Zuge der wechselseitigen Bedrohung legten sich die beiden Supermächte USA und Sowjetunion immer umfangreichere Waffenarsenale zu, die sie zum Teil auf dem Territorium der beiden deutschen Staaten stationierten. Dazu gehörten auch recht bald schon Atomwaffen.

Zwischen 1962 und 1964 entstanden in Rheinland-Pfalz bei Bitburg zwei verbunkerte Abschussstellungen, die für taktische Boden-Boden-Marschflugkörper mit nuklearen Gefechtsköpfen vom Typ »Mace« konstruiert wurden. Diese Waffe geht auf die während des Zweiten Weltkrieges von den Deutschen entwickelte und auch eingesetzte Flügelbombe Fieseler Fi-103 zurück, die in der Bevölkerung durch die NS-Propaganda als Vergeltungswaffe 1 (V1) bekannt wurde.

Durch den Einsatz der Fi-103 gegen London und Antwerpen verloren Tausende Menschen ihr Leben oder wurden verletzt. Bereits während des Krieges waren den Alliierten einige nicht explodierte dieser Ferngeschosse in die Hände gefallen, die dann auf geheimen Erprobungsgeländen in den USA 1944 nachgebaut, getestet und anschließend weiterentwickelt wurden.

Anfang der 1950er Jahre standen dem US-Militär bereits mehrere Marschflugkörper vom Typ »Matador« mit einer Reichweite von anfänglich 400, dann 1000 Kilometern zur Verfügung, die ebenfalls schon mit einem nuklearen Gefechtskopf ausgerüstet waren. 1956 wurde sie durch den Marschflugkörper »Mace« abgelöst, der mit einem intelligenten Leitsystem ausgestattet war und eine Reichweite von mehr als 2000 Kilometern hatte. Wie ihr Vorgänger konnte auch die »Mace« von mobilen Abschussrampen oder eigens errichteten Bunkeranlagen gestartet werden.

Neben vier baugleichen Standorten auf der japanischen Insel Okinawa sollten auch vier Bunkerkomplexe auf dem Gebiet der Bundesrepublik errichtet werden. Letztlich kam es nur zum Bau von zwei

Anlagen, weil die US-Militärstrategen zusehends Abstand von fest verbunkerten Standorten für das Waffensystem nahmen, da diese ein leichtes Ziel für feindliche Angriffe boten.

An den beiden Standorten bei Rittersdorf (Site VII) und Idenheim (Site VIII) wurden zu Beginn der 1960er Jahre jeweils acht Marschflugkörper in Schussrichtung DDR und Osteuropa untergebracht. Nur fünf Jahre später wurden die Abschussbunker außer Dienst gestellt, da die ab 1969 im Einsatz befindliche und modernere Pershing-Rakete besser zu den unterschiedlichsten militärischen Szenarien des westlichen Verteidigungsbündnisses passte. Statt der Abschussrampen wurde in den 1980er Jahren im Rahmen des Nato-Doppelbeschlusses ein modernes Schutzbauwerk errichtet, das bis zur Verringerung der US-Streitkräfte in Deutschland genutzt wurde. Das Areal lag anschließend einige Jahre brach und wurde 2000 an ein privates Bauunternehmen verkauft.

Die Bunker stehen immer noch leer, und die Liegenschaft wird als Bauhof genutzt.

Verrottet: Startkonsolen im ehem. Führungsbunker (o.), Blick in die Startstellung des Marschflugkörpers (u.), 2010

61 Festungswerk Gerstfeldhöhe, Pirmasens

Westwallmuseum Pirmasens
In der Litzelbach
66955 Pirmasens

www.westwall-museum.de

Öffnungszeiten:
Apr. – Nov.: Sa. / So. 13 – 17 Uhr

Zugang zum Museum (o.) und ausgestellte Militärtechnik (u.), 2010

Als »Westwall« wird ein etwa 630 Kilometer langes militärisches Verteidigungssystem bezeichnet, das von der niederländischen Grenze im Norden bis an die Schweizer Grenze im Süden reichte und mit mehr als 2000 Bunkern, Kampfständen, Stollenanlagen, Panzersperren und Gräben die westliche Außengrenze Deutschlands militärisch sichern sollte.

Südlich von Pirmasens, im heutigen Ortsteil Niedersimten, wurde ab 1938 ein komplexes Festungswerk unter der Bezeichnung »Gerstfeldhöhe« errichtet. Als eine der größten zusammenhängenden Anlagen des Westwalls war ein 14 Kilometer langes unterirdisches System projektiert, in dem neben Kampf- und Verteidigungsständen auch Munitionsdepots, technische Betriebsräume, ein eigenes Militärlazarett und eine unterirdische Kaserne für 800 Mann Platz finden sollten. Eine eigene Schmalspurbahn samt unterirdischen Bahnhöfen hätte den Material- und Personentransport innerhalb der Anlage erleichtert. Der Nachschub von Versorgungsgütern oder Munition wäre über Lastwagen erfolgt, die in den Berg eingefahren wären.

Nach dem im Sommer 1940 abgeschlossenen Westfeldzug, bei dem die Truppen der Wehrmacht die Niederlande, Belgien, Luxemburg und Teile Frankreich besetzten, wurden die Bauarbeiten am

Nicht fertiggestellter Stollen des geplanten Festungswerks, 2010

Westwall eingestellt, da er nun im Hinterland lag und damit militärisch nicht mehr notwendig war. Arbeiter und Ressourcen wurden nun unter anderem bei der Absicherung der neu geschaffenen Außengrenzen der besetzten Länder an der Atlantik- und der Nordseeküste eingesetzt (Atlantikwall, → S. 182). Bis zu diesem Zeitpunkt waren etwa fünf Kilometer an Hohlgängen und zahlreiche oberirdische Kampfanlagen fertiggestellt.

Mit der Landung der Alliierten in der Normandie im Sommer 1944 wurden auch die Bauarbeiten am Westwall teilweise wieder aufgenommen. So wurde der Komplex bei Pirmasens zu einem militärischen Gefechtsstand umgebaut. In den Stollenanlagen fanden bei Luftangriffen auch Zivilisten Zuflucht.

Nach dem Sieg über den Nationalsozialismus wurde Deutschland von den Alliierten besetzt, seine Außengrenzen neu festgelegt und sein verbliebenes Territorium in verschiedene Besatzungszonen aufgeteilt. Ostdeutschland wurde – bis auf West-Berlin – Sowjetische Besatzungszone, aus der dann später die Deutsche Demokratische Republik (DDR) hervorging. Westdeutschland wurde vornehmlich von den USA, Großbritannien und Frankreich besetzt. Ihre Streitkräfte bezogen vor allem bereits vorhandene und noch nicht zerstörte oder wiederaufgebaute Standorte der Wehrmacht. So wurde auch das unfertige Festungswerk »Gerstfeldhöhe« nach dem Krieg in ein Depot für Fahrzeugersatzteile der US-Streitkräfte umgewandelt.

Durch die Reduzierung der Streitkräfte nach dem Zusammenbruch der Sowjetunion und dem damit einhergehenden Wegfall einer militärischen Bedrohung durch die Streitkräfte der Warschauer-Pakt-Staaten wurde der Standort in Pirmasens 1991 aufgegeben und geschlossen.

Heute befindet sich in einem Teil der Anlage ein Museum. Auf einer knapp einen Kilometer langen Militärausstellung wird der Zweite Weltkrieg und der Bunkerbau thematisiert und die Anlage als Mahnmal gegen den Krieg von einem Verein in Zusammenarbeit mit der Stadt Pirmasens betrieben. In den Sommermonaten ist die Ausstellung an den Wochenenden geöffnet.

62 Kommandozentrale der US Army, Kindsbach

Am Wingertshübel
66862 Kindsbach

Führungen:
auf Anfrage möglich

Hauptflur (o.) und kleiner Führungsraum (u.) der ehem. Kommandozentrale, 2012

In der südlich der Stadt Kindsbach am Rande des Pfälzer Walds gelegenen Region wurde in den 1920er Jahren der oberirdische Abbau von Formsand zu Gießereizwecken betrieben. In den NS-Zeit errichtete die Wehrmacht zwischen 1937 und 1940 dort für 1,5 Millionen Reichsmark eine unterirdische Bunkeranlage, die aus drei je 140 Meter langen, vier Meter hohen und fünf Meter breiten Stollen bestand. Bevor sie in der ersten Jahreshälfte 1944 als Gefechtsstand des Oberbefehlshabers West der Wehrmacht diente, lagerte in den Stollen Munition für Flugabwehrgeschütze. Für den Gefechtsstand wurde im hinteren Bereich ein dreigeschossiges Bauteil eingeschoben. In einigen Tunnelabschnitten durfte auch die lokale Bevölkerung bei alliierten Luftangriffen Zuflucht suchen.

Mit Ende des Zweiten Weltkrieges besetzten französische Einheiten die Bunkeranlagen und unterhielten dort bis 1949 ebenfalls ein Munitionsdepot. Von einer zunächst geplanten Sprengung der Anlage im Jahr 1947 sah man schließlich aus zwei Gründen ab: Zum einen versorgte der im Bunker existierende Tiefbrunnen Teile der Stadt mit Trinkwasser; zum anderen spitzte sich der Konflikt mit der Sowjetunion allmählich zu, so dass man nicht voreilig eventuell noch benötigte militärische Einrichtungen zerstören wollte.

1951 übernahmen US-Streitkräfte den Bunker und modernisierten ihn für 1,2 Millionen DM. Am

15. August 1954 erfolgte die Indienststellung als Gefechtsstand für den nahen Flugplatz Ramstein. Nach zehn Jahren beschloss man weitere Umbaumaßnahmen, bei denen für 3,8 Millionen DM zwei unterirdische bombensichere Stahlbetongewölbe im vorderen Bereich des Bunkers nachgerüstet wurden. War die aktuelle Luftlage in dem zu überwachenden Bereich in Zentraleuropa bis zur Inbetriebnahme der beiden Gewölbe noch umständlich über zahlreiche Fernschreib- oder Telefonverbindungen und einer anschließenden manuellen Auswertung zusammengefasst worden, so läutete die Modernisierung Anfang der 1960er Jahre eine neue Ära der Luftraumüberwachung ein. Das von der Firma General Electric entwickelte »Automated Weapon Control System (AWCS) 412L« wurde 1963/64 im Kindsbacher Bunker installiert. An diesem System waren zahlreiche Radar- und Überwachungseinrichtungen direkt angeschlossen, deren Informationen sofort und automatisch auf einer Luftlagekarte eingeblendet wurden. Die technischen Systeme waren mit anderen Gefechtsständen in Westeuropa, aber auch direkt mit dem US-amerikanischen Verteidigungsministerium verbunden. Ende der 1960er Jahre arbeiteten bis zu 200 Soldaten rund um die Uhr im Bauwerk. Mit der Fertigstellung eines neuen und moderneren Schutzbauwerkes bei Ruppertsweiler wurde Mitte der 1980er Jahre die Anlage in Kindsbach sukzessive heruntergefahren.

In der Bundesrepublik Deutschland und in vielen Ländern Westeuropas demonstrierten ab den frühen 1960er Jahren Friedensaktivisten und Ostermarschierer für eine atomwaffenfreie Republik und letztlich für eine atomwaffenfreie Welt. Als Ende der 1970er, Anfang der 1980er Jahre die Stationierung einer neuen Generation von Mittelstreckenraketen mit atomaren Gefechtsköpfen bevorstand, formierte sich eine neue Friedensbewegung, die dies unter anderem mit Blockaden von Militäranlagen zu verhindern suchte. Auch vor der Zufahrt zur US-Kommandozentrale in Kindsbach demonstrierten etwa 250 Kriegsgegner gegen einen möglichen atomaren Dritten Weltkrieg im Juni 1981 und blockierten die Zufahrt zur militärischen Liegenschaft. Neben solchen Sitzblockaden, Menschenketten und Kampagnen gegen die deutschen Rüstungsexporte fanden auch Großdemonstrationen statt, wie zum Beispiel am 10. Juni 1982 in Bonn, als US-Präsident Ronald Reagan auf Staatsbesuch war. Bei solchen Anlässen gingen Hunderttausende Demonstranten auf die Straße, um sich aktiv für den Frieden einzusetzen.

Nach dem Ende des Kalten Krieges wurde die Anlage in Kindsbach am 31. Oktober 1993 an die Eigentümer des Grundstückes übergeben, das bis zu diesem Zeitpunkt vom Bundesfinanzministerium in Erbpacht bewirtschaftet worden war. Der oberirdische militärische Bereich wurde bis auf die Zugänge zum Bunkersystem zurückgebaut, das – obwohl sich mittlerweile darüber eine Reihenhaussiedlung befindet – auf Anfrage besichtigt werden kann.

Techniktrakt (o.) und ehem. Wache (u.), 2012

63 Giftgasdepot der US Army, Clausen

An den Drei Eichen
66978 Clausen

Innen- und Außenansicht (o.) des ehem. Lagerbunkers, 2012

Für das Waffenarsenal der verfeindeten Besatzungsmächte auf deutschem Boden entstanden in beiden deutschen Staaten auch Depots zur Lagerung von Massenvernichtungswaffen. Als sogenannte Sonderwaffenlager befanden sich diese Standorte zumeist in Wäldern und entlegenen Gebieten. Mit Sonderwaffen waren vornehmlich Atomwaffen, aber auch chemische Waffen gemeint. Letztere lagerten auch auf dem Gebiet der Bundesrepublik, nicht aber – wenigstens sofern bislang bekannt – auf dem Gebiet der DDR.

Im Wald zwischen Clausen und Leimen wurde 1961 ein konventionelles Munitionslager der US-Streitkräfte in Betrieb genommen, das man schon wenige Jahre später unter größter Geheimhaltung in ein Giftgasdepot umwandelte – dem vermeintlich einzigen in Westdeutschland. Auf etwa 20 Hektar waren ab 1967 in 15 verbunkerten und erdüberdeckten Lagerhallen Granaten gelagert, die mit Giftgas gefüllt waren, hauptsächlich mit den tödlich wirkenden Nervengiften VX und Sarin. Insgesamt 400 Tonnen Giftgas.

Das Gelände war mit zahlreichen Sicherungselementen versehen: mit einer mehrfach gesicherten Zaunanlage samt Kiesstreifen, Zufahrtssperren, einem Kommando- und Kontrollturm und mehreren Überwachungsbunkern, die über das ganze Gelände verteilt waren. Mannschaften der »59th Ordnance Brigade« sorgten für die Kontrolle, Wartung und

Wachturm im früheren Sperrgebiet, 2012

Bewachung der Einrichtung. Diese Einheit war dem US-Hauptquartier in Heidelberg direkt unterstellt.

In den 1980er Jahren forderten westdeutsche Friedensaktivisten den Abzug der Massenvernichtungswaffen. Das betraf auch die chemischen Waffen, deren Existenz man aber lange Zeit im nahen Depot bei Fischbach vermutete.

Bereits 1986 – also noch vor der Deutschen Einheit – vereinbarten US-Präsident Ronald Reagan und Bundeskanzler Helmut Kohl am Rande des Weltwirtschaftsgipfels in Tokio den Abtransport der auf deutschem Boden gelagerten Chemiewaffen. Im September 1990 war es dann so weit: 102 000 Giftgasgranaten wurden in der »Aktion Lindwurm« abtransportiert. Unter größten Sicherheitsvorkehrungen und unter Beteiligung der US-Streitkräfte, der deutschen Polizei, des Bundesgrenzschutzes, des Katastrophenschutzes, der Feuerwehr und der Bundeswehr brachte man die Munition mit Lastwagen im Schritttempo aus dem Lager. Aus Angst vor Anschlägen hatte man den Luftraum gesperrt und Boden-Luft-Raketen vom Typ »Roland« in Stellung gebracht. Die vier Wochen dauernde Aktion mit einem Konvoi von 20 Sattelschleppern und 59 Begleitfahrzeugen kostete die US-Streitkräfte 53 Millionen US-Dollar und die Deutschen 38 Millionen DM.

Im US-Depot Miesau angekommen, wurden die in 560 Großcontainern verladenen Granaten mit der Eisenbahn zum niedersächsischen Hafen Nordenham weitertransportiert und von dort über den Seeweg mit zwei US-Militärfrachtschiffen zum Johnston-Atoll überführt. Auf dem US-amerikanischen Test- und Waffengelände im Pazifik fanden ab den 1960er Jahren Atombombentests statt. Bis zum Jahr 2000 wurden dort darüber hinaus Unmengen an biologischen und chemischen Waffen vernichtet, indem das Giftgas aus den Granaten abgesaugt und in Öfen bei 1100 Grad Celsius verbrannt wurde.

Im Rahmen der Chemiewaffenkonvention von 1997 wurden sowohl die Abrüstung und Vernichtung der bestehenden Waffen beschlossen als auch die Entwicklung, Herstellung, Lagerung und vor allem der Einsatz solcher Waffen verboten. Bisher haben 188 Länder das Abkommen ratifiziert. Sechs Staaten verweigern jedoch bislang die Unterschrift unter das Abkommen: Syrien, Ägypten, Somalia, Nordkorea, Angola und Südsudan.

Das ehemalige Giftgasdepot im Wald bei Clausen stand einige Jahre lang leer, bis 2012 die Umwelttechnik dort einzog: Ein kommunaler Solarpark versorgt seitdem von dort aus 600 Haushalte mit Elektrizität.

Abtransport der Sonderwaffen, 1990

64 Grundnetzschalt- und Vermittlungsstelle 44, Sankt Martin

Einlaubstraße
67487 Sankt Martin

Führungen:
Termine über das Tourismusbüro in Sankt Martin

Querstollen (o.) und Tunnelmund (u.) des Bunkers, 2012

Um im Kriegsfall auch nach der Zerstörung des zivilen Nachrichtennetzes arbeitsfähig zu bleiben, beschloss die deutsche Bundesregierung 1957/58 die Errichtung und den Betrieb eines sicheren und unabhängigen militärischen Fernmeldenetzes. Ab

1961 entstanden daraufhin im gesamten Bundesgebiet 32 jeweils 50 bis 100 Kilometer voneinander entfernte atombombensichere Grundnetzschalt- und Vermittlungsstellen der Bundeswehr (GSVBw). Dabei war ein Fernmeldeknoten immer mit mindestens drei weiteren Anlagen des Systems verbunden. Von den 32 Standorten sollten aus Sicherheitsgründen zwei in Stollenanlagen und die restlichen mit typisierten Bunkern ausgestattet werden, wie zum Beispiel die GSVBw 22 in Drangstedt (→ S. 40).

Eines der beiden Stollensysteme sollte im Wald am westlichen Ende von Sankt Martin angelegt werden. 1963 erfolgten daher in der südpfälzischen Stadt die ersten Erkundungsarbeiten durch das Geologische Landesamt. Im Jahr darauf begann eine Tunnelbaufirma aus Baden-Baden mit den Bauarbeiten. Dabei wurden rund 1200 Meter Stollen aufgefahren und 30 500 Kubikmeter Buntsandstein abtransportiert, die man andernorts für den Bau eines Parkplatzes und einer Sportanlage nutzte.

1967 begann man mit dem Innenausbau der sechs Meter breiten und sechs Meter hohen Stollen.

Eine Bergbaufirma aus dem Ruhrgebiet sollte die 3000 Quadratmeter Grundfläche einrichten, doch über eine Stabilisierung der Stollenwände mit einer Mischung aus Spritzbeton und Glasfasern sowie die Betonierung der Sole kam man nicht hinaus. Als man die Bauarbeiten 1972 aus Kostengründen einstellte, hatte man bereits acht Millionen DM verbaut, einen 58 Meter tiefen Stollen für die unabhängige Wassergewinnung gegraben und einen 111 Meter langen waagerechten Stollen mit entsprechenden Filterrohren ausgestattet. Dieses unterirdische Reservoir, mit einem Fassungsvermögen von 1400 Kubikmetern Wasser, wurde auch nach Stilllegung der Anlage genutzt: für Tauchausflüge und zu Ausbildungszwecken (bis zu einem tödlichen Unfall im Jahr 2001) und zur Versorgung der umliegenden Weinberge in trockenen Sommermonaten.

Heute kann die Anlage im Sommer an festen Terminen über das Tourismusbüro Sankt Martin besichtigt werden. Seit einigen Jahren finden in dem unterirdischen Stollensystem auch öffentliche Verkostungen von Wein mit der sogenannten Jungweinprobe statt.

Das Relikt des Kalten Krieges dient heute unterschiedlichen Fledermausarten als Winterquartier. Viele Stollenanlagen sind aufgrund der gleichbleibenden Temperatur und der zumeist hohen Luftfeuchtigkeit ideale Zufluchtsstätten für diese Tiere.

Heutiger Zustand: verschlossener Zugang (o.), Öffnung des Brunnenschachtes (u. l.) und Hauptstollen (u. r.), 2012

65 B-Werk, Besseringen

B-Werk
Trierer Straße
66663 Merzig-Besseringen

Öffnungszeiten:
Apr. – Sept.: Sonn- und Feiertage 14 – 18 Uhr

Bunker 20, Dillingen
Annastraße Ecke Wilhelmstraße
66763 Dillingen / Saar

www.bunker20.de

Öffnungszeiten:
Jeden 1. und 3. Sonntag im Monat 14 – 18 Uhr

Panzerkuppeln (o.) und Rückseite des ehem. B-Werkes, 2012

Ein 630 Kilometer langes militärisches Verteidigungssystem, das mehr als 20 000 Bunker, Kampfstände, Stollenanlagen, Panzersperren und Gräben umfasste, sollte die Westgrenze Deutschlands sichern. Etwa 17 000 Objekte wurden davon tatsächlich gebaut; die Bauarbeiten verschlangen unter anderem 20,5 Millionen Tonnen Sand und Kies, acht Millionen Tonnen Zement und etwa 1,1 Millionen Tonnen Stahl. Die ab 1936 geplanten und anschließend errichteten Festungsabschnitte wurden 1939 unter dem Begriff »Westwall« zusammengefasst. Durch eine anschließende Standardisierung der sogenannten Regelbauten konnte der fortgesetzte Ausbau durch die Organisation Todt effektiver fortgeführt werden.

Mit der Besetzung der Beneluxstaaten und dem Sieg über Frankreich im Sommer 1940 wurden die Bauarbeiten zugunsten anderer Bauprogramme eingestellt. Erst nach der Landung der Alliierten in Nordfrankreich ab dem 6. Juni 1944 und ihrem Vormarsch auf Deutschland ordnete Adolf Hitler am 24. August 1944 die Wiederaufnahme der Bauarbeiten an, die mehr als 20 000 Zwangsarbeiter und KZ-Häftlinge sowie Angehörige des Reichsarbeitsdienstes unter ständigen Luftangriffen der Alliierten leisten mussten. Doch auch dies konnte den Untergang des NS-Regimes nicht aufhalten. Im Herbst und Winter 1944/45 wurde der Westwall an mehreren Stellen von den alliierten Truppen überwunden.

In der Nähe des heutigen Kreisverkehrs am Gewerbegebiet in Besseringen hatte man 1938/39 eines von 32 geplanten B-Werken errichtet. Diese etwa 25 Meter langen und 18 Meter breiten Kampfbunker waren die größten und am stärksten gesicherten Elemente des Westwalls. Etwa 90 Soldaten hätten dort mit ihren Vorräten bis zu vier Wochen ausharren und einen Angriff bekämpfen können. Auf drei Etagen waren die technischen Einrichtungen für einen autarken Betrieb in insgesamt 44 Räumen untergebracht. Der Bunker in Besseringen wurde jedoch am 15. März 1945 kampflos aufgegeben. Wenige Tage später besetzten US-amerikanische Truppen das B-Werk. Bei einem verheerenden Unglück sind im Jahr 1947 zwei junge Männer beim unsachgemäßen Hantieren mit Munition innerhalb des Bunkers ums Leben gekommen. Das Bauwerk blieb von einer Sprengung verschont und wurde ab 1997 sukzessive der Öffentlichkeit zugänglich gemacht. Die originale Bausubstanz oberhalb des Bunkers mit allen Beobachtungs- und den massiven, bis zu 49 Tonnen schweren Waffenkuppeln sind erhalten.

Heute steht die Bunkeranlage unter Denkmalschutz und soll als Zeugnis des Krieges als Mahnmal erhalten bleiben. In den Sommermonaten kann das Bauwerk immer sonntags besichtigt werden.

Zugang zum ehem. MG-Stand des Panzerwerkes im Bunker 20, 2012

Bunker 20, Dillingen

Nach dem Zweiten Weltkrieg wurden zahlreiche Bauwerke des Westwalls gesprengt oder abgetragen, um sie so aus der öffentlichen Wahrnehmung zu entfernen. Knapp 60 Jahre nach Ende des Krieges setzte sukzessive ein Umdenken in der Wissenschaft und in der Denkmalpflege ein. Sie dienen heute vielerorts als Mahnmale, die den Schrecken des Krieges besser als jedes Lehrbuch veranschaulichen können und so für die nachwachsenden Generationen als Lernort geeignet sind – ganz abgesehen davon, dass viele Fledermauspopulationen und andere bedrohte Tierarten in den Bunkern Quartier bezogen haben.

Nachdem in den letzten Jahren der Denkmalwert der Westwall-Anlagen erkannt worden ist, können heute viele weitere Bauwerke des Westwalls besichtigt werden. So etwa in Dillingen ein Regelbau für zwölf Personen samt einem Sechsschartenturm, dessen Besatzung 1944 – anders als die deutschen Soldaten in Besseringen – in Kampfhandlungen verwickelt war. Nach dem Zweiten Weltkrieg hatte der Bunker zunächst als illegale Müllkippe gedient; seit seiner Entrümpelung im Jahr 2005 wird er in einen möglichst originalen Zustand versetzt, um den Rüstungswahnsinn des Zweiten Weltkrieges anhand eines baulichen Reliktes zu veranschaulichen.

66 Untertageanlage Neckarzimmern

Materiallager Neckarzimmern
Luttenbachtalstr. 30
74865 Neckarzimmern

KZ-Gedenkstätte Neckarelz
Mosbacher Str. 39
74821 Mosbach-Neckarelz
Clemens-Brentano-Schule

www.kz-denk-neckarelz.de

Öffnungszeiten:
So. 14 – 17 Uhr

Stollensystem der heutigen Untertage-anlage, 2012

Bereits im 18. Jahrhundert wurde in den Bergen von Neckarzimmern Kalkspat unterirdisch abgebaut, ein Jahrhundert später folgte der Abbau von Gipsvorkommen. Zu Beginn des 20. Jahrhunderts gelang es der Badischen Anilin- & Soda-Fabrik (BASF), im Haber-Bosch-Verfahren Ammoniak aus Gips zu gewinnen, das als Grundlage der Dünge- und Sprengstoffindustrie diente. Für das 1913 eröffnete Großwerk der BASF in Ludwigshafen lieferten die Stollen ab 1914 in der Hochzeit täglich etwa 500 Eisenbahnwaggons voll Gips. In den Stollen wurden bereits während des Ersten Weltkrieges Kriegsgefangene eingesetzt. Aufgrund veränderter Verfahren benötigte man Ende der 1920er Jahre keinen Gips mehr für die Herstellung von Ammoniak, so dass der Betrieb in Neckarzimmern 1929 eingestellt wurde.

Die Nationalsozialisten wollten die Stollen zu einem unterirdischen Munitionsdepot umbauen lassen, doch konnten die Bauarbeiten wegen rechtlicher Auseinandersetzungen mit der Familie, die Eigentümer des Berges war, erst ab 1942 beginnen, nachdem den Eigentümern eine jährliche Entschädigungszahlung von 1000 Reichsmark und einer Beteiligung an den Einnahmen aus dem wieder aufgenommenen Gipsabbau für den Ausbau der unterirdischen Stollen zugesagt worden war.

Die nach militärischem Vorbild aufgebaute Organisation Todt, die ab 1940 direkt dem Reichsminister für Bewaffnung und Munition unterstand, sollte den umfassenden Ausbau der Anlage unter der Tarnbezeichnung »Baubetrieb Neustadt« durchführen. Durch die Zunahme der Luftangriffe auf Deutschland erfolgte eine Verlagerung von Industrie- und Rüstungsunternehmen in den bombensicheren Untergrund. Daher wurde auch das noch nicht fertiggestellte unterirdische Lager in Neckarzimmern ab Mai 1944 in Teilen zur Fabrikationsstätte für Rollen- und Kugellager umgebaut; die Produktion konnte im September beginnen, nachdem entsprechende Fabrikationsanlagen aus dem Schweinfurter Mutterunternehmen herbeigeschafft worden waren. Sowohl für den weiteren Ausbau der Stollen als auch in der Produktion in der unterirdischen Rüstungsfabrik wurden etwa 800 Zwangsarbeiter aus dem nahen KZ-Außenlager Neckarelz des Stammlagers Natzweiler-Struthof eingesetzt.

Mit Ende des Zweiten Weltkriegs wurden die Stollenzugänge von der Wehrmacht gesprengt. Die Alliierten ließen die Anlage wieder öffnen und wiesen die Demontage der Fabrikationsanlagen und ihren Rücktransport an den ursprünglichen Standort nach Schweinfurt an. Kurze Zeit später wurde für einige Jahre wieder Gips abgebaut.

1953 inspizierten Vertreter der US Army erstmalig das Stollensystem, um zu sehen, ob sich die Anlage als Depot eigne. Doch erst 1957/58 schloss die Bundesrepublik Deutschland einen Mietvertrag mit der Eigentümerfamilie: Die ehemaligen Gipsstollen wurden daraufhin zu einem unterirdischen Großdepot der 1955 gegründeten Bundeswehr umgebaut, in dem gegenwärtig rund 11000 Artikelgruppen lagern. Heute werden mehr als 40 Kilometer Straßen- und Schienenwege und etwa 170000 Quadratmeter Fläche (das entspricht der Größe von 25 Fußballfeldern) unter anderem als Depot, Instandsetzungswerft der Luftwaffe und als unterirdisches Rechenzentrum genutzt.

Seit 1998 besteht eine Gedenkstätte in der Mosbacher Straße 39 in Mosbach-Neckarelz am Ort des ehemaligen KZ-Barackenlagers, die an die im Zweiten Weltkrieg hier eingesetzten und ums Leben gekommenen Zwangsarbeiter erinnert. Deren Zahl ist bis heute nicht genau zu bestimmen, aktuelle Schätzungen gehen von 300 bis 500 Todesopfern aus. Die Gedenkstätte bezog 2011 ein neues Gedenkstätten-Gebäude.

Versammlungsraum und Hochregallager (hinten), 2012

67 Luftschutzturm der Bauart »Winkel«, Stuttgart-Feuerbach

Winkel-Turm
Winer Platz 5
70469 Stuttgart

www.schutzbauten-stuttgart.de

Öffnungszeiten:
Febr. – Nov.:
jeden letzten Sonntag im Monat
14.30 – 16 Uhr

»Winkelturm« in Stuttgart-Feuerbach (o.); Informationstafel und Lüftungsöffnung (u.), 2012

Nach dem Überfall der deutschen Wehrmacht auf Polen und ihrem Einmarsch in Frankreich setzten die alliierten Streitkräfte ab Mai 1940 bei ihren Luftangriffen zuerst auf strategische Bombardierungen von Zielen – zum Beispiel Verkehrsknotenpunkte, Rüstungs- oder Militärstandorte –, um die deutsche Kriegswirtschaft zu schwächen oder zum Erliegen zu bringen. Ab 1942 begannen die Alliierten mit Flächenbombardements auf deutsche Städte, bei denen Hunderte von Bombern eingesetzt wurden, um die Moral der deutschen Bevölkerung zu brechen und ihre Unterstützung gegenüber dem NS-Regime zu schwächen – wie sich zeigen sollte, ohne Erfolg.

Auch Stuttgart war immer wieder Ziel der alliierten Bomberstaffeln: zwischen dem ersten Angriff am 25. August 1940 und dem letzten am 19. April 1945 mehr als 50 Mal. Der folgenreichste Angriff auf die Stadt erfolgte am 12. September 1944. Eine Kombination aus 75 schweren Luftminen, knapp 4000 Sprengbomben und 180 000 Brandbomben entfachte ab etwa 23.00 Uhr – ähnlich wie in Hamburg – einen Feuersturm, der ein knapp fünf Quadratkilometer großes Stadtgebiet im Stuttgarter Talkessel nahezu vollständig zerstörte. Bei einem Großangriff im September 1944 verloren etwa 1000 Stuttgarter ihr Leben, bis zum Kriegsende waren es nach amtlichen Angaben 4562 Menschen, darunter auch etwa 770 Zwangsarbeiter, die vornehmlich in Rüstungsunternehmen eingesetzt waren und denen der Zugang zu Schutzeinrichtungen in der Regel verwehrt war. Ende April 1945 waren rund drei Viertel der Wohnräume und der Industriebetriebe in Stuttgart zerstört.

Mit dem sogenannten »Führer-Sofortprogramm« reagierte die NS-Führung im Herbst 1940 auf die Luftangriffe und ordnete den massenhaften Bau von Luftschutzeinrichtungen für die Zivilbevölkerung an. Der Befehl wurde am 10. Oktober 1940 erlassen und löste hektische Betriebsamkeit in der Reichshauptstadt Berlin und etwa 60 weiteren Städten aus, die in Luftschutzorte erster Ordnung eingestuft wurden. Deutschlandweit wurden nun überall Keller und vorhandene bauliche Hohlräume, die sich dafür eigneten, luftschutzgerecht ausgebaut oder neue freistehende Hoch- und Tiefbunker errichtet.

Die Nationalsozialisten hatten schon unmittelbar nach ihrer Machtübernahme 1933 Neubauten öffentlicher Gebäude mit Luftschutzeinrichtungen versehen lassen und die Bevölkerung in den folgenden Jahren für dieses Thema sensibilisiert. Ab Mitte der 1930er Jahre wurden verschiedene Luftschutztypenbauten entwickelt. Der Architekt Leo Winkel ließ sich 1938 einen Luftschutzturm in Gestalt eines Zuckerhutes patentieren. Dieser sogenannte Winkelturm wurde bis zum Ende des Zweiten Weltkrieges etwa 200 Mal in Deutschland gebaut, darunter auch vier Mal in Stuttgart.

Ein »Winkelturm« entstand in den Jahren 1939/40 für die Reisenden am Bahnhof Feuerbach, der 300 Personen Schutz bei Luftangriffen bot. Nach dem Zweiten Weltkrieg wurden die technischen Einrichtungen modernisiert, und das Bauwerk wurde in die Zivilschutzbindung der Bundesrepublik Deutschland übernommen. Seit 1996 steht der Bunker unter Denkmalschutz und kann im Rahmen von Führungen durch den Verein »Schutzbauten Stuttgart e. V.« besucht werden. Wie die meisten anderen öffentlichen Zivilschutzanlagen wurde auch dieses Bauwerk aufgrund des Wegfalls der Blockkonfrontation im nunmehr vereinten Deutschland nicht mehr gebraucht und 2008 aus Kostengründen aus dieser Bindung entlassen.

Hochbunker Pragsattel, 2012

68 Regierungsbunker Baden-Württemberg, Oberreichenbach

COMback GmbH
Jägerhaus
75394 Oberreichenbach

www.comback.de

Zugang zum früheren Regierungsbunker, 2012

Unmittelbar nach Ende des Zweiten Weltkrieges und dem Sieg über den Nationalsozialismus begann eine neue Auseinandersetzung zwischen den gerade noch verbündeten Siegermächten, welche die Welt in den kommenden vier Jahrzehnten mehr als einmal an die Schwelle eines Dritten Weltkrieges führte, der dann wohl mit atomaren Waffen ausgetragen worden wäre. Jedenfalls begannen sich die Protagonisten des Kalten Krieges – die USA und die Sowjetunion – für den Ernstfall zu rüsten. Dazu gehörte zum einen, sich mit Gleichgesinnten in einem Militärbündnis zu organisieren – 1949 in der Nato bzw. 1955 im Warschauer Pakt –, dazu gehörten zum anderen die Produktion und Weiterentwicklung der bis dato schrecklichsten Waffen: der Atomwaffen.

Bis zur Entwicklung der ersten Mittelstreckenraketen nutzten die beiden verfeindeten Mächte nach dem Zweiten Weltkrieg jeweils Langstreckenbomber als Trägermittel für Nuklearwaffen. Mit der Stationierung der ersten sowjetischen atomaren Mittelstreckenraketen des Typs R5 in der DDR im Jahr 1958 setzte eine Spirale des Wettrüstens mit Atomwaffen ein. Gleichzeitig wurden die Vorwarnzeiten aufgrund der gesteigerten Reichweiten der Raketen extrem verkürzt.

Auf die Stationierung amerikanischer nuklearwaffenfähiger Mittelstreckenraketen im Jahr 1959 in der Türkei folgte die Stationierung sowjetischer Mittelstreckenraketen auf Kuba 1962, quasi vor den Toren Amerikas. Als die US-Luftaufklärung die Waffensysteme auf der Karibikinsel entdeckte, verhängte der US-amerikanische Präsident John F. Kennedy eine Seeblockade über Kuba und drohte mit einem Nuklearschlag, sollten die sowjetischen Frachtschiffe, die sich auf dem Weg nach Kuba befanden, nicht abdrehen. Einige Tage lang hielt die Welt den Atem an, bevor es auf diplomatischem Weg gelang, die Schiffe in letzter Sekunde zu stoppen.

Vor dem Hintergrund solcher Erfahrungen begannen in der Bundesrepublik Deutschland Planungen für den Bau von sicheren Orten für das Militär, den Verwaltungsapparat und später dann auch für die Bevölkerung. Für die Vertreter und Organe der Bundesregierung entstand in einem ehemali-

Hauptflur und Treppenhaus, 2012

gen Eisenbahntunnel ein Regierungsbunker in der Nähe von Bad Neuenahr-Ahrweiler (→ S. 138). Für die Landesregierungen wurden ebenfalls in ihrem jeweiligen Bundesland Schutzbauwerke errichtet. In Baden-Württemberg entstand in diesem Zusammenhang etwa 50 Kilometer von der Landeshauptstadt Stuttgart entfernt bis Mitte der 1970er Jahre ein atombombensicherer Regierungsbunker, der auf fünf Etagen von jeweils 33 mal 33 Metern Fläche etwa 250 Personen Schutz bot. Die Familien der Landesvertreter wären allerdings nicht mit eingezogen, denn aus dem Bunker heraus sollten ausschließlich Amtsgeschäfte koordiniert werden. Dazu waren eigene ausgeklügelte Versorgungssysteme installiert worden, die ein autarkes Überleben bis zu 30 Tage sicherstellten. Es existierten unter anderem ein eigener Tiefbrunnen, Dieselgeneratoren für die Stromerzeugung, Luft- und Filteranlagen, eine Küche, ein Tonstudio sowie diverse Unterkunfts- und Arbeitsbereiche.

Der Ausweichsitz der Landesregierung für Katastrophen- und Krisenfälle wurde bis 1992 rund um die Uhr einsatzbereit gehalten, dann wurde er aufgrund finanzieller Überlegungen und angesichts der veränderten politischen Weltlage sukzessive heruntergefahren. Nach der kompletten Modernisierung der Anlage betreibt die Stuttgarter IT-Firma COMback mit 30 Mitarbeitern den ehemaligen Regierungsbunker als Hochsicherheits-Rechenzentrum »CITA«. Hier lagern gut geschützt von externen Einflüssen Daten und Sicherheitskopien verschiedener Unternehmen und Behörden im Petabyte-Bereich.

Serverschränke der heutigen Rechenzentrale, 2012

69 »Kulturgutschutz-Bunker«, Oberried

Zentraler Bergungsort der
Bundesrepublik Deutschland
Hintertalstraße
79254 Oberried

www.bbk.bund.de

Eingang zum »Barbarastollen«, 2012

Im Zweiten Weltkrieg wurde eine Unmenge an Kulturgütern, Bibliotheken, Archiven und Sammlungen unwiederbringlich zerstört. Noch einmal sollte dies nicht geschehen, da waren sich Politiker und Wissenschaftler einig. Die Bundesrepublik Deutschland unterschrieb 1954 die »Haager Konvention zum Schutz von Kulturgut bei bewaffneten Konflikten«. Doch erst knapp 20 Jahre später hatte sie einen zentralen Bergungsort gefunden, wo sie Sicherheitskopien einlagern wollte. Ein ehemaliger Versorgungsstollen, der sogenannte Barbarastollen des Schauinsland-Bergwerks bei Oberried, wurde ab 1972 in drei Jahren Bauzeit zum »Kulturgutschutz-Bunker« umgebaut. Für den Standort sprach die abgelegene Lage und das Nichtvorhandensein von militärischen oder anderweitigen strategischen Einrichtungen, die im Kriegsfall Ziel eines feindlichen Angriffs sein könnten.

Als einziges Objekt in Deutschland steht dieser Bunker seit dem 22. April 1978 unter dem Schutz der genannten Haager Konvention und ist bei der UNESCO in Paris eingetragen. Über dem Stolleneingang ist diese Unterschutzstellung durch drei blauweiße Kulturgutschutz-Zeichen ausgewiesen.

Von einem zentralen, knapp 700 Meter langen Stollen gehen gesichert durch Drucktüren zwei 50 Meter lange, drei Meter hohe und 3,40 Meter breite Lagerstollen ab. Im Lagerbereich sind aktuell in jedem Stollen auf zwei Regalreihen 1369 luftdichte, mit einem Mikroklima von 35 Prozent relativer Luftfeuchte und zehn Grad Celsius Innentemperatur versehene Edelstahlbehälter eingelagert. Jeder der 78 Zentimeter hohen Behälter wiegt 122 Kilogramm. Bis zu vier Mal im Jahr kommen neue Behälter dazu. Insgesamt sind bisher rund 29,4 Millionen Meter Mikrofilm, das entspricht über 900 Millionen Aufnahmen, eingelagert. Nach der Friedlichen Revolution in Ostdeutschland wurden aus Archiven der ehemaligen DDR ebenfalls 8,2 Millionen Meter, rund 244 Millionen Aufnahmen, eingelagert. Auch in der DDR existierte ab den 1970er Jahren eine ähnliche Einrichtung in einer Bunkeranlage bei Potsdam. Unter den Dokumenten in Oberried befinden sich Kopien mit hoher national- oder kulturhistorischer Bedeutung, zum Beispiel die Baupläne des Kölner Doms, die Krönungsurkunde Ottos des Großen von 936 oder der Vertragstext des Westfälischen Friedens vom 24. Oktober 1648.

Archivalien werden in den unterschiedlichen Beständen aus Kostengründen deutschlandweit in verschiedene Kategorien eingeordnet. Dokumente mit einer Dringlichkeitsstufe 1 werden Stück für Stück mikroverfilmt und dann sukzessive eingelagert. Glücklicherweise wurden auch rund 6396 Filme mit mehr als zehn Millionen Aufnahmen aus dem Kölner Stadtarchiv gesichert und im Stollen eingelagert, bevor es im März 2009 einstürzte. Ein Teil des Bestandes ist so wenigstens noch in Kopie vorhanden.

Seit 2004 ist das Bundesamt für Bevölkerungsschutz und Katastrophenhilfe (BBK) für die Koordinierung der Archivierung und den Betrieb der Anlage zuständig. Heute ist das Areal auf allen militärischen Karten verzeichnet. Über dem Gebiet herrscht ein striktes Flugverbot. In unregelmäßigen Abständen wird ein Tag der offenen Tür angeboten.

Eingangstunnel (o.) und einer von zwei Lagerstollen (u.), 2012

70 Großbunker »Weingut II«, Landsberg am Lech

Welfenkaserne
Iglinger Straße 72
86899 Landsberg am Lech

Führungen:
Termine über die Bundeswehr / Welfenkaserne oder über die Volkshochschule Kaufering

Zugang (o.) und Lkw-Fahrstuhl (u.) der Untertageanlage, 2010

Die Alliierten konnten die deutsche Luftfahrtindustrie im Februar 1944 deutlich schwächen, nachdem sie Endmontagewerke und wichtige Zuliefererbetriebe der Rüstungsunternehmen gezielt in mehreren zwischen amerikanischen und britischen Bombern abgestimmten Einsätzen angegriffen hatten. Damit wollten die Alliierten möglichst die absolute Lufthoheit über dem Kriegsgebiet erreichen, um ungefährdeter die geplante Invasion und letztlich die Befreiung des von den Nationalsozialisten besetzten europäischen Festlandes durchführen zu können.

Um schnellstmöglich die deutsche Luftfahrtindustrie wieder aufzubauen, die damals ausschließlich auf die Fertigung von militärischen Flugzeugen ausgelegt war, wurde der sogenannte Jägerstab gegründet und Albert Speer als Reichsminister für Rüstung und Kriegsproduktion (bis Juli 1943 hieß das Ministerium Reichsministerium für Bewaffnung und Munition) unterstellt. Eine verschlankte und optimierte Befehlskette sollte dazu beitragen, den Aufbau einer dezentralen und in Stollen- oder Bunkeranlagen verlagerten Flugzeugproduktion voranzutreiben. Unter anderem setzte die NS-Führung auf die Firma Messerschmitt, die schon 1941/42 das erste in Serie produzierte Flugzeug mit Strahltriebwerken entwickelt hatte, die Me-262. Dieses Flugzeug, das den Flugzeugtypen der Alliierten technisch klar überlegen war, wurde der deutschen

Bevölkerung und den Soldaten der Wehrmacht von der NS-Propaganda als eine der Wunderwaffen angepriesen, die den immer noch erhofften »Endsieg« bringen sollten. Eine Illusion mehr, denn letztlich wurden gerade einmal rund zwei Dutzend dieser Maschinen fertig.

Neben unterirdischen Produktionsstätten der REIMAHG am Walpersberg (→ S. 122) sollte die Me-262 auch in Großbunkern, die die Tarnbezeichnung »Weingut« erhielten, montiert werden. So entstand unter der Leitung der Organisation Todt in der zweiten Jahreshälfte 1944 eine Baustelle für einen gewaltigen Bunker bei Landsberg am Lech: ein 83 Meter breites, 28 Meter hohes und 233 Meter langes Betongewölbe in Form einer Halbschale. Der Bunker hätte ursprünglich gar 400 Meter lang sein sollen, musste aber aus zeitlichen Gründen verkürzt werden, ebenso wie die drei Meter dicke Decke fast doppelt so stark hätte ausfallen sollen. Auf der Baustelle waren neben deutschen Facharbeitern auch insgesamt mehr als 20 000 Zwangsarbeiter eingesetzt, von denen rund 15 000 Menschen – also drei Viertel! – den Arbeitseinsatz nicht überlebten. Trotz der Rücksichtslosigkeit, mit der die Arbeiter angetrieben wurden, wurde der Großbunker bis Kriegsende nicht fertig.

Nach den Beschlüssen des Alliierten Kontrollrates hätte der Bunker zerstört werden müssen, wurde aber zunächst von den US-Streitkräften als Munitionsdepot und ab den 1960er Jahren für die Bundeswehr umgebaut. Unter der betonierten, massiven Halbschale plante man anschließend einen fünfgeschossigen Bunker im Bunker, in dem ursprünglich die mit nuklearen Gefechtsköpfen bestückten Marschflugkörper vom Typ »Matador« und »Mace« (→ S. 140) untergebracht werden sollten. Diese Pläne wurden verworfen und der Standort letztlich in ein Materialdepot der Bundeswehr umgewandelt und bis Ende der 1990er Jahre betrieben. In der heutigen Untertageanlage befindet sich die Militärhistorische Sammlung »Erinnerungsort Weingut II«, die unter der Obhut der Bundeswehr sowohl an die auf der Baustelle eingesetzten und umgebrachten Zwangsarbeiter erinnert als auch über das Rüstungsprojekt informiert.

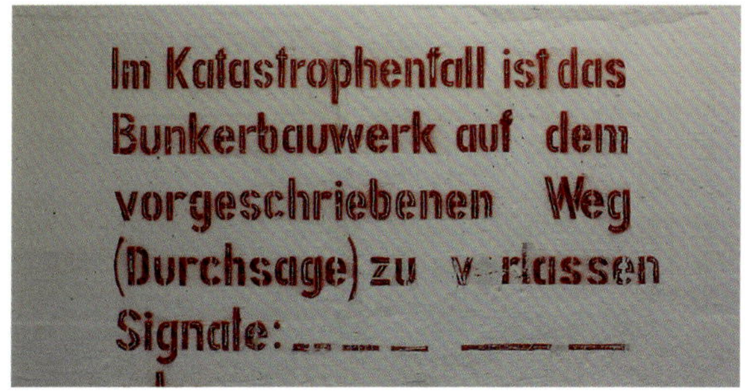

Hinweis an der Bunkerwand, 2010

Großbunker »Weingut I« bei Mühldorf am Inn

Neben der Bunkeranlage bei Landsberg am Lech sollten für die Flugzeugindustrie weitere Großbunker im Süden des Deutschen Reiches und im besetzten Tschechien entstehen. Im heutigen Naherholungsgebiet Mühldorfer Hart bei Mühldorf am Inn wurde unter der Projektbezeichnung »Weingut I« ab 1944 ein ähnliches Bauwerk wie in Landsberg errichtet. Knapp die Hälfte des ursprünglich auf 400 Meter Länge geplanten Bunkers waren bei Kriegsende fertig. Von den bei seinem Bau eingesetzten 10 000 Zwangsarbeitern kamen 2249 ums Leben.

Die Überreste des geplanten Rüstungswerks wurden im Sommer 1947 gesprengt. Heute steht das Areal unter Denkmalschutz, wo einige Informationstafeln an die Geschichte des Ortes erinnern. Ein engagierter Verein vor Ort kämpft seit Jahren um den Aufbau einer würdigen Gedenk- und Erinnerungsstätte an die vor Ort eingesetzten und ums Leben gekommenen Zwangsarbeiter.

Ruine des Großbunkers »Weingut I«, 2012

71 Mehrzweckanlage Hauptbahnhof München

Parkhaus Hauptbahnhof
Bahnhofsplatz
80335 München

Parkhaus (o.), das vormals zur Zivilschutzanlage (Zugang unten) gehörte, 2012

Ab den 1960er Jahren begann man in der Bundesrepublik Deutschland in vielen Städten Zivilschutzanlagen bereitzustellen. Zum Teil wurden für diesen Zweck ehemalige Bunker aus der NS-Zeit saniert und technisch umgerüstet. Zum Teil waren es Neubauten, darunter auch sogenannte Mehrzweckanlagen (MZA), die eine Mehrfachnutzung zuließen, wie etwa ein U-Bahnhof oder eine Tiefgarage, die im Katastrophenfall als Zivilschutzanlage diente. Aus Kostengründen wurde dieses Modell ab den 1970er Jahren von den westdeutschen Behörden favorisiert. Zum einen konnte in den Mehrzweckanlagen ein Vielfaches an schutzsuchenden Personen als in bestehenden und modernisierten Bunkern untergebracht werden, zum anderen musste kein Bauwerk leer vorgehalten und im Ernstfall dann kompliziert hochgefahren werden. Der Bund und die Länder bezuschussten je nach Bautyp die Errichtung. Als eine der letzten durch Bundesmittel geförderten Mehrzweckanlagen wurde der neue Straßentunnel der Bundesstraße 9 in Bonn-Bad Godesberg 1985 bewilligt, der auch als Zivilschutzanlage angelegt war.

Einige Jahre zuvor war unter dem Bahnhofsplatz des Münchener Hauptbahnhofes ein Parkhaus gebaut worden, das zugleich eine Zivilschutzanlage für 3000 Personen darstellte. Neben den normalen Ein- und Ausfahrten, die im Einsatzfall mit massiven Rolltoren verschlossen werden konnten, exis-

Ehemaliger Sammelbereich, 2012

tierten mehrere Zugänge zur U-Bahn und zum unterirdischen Tunnelsystem des Bahnhofes, um den Zugang in das Bunkerbauwerk auf verschiedenen und möglichst vielen Wegen zu ermöglichen. Bei Modernisierungsarbeiten in den Jahren 2011/12 hat man die Anlage entkernt und fast alle luftschutztechnischen Einrichtungen entfernt. Seitdem ist die ehemalige Zweitfunktion als Zivilschutzanlage nicht mehr erfüllt.

Aktuell gibt es in München etwa 30 000 Schutzplätze in rund 20 Bauwerken, die im Verteidigungsfall, bei Großschadensfällen oder bei Naturkatastrophen den Menschen einen Zufluchtsort bieten. Auch wenn der jährliche Haushalt des »Bundesamtes für Bevölkerungsschutz und Katastrophenhilfe« 2009 um etwa 30 Millionen auf 100 Millionen Euro aufgestockt wurde, wurden in den letzten Jahren deutschlandweit immer weniger finanzielle Mittel für den Unterhalt der Zivilschutzeinrichtungen eingesetzt. Aufgrund der inneren und äußeren Bedrohungslagen gibt es in den Verwaltungsbehörden andere Prioritäten. Aufgrund der Sparmaßnahmen hat man freiwillige Helfer angeworben, die die technischen Fachkräfte des Schutzrauminstandhaltungsdienstes der Stadt München unterstützen, wodurch jährlich mehrere zehntausend Euro an Instandsetzungs- und Wartungskosten eingespart werden können.

Zufahrt zur einstigen Mehrzweckanlage, 2012

72 Hochbunker Blumenstraße, München

Zivilschutzanlage
Blumenstraße 22
80331 München

Zugangstür (u.) zum als Wehrturm getarnten Hochbunker (o.), 2012

München wurde zwischen dem 4. Juni 1940 und dem 26. April 1945 insgesamt 74 Mal zum Ziel alliierter Bomberverbände. Mehr als 3,5 Millionen Bomben verschiedensten Typs wurden in dieser Zeit auf die Hauptstadt Bayerns abgeworfen. Bis zum Ende des Zweiten Weltkrieges war die historische Altstadt Münchens zu mehr als 90 Prozent zerstört; stadtweit fiel etwa die Hälfte der Bausubstanz den Bombardierungen zum Opfer. Nach amtlichen Schätzungen verloren dabei 6632 Menschen ihr Leben, 15 800 wurden verletzt, etwa 300 000 Münchner obdachlos.

Als Reaktion auf die Bombenangriffe befahl Hitler am 10. Oktober ein umfassendes Luftschutz-Programm, auch »Führer-Sofortprogramm« genannt (→ S. 12). Daraufhin wurden in rund 60 Städten, die als Luftschutzorte erster Ordnung eingestuft wurden, neue Schutzräume eingerichtet. Auch München fiel in diese Kategorie, wo man bis 1945 etwa 50 Hoch- und Tiefbunker errichtete, von denen heute noch etwa die Hälfte vorhanden ist und die unterschiedlich nachgenutzt werden.

Das Bauprogramm wurde vom damaligen Stadtbaurat Karl Meitingen geleitet. Um die Bauwerke vor einem möglichen Angriff zu schützen, wurden sie möglichst in das Straßenbild eingepasst und mit traditionellen Gestaltungselementen versehen. In einigen Fällen knüpfte man mit der Tarnung auch bewusst an historische Wehrbauten an, wie etwa in Nürnberg, Lübeck oder Hannover, wo Hochbunker im Stil mittelalterlicher Stadt- oder Wehrtürme erbaut wurden. Dies geschah aber nur in der ersten Phase des Bunkerbauprogramms nach dem »Führererlass«. Zeitmangel und dem Verlauf des Zweiten Weltkrieges geschuldete wachsende Materialknappheit ließen die Hochbunker der beiden folgenden Bauphasen in viel einfacheren Formen entstehen. Auch die in der ersten Phase gern verwendeten Tarnanstriche wurden ab 1942 nicht mehr verwendet, da diese bei Regen und Mondschein weithin leuchteten und gute Orientierungspunkte für die alliierten Bomberverbände abgaben. Doch sämtliche Tarnmaßnahmen waren mit den Flächenbombardements der Alliierten ab März 1942 ohnehin hinfällig geworden.

Bei der offiziellen Einweihung des Hochbunkers in der Blumenstraße 1941 war der damalige Reichsminister für Bewaffnung und Munition, Fritz Todt, anwesend. Das Bauwerk, das aus Tarnungsgründen die Form eines Wehrturmes erhalten hatte, bot mit seinen 1,30 Meter starken Wänden während der Luftangriffe auf sechs Etagen Schutz für bis zu 1200 Personen. Als nach dem Zweiten Weltkrieg auf Anordnung der Alliierten, festgelegt im Kontrollratsgesetz Nr. 23 vom 10. April 1946, der Bunkerneubau verboten und sämtliche vorhandenen Bunkerbauwerke zerstört werden sollten, betraf das auch die Hochbunker in München, die 1947 gesprengt werden sollten. Die Stadtverwaltung konnte sich jedoch erfolgreich den Bestimmungen widersetzen und glaubhaft belegen, dass die Bauwerke nun nur noch dem Zivilschutz dienten und keine militärische Funktion mehr besaßen. In den 1960er Jahren wurde der Hochbunker Blumenstraße schließlich saniert und in die Zivilschutzbindung aufgenommen. In einem Katastrophenfall können dort heute 750 Personen für bis zu 48 Stunden Schutz finden.

Umgebauter Hochbunker in der Claude-Lorrain-Straße, 2012

Als weiteres Bauwerk wird für diesen Fall auch heute noch der Hochbunker in der Schleißheimer Straße vorgehalten. Einige Hochbunker stehen derzeit leer, werden für künstlerische Zwecke (zum Beispiel als Musik- und Proberäume) genutzt, oder sind zu einem Wohnhaus umgebaut worden, wie der Bunker in der Claude-Lorrain-Straße. Ein übergreifendes Konzept für die Nachnutzung der Bunkerbauten ist in München nicht vorhanden.

73 Kunstbunker, Nürnberg

Historischer Kunstbunker
Obere Schmiedgasse 52
90403 Nürnberg
www.felsengaenge-nuernberg.de

Führungen:
Mo. – So. 14.30 Uhr

Kunstbunker
Bauhof 9
90402 Nürnberg
www.kunstbunker-nuernberg.org
Öffnungszeiten:
Mi. – Fr. 15 – 20 Uhr
Sa. / So. 11 – 17 Uhr

Zugangsstollen (o.), demontierte Tresortüren (u.), 2010

Im Zweiten Weltkrieg war es oft dem Engagement Einzelner zu verdanken, dass Kunstschätze in Deutschland vor der Zerstörung bewahrt und der Nachwelt so erhalten wurden. Eine offizielle staatliche Anweisung zur Bergung von Kulturgütern ist nicht bekannt, da das NS-Regime bis zuletzt von einer Niederlage nichts wissen wollte. Bewegliche Objekte wie etwa Gemälde, Plastiken, kleinere Statuen, Fenstermosaike usw. wurden – sofern notwendig – in bombensichere Anlagen wie Bunker, Stollen oder tiefere Keller ausgelagert. Immobile Objekte wie zum Beispiel größere Statuen schützte man vor Ort zum Beispiel mit Sandsäcken oder umschließenden Holzkästen. Deutschlandweit sind Orte bekannt, an denen Kunstobjekte bis zum Kriegsende eingelagert wurden. Die allermeisten Kulturgüter befinden sich längst wieder an ihrem angestammten Platz, doch noch immer sind Schatzsucher auf der Jagd nach einigen nicht entdeckten Einlagerungsorten.

Eine alte Stollenanlage im Fels unter der Nürnberger Kaiserburg, die zuvor als Bierkeller gedient hatte, baute man nach Kriegsbeginn zu einem Kunstbunker aus. Das ging auf die Eigeninitiative von drei Beamten der Nürnberger Stadtverwaltung zurück – namentlich Dr. Konrad Fries (Leiter für die Stadtverwaltung Bereich Luftschutz), Dr. Heinz

Schmeißner (Architekt) und Dipl.-Ing. Julius Lincke (Leiter der städtischen Denkmalpflege im Hochbauamt). Der Ausbau war streng genommen illegal, da nach dem Kriegswirtschaftsgesetz alle Baumaßnahmen durch die Reichsregierung genehmigt werden mussten. Am 23. Februar 1940 konnten dennoch die ersten Räumlichkeiten ihrer Bestimmung übergeben werden. Um die Objekte vor Bomben, einem möglichen nachfolgenden Feuer oder der Plünderung zu schützen, legte man ein verzweigtes Netz bis zu 24 Meter unter der Erde an. Die Anlage wurde mit Heizung, Belüftung und einem Entwässerungssystem ausgestattet, um ein optimales Klima zu gewährleisten. Als weiteren Schutz baute man tresorartige Türen ein und brachte Wachpersonal in separaten Räumlichkeiten unter. Bis Kriegsende wurden so zum Beispiel Werke von Albrecht Dürer, bedeutende Nürnberger Brunnenfiguren, verschiedene Altäre und Glasmalerei-Fenster sowie der älteste erhaltene Erdglobus von Martin Behaim aus dem Jahr 1492 eingelagert.

Obwohl durch alliierte Luftangriffe auch die Altstadt von Nürnberg fast vollständig zerstört wurde, haben alle eingelagerten Kunstschätze die Angriffe unbeschadet überstanden und konnten nach Ende des Krieges den Eigentümern zurückgegeben werden. Dies hat im Einzelfall einige Jahre gedauert, da manche der ursprünglichen Standorte erst wieder aufgebaut werden mussten. Seit 1996 finden im historischen Kunstbunker regelmäßig Führungen statt.

Unscheinbarer Eingang zum Historischen Kunstbunker (o.), getarnter Luftschutzturm (u.), 2010

Kunstbunker – forum für zeitgenössische kunst

Auch heute existiert wieder ein »Kunstbunker« in Nürnberg, allerdings nicht zum Schutz, sondern zur Präsentation von Kunst: Unter dem Bauhof hinter der Kunsthalle Nürnberg befindet sich in einer ehemaligen Zivilschutzanlage ein Ausstellungsbereich für zeitgenössische Kunst. Die Bunkeranlage stammt aus der Zeit des Nationalsozialismus und wurde in den 1960er Jahren saniert, um als öffentliche Zivilschutzeinrichtung für 485 Personen zu dienen.

74 Komplex Obersalzberg, Berchtesgaden

Dokumentation Obersalzberg
Salzbergstraße 41
83471 Berchtesgaden

www.obersalzberg.de

Öffnungszeiten:
Nov. – Mrz.:
Di. – So. 10 – 15 Uhr
April – Okt.:
Mo. – So. 9 – 17 Uhr

Gebäude der Dokumentation Obersalzberg, 2004; Innenansicht der ehemaligen Bunkeranlage (u.), 2008

Bereits im 19. Jahrhundert entwickelte sich durch die ersten Fremdenunterkünfte ein langsam anwachsender Tourismus in der Berchtesgadener Region. 1923 zog es Adolf Hitler das erste Mal auf den Obersalzberg. Zehn Jahre später, als die Nationalsozialisten schon die Macht im Deutschen Reich übernommen hatten, kaufte er das »Haus Wachenfeld« und ließ es bis 1936 nach eigenen Vorstellungen durch den Architekten Alois Degano als repräsentativen Landsitz mit der neuen Bezeichnung »Berghof« aus- und umbauen.

In den folgenden Jahren wurden alle ursprünglichen Eigentümer verdrängt, die Grundstücke am Obersalzberg hatten. Entweder verkauften sie freiwillig ihren Grund und Boden, oder sie wurden dazu gezwungen. So folgten bald weitere NS-Politiker wie der Leiter der Parteikanzlei Martin Bormann, Luftwaffenchef Hermann Göring oder der spätere Rüstungsminister Albert Speer. Das Areal wurde schließlich zum Sperrgebiet erklärt und alsbald zu einem zweiten Regierungssitz neben dem in Berlin ausgebaut. Die dafür notwendige Infrastruktur – wie die Fernmeldetechnik und der Platz für die einzelnen Arbeitsstäbe – wurde eigens geschaffen oder in vorhandene Bauten integriert.

Aus Sicherheitsgründen entstanden zusätzlich ein Kasernenkomplex und für den Luftschutz ein weitläufiges bombensicheres unterirdisches Bunkersystem. Das System besaß zahlreiche Eingänge, damit von den verschiedenen Grundstücken der

NS-Prominenz der bombensichere Unterschlupf in kürzester Zeit erreicht werden konnte. Insgesamt existierten mehr als sechs Kilometer an unterirdischen Gängen und Stollen, die die zahlreichen Unterkunfts- und Arbeitsbereiche miteinander verbanden. Diese, wie auch die technischen Betriebsräume, wurden in kargen Kavernen eingerichtet. Bis Kriegsende waren die Bauarbeiten nicht vollständig abgeschlossen. Etwa 22 300 Quadratmeter standen 1945 bombensicher zur Verfügung. Unterhalb des eigentlichen Stollensystems wurde ab 1944 noch eine tiefergelegene Anlage für die SS errichtet, die aber über das Stadium des Rohbaus nicht hinausgekommen ist.

Der spätere »Berghof« diente bereits ab 1933 als privater Rückzugsort für Adolf Hitler, als Regierungssitz und für Empfänge von aus- und inländischen Gästen. Das hier im Februar 1938 der österreichischen Führung aufgezwungene »Berchtesgadener Abkommen« bildete das Vorspiel für den späteren »Anschluss« Österreichs an das Deutsche Reich.

Zum 50. Geburtstag erhielt Adolf Hitler am 20. April 1939 von der NSDAP das repräsentative und kurz unter dem Berggipfel in einer Höhe von 1834 Metern gelegene Kehlsteinhaus geschenkt, das Martin Bormann in 13-monatiger Bauzeit oberhalb des Obersalzberges hatte errichten lassen. Im Sommer 1944 verließ Hitler den Obersalzberg endgültig. Bis dahin hatte er fast ein Drittel seiner Amtszeit dort verbracht. Einige Politiker wie Hermann Göring flüchteten in den letzten Kriegswochen auf den Obersalzberg.

Da US-General Dwight D. Eisenhower eine stark ausgebaute »Alpenfestung« vermutete, ließ er seine Truppen beim Sturm auf Berlin in Richtung Alpen abschwenken, um der vermeintlich nach Süden verlegenden Wehrmacht den Weg abzuschneiden. Doch die immer wieder von der NS-Führung beschworene »Alpenfestung« entpuppte sich – wie so oft – als reines Werk der deutschen Propaganda: Es gab sie nicht. Dafür wurden die Gebäude auf dem Obersalzberg am 25. April 1945 von britischen Langstreckenbombern mit knapp 1300 Bomben angegriffen und größtenteils zerstört.

1951/52 ebnete man den Kernbereich des Areals auf Anordnung der Amerikaner ein, um den Obersalzberg nicht zu einer Wallfahrtsstätte alter und neuer Nazis werden zu lassen. Das Kehlsteinhaus wurde zur gleichen Zeit für touristische Zwecke freigeben. Heute besuchen im Durchschnitt 300 000 Menschen jährlich das Ensemble unter der Bergspitze. Der Obersalzberg wurde von den US-Streitkräften bis zu ihrem Abzug 1996 zu Erholungszwecken genutzt. Mit deren Abzug setzte eine kontroverse Diskussion zur Weiternutzung des einstigen Täterortes ein. Sollten die Gebäude komplett abgerissen werden, oder sollte man sie erhalten, ohne ein Denkmal für die Täter zu schaffen? Die Bayerische Staatsregierung entschied gemeinsam mit dem Landkreis letztlich über die Nutzung des Areals, das einerseits zur historischen Aufarbeitung, andererseits für touristische Zwecke freigegeben werden sollte. So eröffnete 1999 die »Dokumentation Obersalzberg«, die sich mit der NS-Zeit am historischen Ort auseinandersetzt. Ein Teil der ursprünglich weitverzweigten Bunkeranlage ist in die Gesamtkonzeption der Dauerausstellung integriert. 2005 wurde schließlich das Fünf-Sterne-Superior-Hotel »InterContinental Berchtesgaden Resort« eröffnet, das für den touristischen Ausbau der Region steht. Der gefundene Kompromiss kann nicht verdecken, dass die touristische Nachnutzung gerade dieses Ortes eine kritische Auseinandersetzung mit seiner Geschichte erschwert. So wird wohl auch hier in den kommenden Jahren die Erinnerungsarbeit vor weiteren Herausforderungen stehen.

Verbindungsgänge im unterirdischen Stollensystem, das heute in Teilen über die Dauerausstellung der Dokumentation Obersalzberg zu besichtigen ist, 2008

Hanstholm
9
SCHWEDEN
Liepaja
10
11
DÄNEMARK
Ostsee
Kopenhagen
Nordsee
Hel
13
zu
RUSSLAND
12
Kętrzyn
(Rastenburg)
GROSS-
BRITANNIEN
NIEDERLANDE
Amsterdam
Berlin
15
Lubrza
(Burschen)
Warscha
Zasieki
(Forst-Scheuno)
16
POLEN
14a
Spala
7
London
Litomerice
(Leitmeritz)
17
Wałbrzych
(Waldenburg)
6
5
Brüssel
8
Liège (Lüttich)
Audinghen
Wizernes
BELGIEN
DEUTSCHLAND
18
4
Siracourt
LUXEMBURG
Prag
14b
3
TSCHECHISCHE
REPUBLIK
Margival
2
Paris
Veckring
SLOWAKEI
19
Bratislava
Lorient
1
St. Margrethen
20
Wien
Ebensee
21
Budapest
Bern
SCHWEIZ
ÖSTERREICH
UNGARN
SLOWENIEN
FRANKREICH
Ljubljana
Zagreb
KROATIEN
Atlantischer
Ozean
BOSNIEN-
HERZEGOWINA
Belgrad
MONACO
ITALIEN
Sarajevo
SERBIEN
ANDORRA
MONTENEGRO
Podgorica
Rom
22
Gjader
Tirana
MAZEDON
SPANIEN
ALBANIEN
Madrid
Mittemeer

Frankreich
1 U-Boot-Bunker Keroman, Lorient
2 Fort Hackenberg, Veckring (Maginot-Linie)
3 »Führerhauptquartier Wolfsschlucht 2«, Margival
4 Großbunker »Wasserwerk Nr. 1«, Siracourt
5 Großbunker »Schotterwerk Nordwest«, Wizernes
6 Batterie »Todt«, Audinghen (Atlantikwall)
Großbritannien
7 Cabinet War Rooms, London
Belgien
8 Fort Eben-Emael
Dänemark
9 Batterie »Hanstholm« (Atlantikwall)
Lettland
10 Festung Nord, Liepaja
Litauen
11 Raketensilo Plateliai
Polen
12 »Führerhauptquartier Wolfsschanze«, Kętrzyn
13 Batterie »Schleswig-Holstein«, Hel
14a Eisenbahnbunker »Askania Mitte«, Spała
14b Eisenbahnbunker »Askania Süd«, Stępina
15 Festungsfront Oder-Warthe-Bogen, Lubrza
16 Deutschen Sprengchemie GmbH, Werk Forst-Scheuno
17 »Führerhauptquartier Riese«, Wałbrzych
Tschechien
18 Untertageanlage »Richard«, Litoměřice
Österreich
19 Flakbunker, Wien
20 Untertageanlage »Zement«, Ebensee
Schweiz
21 Festung Heldsberg, St. Margrethen
Albanien
22 Flugzeugstollen Gjader
Moldawien
23 Gefechtsstand des Warschauer Paktes, Olişcani
Ukraine
24a Raketensilos Pervomaisk
24b »Objekt K-825« U-Boot-Bunker, Balaklawa
Russland
25a Kommandobunker GO-42, Moskau
25b Stalins Bunker, Samara

1 U-Boot-Bunker Keroman, Lorient

Flore Submarine base
Rue Roland Morillot
56100 Lorient

www.la-flore.fr

Öffnungszeiten:
Febr. – Juni und Sept. – Dez.:
Di. – So. 10 – 12.30 Uhr,
14 – 18 Uhr
Juli – Aug.:
Mo. – So. 10 – 19 Uhr

Oben: Keroman III, 2010; unten: Verschiebebühne zwischen Keroman I und II, 1943

Nachdem die Wehrmacht Frankreich besetzt hatte, verfügte die deutsche Kriegsmarine ab Sommer 1940 erstmals über einen direkten Zugang zum Atlantik. In den folgenden Jahren wurden an fünf Standorten an der Atlantikküste – Brest, Lorient, Saint-Nazaire, La Rochelle / La Pallice und Bordeaux – massive U-Boot-Bunker als Stützpunkte und Reparaturwerften für die deutsche U-Boot-Flotte errichtet.

Die ab 1936 im Geheimen aufgebaute U-Boot-Waffe entwickelte sich während des Zweiten Weltkrieges zu einem strategisch wichtigen Instrument der deutschen Kriegsführung. Durch die Versailler Verträge war die Aufrüstung der deutschen Marine mit U-Booten verboten, so dass die Entwicklung und Erprobung in benachbarten Ländern wie etwa in den Niederlanden vorangetrieben worden war. Aufgrund der relativ leicht errungenen Erfolge in den ersten Kriegsmonaten wuchs die Zahl der eingesetzten U-Boote von 57 zu Beginn des Zweiten Weltkrieges bis zum Mai 1945 auf 863.

Um die U-Boote nach ihren Feindfahrten für weitere Operationen mit neuen Waffen und Versorgungsstoffen auszurüsten, hatten sie zunächst den langen und für sie gefahrvollen Weg von und zu ihren Heimathäfen durch die Nordsee nehmen müssen. Das änderte sich nach dem Sieg über Frankreich grundlegend. Unter der Leitung der Organisation Todt und dem Einsatz von Zwangsarbeitern sowie von lokalen Arbeitskräften entstanden mehrere vor Luftangriffen geschützte U-Boot-Basen. Nun konnten die U-Boote an der französischen Küste direkt am Atlantik repariert, gewartet und bestückt werden.

Als einer der größten militärischen Stützpunkte an der Atlantikküste wurden in Lorient vier U-Boot-Bunker errichtet und zwei weitere geplant. Vis-à-vis der Betonkolosse befand sich zwischen 1940 und 1942 das Hauptquartier von Admiral Karl Dönitz, dem Befehlshabers der U-Boot-Flotte (BdU). Nach der Fertigstellung der beiden verbunkerten Dombunker für jeweils ein U-Boot kleinerer Bauart im Hafen wurde der 145 Meter lange und 51 Meter breite Scorff-Bunker 1940/41 als erster richtiger U-Boot-Bunker mit zwei Nassboxen gebaut. Im September und Dezember 1941 folgten die beiden U-Boot-Bunker Keroman I und II auf der gleichnamigen Landzunge. Bis zum Januar 1943 war Keroman III einsatzbereit. Die Bauwerke dienten der gleichzeitigen Wartung und Ausrüstung von bis zu 26 U-Booten der Kriegsmarine.

Trotz dieser verbesserten Bedingungen wurden die deutschen U-Boote aufgrund der Entwicklung von neuen Sonaranlagen der Alliierten und durch die Entzifferung des verschlüsselten Funkverkehrs der Wehrmacht immer häufiger selbst zum Angriffsziel und verloren durch die zunehmende Sicherung der Konvois und die alliierte Lufthoheit zudem an Durchschlagskraft.

Die U-Boot-Bunker waren ursprünglich mit einer Deckenstärke von 3,5 Meter ausgeführt worden, die teilweise bis zum Ende des Krieges auf 7,5 Meter verstärkt wurde. Grund waren die vielen alliierten Luftangriffe, die zwar die Bauwerke nicht zerstörten, wohl aber große Teile der Umgebung. Zum Ende des Zweiten Weltkrieges war schließlich die gesamte Stadt eine Ruinenlandschaft, aus der allein wie zum Hohn die zahlreichen Bunker der deutschen Besatzer herausragten. Diese wurden dann – ausgenommen die großen U-Boot-Bunker im Hafen – im Rahmen der verschiedenen Wiederaufbauphasen Lorients geschleift.

Nach Kriegsende nutzte die französische Marine die U-Boot-Bunker knapp 60 Jahre, bis sie mit der Außerdienststellung der dieselelektrischen U-Boote 2005 auch die Bunker räumte. Heute haben sich in einigen Teilen Unternehmen einquartiert, andere Bereiche stehen leer. In Keroman I ist ein Museum zur militärischen Geschichte des Standortes eingezogen, so dass die ehemaligen Kriegsbauten nach knapp 70 Jahren endlich nur noch zivil genutzt werden. Gleichwohl gemahnen die Kolosse aus Beton allein durch ihre massive Präsenz an den nationalsozialistischen Größenwahn, an die Zeit der deutschen Besatzung und die Zerstörung französischer Küstenstädte.

Ähnliche Umnutzungen haben in den vergangenen Jahren auch die anderen ehemaligen deutschen Stützpunkte entlang der Atlantikküste erfahren.

Blick in einen der beiden Dombunker, 2010

Nassbox in Keroman III, 2010

2 Fort Hackenberg, Veckring (Maginot-Linie)

Route du Hackenberg
57920 Veckring

www.maginot-hackenberg.com

Führungen:
Jan. – Mrz.: Sa. 14 Uhr
Apr. – Mai:
Sa. / So. 14, 15.30 Uhr
Juni – Sept.: Mo. – So. 14.30 Uhr
Okt. – Nov.: Sa. 14 Uhr

Oben: Hohlgangsystem, 2010; unten: Besichtigung der Maginot-Linie durch die Wehrmacht, Mai 1940

Zwischen 1930 und 1940 wurden die östlichen Grenzen Frankreichs durch eine verbunkerte Festungslinie gesichert, die nach dem Verteidigungsminister André Maginot benannt wurde und als Maginot-Linie in die Geschichte einging. Unter Einsatz von bis zu 20 000 Arbeitern baute man entlang der französischen Grenze zu Belgien, Luxemburg, Deutschland und Italien 108 Artilleriewerke, zwischen denen man noch kleinere leichtbewaffnete Infanteriewerke errichtete. Die gigantische Verteidigungslinie erwies sich im Ernstfall, dem Angriff der deutschen Wehrmacht, nicht nur als überflüssig, sondern sogar als nachteilig. Zwar verhinderte sie ein unmittelbares Eindringen deutscher Soldaten auf französisches Territorium, doch als die Wehrmacht die Beneluxstaaten überfiel und von Norden in Frankreich einmarschierte – und damit die Maginot-Linie einfach umging –, blieben zu viele Soldaten am Verteidigungsbollwerk gebunden, so dass die französischen Streitkräfte nicht flexibel genug agieren und das Vordringen der Deutschen nicht verhindern konnten. Sechs Wochen nach dem Einmarsch kapitulierte die französische Armee am 25. Juni 1940, ohne dass es zu nennenswerten Kampfhandlungen an den Bauwerken der Maginot-Linie gekommen wäre. Zwar blieben noch einige Festungen besetzt, doch die Wehrmacht isolierte diese Anlagen einfach und wartete, bis den Verteidigern die Vorräte ausgingen und sie aufgaben.

Das Fort (frz. Ouvrage) Hackenberg in Lothringen wurde ab 1930 errichtet. In vier Jahren Bauzeit entstanden 17 Kampfblöcke, zwei Eingangsbauwerke und zehn Kilometer an unterirdischen Verbindungsstollen. Der anschließende Innenausbau war bis 1936 abgeschlossen. Das Fort war eine der größten Festungsanlagen der Maginot-Linie und galt als Prototyp für andere Projekte. Neben einer unterirdischen Kaserne, in der bis zu 1000 Soldaten untergebracht waren, beherbergte es ein Krankenhaus samt Röntgentechnik, eine Großküche und vier Notstromgeneratoren. Eine unterirdische Schmalspurbahn diente zum Transport von Mensch und Material in dem weitläufigen Komplex. Oberirdisch war das Fort mit zahlreichen Kampfblöcken unterschiedlichster Bewaffnung ausgestattet. Eine Besonderheit stellten die versenkbaren Kuppeln dar: Anders als die gusseisernen Panzerkuppeln der deutschen Festungswerke, die von der feindlichen Aufklärung gut auszumachen waren, wurden die französischen Kuppeln erst im Einsatzfall herausgefahren und konnten so erst spät aufgeklärt werden.

Mit dem Waffenstillstand wurde Fort Hackenberg kampflos an die Deutschen übergeben. Als deutsche Rüstungsbetriebe in den bombensicheren Untergrund verlagert wurden, diente der Komplex 1943/44 dem deutschen Motorenhersteller Klöckner-Humboldt-Deutz AG als Produktionsstandort. Während des Rückzugs der Wehrmacht aus Frankreich hielten Einheiten der Wehrmacht Block 8 der Anlage besetzt und beschossen von hier aus die vorrückenden Alliierten. Ein ehemaliger französischer Offizier gab ihnen detaillierte Informationen über den Aufbau des Forts und seine Schwachstellen, so dass Block 8 nach einer viertägigen Belagerung ausgeschaltet werden konnte.

Nach dem Zweiten Weltkrieg nutzte die französische Armee die wenig zerstörte Anlage für eigene Zwecke weiter bis zu ihrer Stilllegung in den 1970er Jahren. Seit 1975 sind Teile des unterirdischen Komplexes öffentlich zugänglich; der Verein »Amifort« kümmert sich um den Erhalt des Forts Hackenberg. In den Sommermonaten kann das unterirdische System besichtigt werden, dabei werden auf Anfrage auch Führungen in deutscher Sprache angeboten.

Inszenierung im heutigen Festungsmuseum (l.), zerstörte Kasematte (r.), 2010

Versenkbarer 135-mm-Geschützturm, 2010

3 »Führerhauptquartier Wolfsschlucht 2«, Margival

Rue de Laon
02880 Margival

Hauptgebäude des ehem. »Führerhauptquartiers« (o.), Beschriftung im ehem. Nachrichtenbunker (u.), 2010

In der ersten Phase des Zweiten Weltkrieges standen für die mobile Kriegsführung des NS-Regimes nur sogenannte Führersonderzüge zur Verfügung, von wo aus die Kommandeure hinter der Front das Geschehen relativ ungeschützt beobachten und die eigenen Truppen führen konnten. Mit der Vorbereitung der deutschen Angriffe auf Frankreich (→ S. 132) und später auf die Sowjetunion beschloss man den Bau von verbunkerten Hauptquartieren, um die Wehrmachtführung sowohl vor weitreichenden Waffen als auch vor Bombenangriffen zu schützen. Für Adolf Hitler und seinen militärischen Stab wurden bis zum Ende des Zweiten Weltkrieges knapp 20 solcher Komplexe in Deutschland und in den besetzten Ländern Europas errichtet, weitere waren noch im Bau.

Während des Westfeldzuges bereitete man im Frühsommer 1940 einen Eisenbahntunnel östlich von Neuville für die sichere Unterbringung des »Führersonderzuges« vor. Doch nur wenige Tage nach dem Beginn der Bauarbeiten kapitulierten die französischen Streitkräfte, und die Arbeiten wurden eingestellt. Zwei Jahre später wurden die Baumaßnahmen im Zuge der Schaffung eines ortsfesten »Führerhauptquartiers« wieder aufgenommen. Entlang der Bahnstrecke entstanden zwischen September 1942 und Herbst 1944 nördlich von Margival bis zum erwähnten Eisenbahntunnel eine Unmenge von bombensicheren Wohn- und Arbeitsbunkern

Flur in der früheren Stabsbaracke (o.), verbunkerte Gebäude (u.), 2010

sowie splitterschutzsicheren Baracken. Von hier aus sollten Adolf Hitler und sein militärischer Stab die Operationen der Wehrmacht im Falle einer Landung der alliierten Streitkräfte in Nordfrankreich koordinieren.

Im Kernbereich entstanden sechs Groß- und acht Flachbunker, 20 splitterschutzsichere Baracken sowie mehrere einfache Holzbaracken, umgeben von mehr als 450 Bauwerken, die vor allem zur Absicherung des Kernbereiches dienten. Insgesamt wurden in dem »Wolfsschlucht 2« genannten Komplex knapp 250 000 Kubikmeter Beton verbaut, so viel wie in keinem anderen ortsfesten »Führerhauptquartier«.

Für die Bauarbeiten war wie bei den anderen Sonderprojekten des NS-Regimes die Organisation Todt zuständig. Um das Objekt mit dem bestehenden Nachrichtennetz zu verbinden, haben Nachrichteneinheiten bis zum Rückzug der Wehrmacht aus Frankreich im gesamten Land etwa 5000 Kilometer an Kabeln verlegt. Bis zur Besetzung Frankreichs war das französische Fernmeldenetz knapp 6000 Kilometer lang.

Im August 1942 versuchten die Alliierten im Rahmen der »Operation Jubilee«, den von der Wehrmacht besetzten französischen Hafen Dieppe zurückzuerobern, was unter immensen Verlusten scheiterte. Mit der Lufthoheit der Alliierten in weiten Teilen Europas wurde im Sommer 1944 ein neuer Versuch unternommen: Die »Operation Overlord« begann am 6. Juni 1944 mit der Invasion der alliierten Streitkräfte in der Normandie und endete am 25. August 1944 mit der Befreiung von Paris. Bei dieser militärischen Operation setzten die Alliierten rund 500 000 Soldaten ein. Elf Tage nach dem Beginn des Landungsunternehmens besuchte Hitler im Juni 1944 das verbunkerte Hauptquartier »Wolfsschlucht 2« für wenige Stunden als sicheren Ort für eine Lagebesprechung. Der Regierungssitz wurde anschließend auf den Obersalzberg verlegt und das Objekt bei Margival an die Heeresgruppe B übergeben, die dort ihr Kommando einrichtete. Der wachsenden Übermacht an alliierten Truppen konnte die Wehrmacht nichts mehr entgegensetzen. Am 29. August wurde der Standort angesichts der vorrückenden Front evakuiert und fiel unzerstört in die Hände der Westalliierten, die mit der Befreiung Frankreichs nun an den Westgrenzen des Deutschen Reichs standen.

Nach dem Zweiten Weltkrieg wurde das Areal ab 1955 als Nato-Hauptquartier Europa-Mitte genutzt, bis Frankreich 1963 aus dem militärischen Bündnis austrat. Danach diente es verschiedenen französischen Militäreinheiten. Seit einigen Jahren steht das Objekt leer. Hin und wieder werden von der Stadt organisierte Führungen über das Gelände des ehemaligen »Führerhauptquartiers« angeboten.

4 Großbunker »Wasserwerk Nr. 1«, Siracourt

Rue du Blockhaus
62130 Siracourt

Die Flügelbombe Fi-103 wurde ab 1942/43 entwickelt und von der NS-Propaganda als eine der Wunderwaffen gepriesen, mit der die auf allen Kriegsschauplätzen in die Defensive geratene Wehrmacht wieder siegen sollte. Glücklicherweise blieb es ein leeres Versprechen.

Die auch als »Vergeltungswaffe 1« (V1) bezeichnet Flügelbombe war der erste Marschflugkörper der Welt. Er wurde ab 1942 auf der Insel Usedom bei Peenemünde und Zempin getestet und zur Serienreife gebracht. Bei einer Reichweite von 250 bis 280 Kilometern und einer Fluggeschwindigkeit von knapp 630 Stundenkilometern konnte die Flügelbombe einen Gefechtskopf von 850 Kilogramm ins Ziel bringen. Verschossen wurde die Fi-103 von vorher angelegten und befestigten Abschussrampen am Boden; ab Mitte 1944 konnte die V1 dann auch aus entsprechend ausgestatteten Flugzeugen heraus gestartet werden.

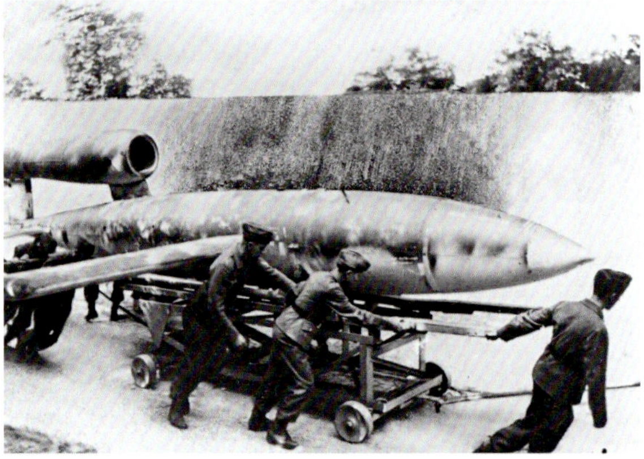

Oben: Lüftungsöffnung auf dem Großbunker, 2010; unten: Vorbereitung für den Start einer Fi-103, 1944

Aufgrund der sehr geringen Treffgenauigkeit – sie lag im Umkreis von zwölf Kilometern des anvisierten Ziels – war die V1 nicht geeignet, um ein bestimmtes Objekt anzugreifen. Daher setzte man auf den Abschuss von mehreren Flügelbomben, die durch ihre große Streuung die gegnerische Bevölkerung in Angst und Schrecken versetzen sollten und auch versetzten. In den frühen Morgenstunden des 13. Juni 1944 schlug die erste Flügelbombe in London ein. Weitere Angriffe erfolgten sowohl auf London als auch beim Rückzug der Wehrmacht auf Brüssel und Antwerpen, bei denen etwa

20 000 Menschen ums Leben kamen. Insgesamt wurden bis Kriegsende mehr als 10 000 Marschflugkörper verschossen. Aufgrund der geringen Fluggeschwindigkeit gab es eine gewisse Vorwarnzeit für die Bevölkerung bei einem bevorstehenden Angriff; außerdem konnten die Alliierten über die Hälfte der Flügelbomben durch die eigene Flak, Abfangjäger und Sperrballone aufhalten.

Die Produktion der Fi-103 hatte im deutschen Rüstungskomplex eine hohe Dringlichkeit; sie wurde daher an verschiedenen Standorten im »Dritten Reich« endmontiert, wie etwa in den Volkswagen-Werken bei Braunschweig (→ S. 42) und in den unterirdischen Stollen des Konzentrationslagers Mittelbau-Dora (→ S. 124).

Für den Einsatz der Fi-103 wurden ab Sommer 1943 verschiedene Abschussstellungen im besetzten Frankreich im Hinterland der Kanalküste errichtet. Eine der größten Anlagen war der in der heutigen Ortschaft Siracourt gebaute gewaltige Lager-, Vorbereitungs- und Abschussbunker. An den Stirnseiten einer betonierten »Halbschale« wurden jeweils Ein- und Ausfahrten für die Eisenbahn angelegt. Eine seitliche Öffnung, etwa in der Mitte des 212 Meter langen und 42 Meter breiten Baukörpers, war für den Start der Fi-103 vorgesehen. Das Bunkerprojekt erhielt den Tarnnamen »Wasserwerk Nr. 1«, weitere analoge Bauwerke waren geplant. Nachdem die Alliierten die Baumaßnahmen entdeckt hatten, bombardierten sie im Juli 1944 die Bunkerbaustelle und warfen bei 27 Angriffswellen mehr als 5000 Tonnen Bomben ab. Obwohl die fünf Meter dicken Außenwände den Schaden in Grenzen hielten, wurde der Bau schließlich im Sommer 1944 eingestellt. Für den folgenden Einsatz der Marschflugkörper konzentrierte man sich nun auf den bereits begonnenen Auf- und Ausbau von kleineren und leichter zu tarnenden Abschussstellungen.

Zu den kleineren Anlagen zählten die oft in Wäldern gelegenen Abschussstellungen, deren Hauptgebäude die typische Form eines Skis aufwiesen. Im Bois des Huit-Rues, einem Wald bei Hazebrouck, entstand eine der 96 Stellungen der ersten Generation. Die Luftaufklärer der Alliierten konnten aufgrund der standardisierten skiförmigen Lagergebäude nahezu alle Standorte ausmachen. Die Anlage bei Hazebrouck hatten die Alliierten bereits im November 1943 bombardiert und zerstört; sie konnte deshalb nicht für den Einsatz der Fi-103 auf London genutzt werden. Noch heute sind mehrere Gebäude der ehemaligen militärischen Stellung vorhanden und im Rahmen eines Erinnerungspfades für Besucher erschlossen. Der Bunker in Siracourt ist ebenfalls noch vorhanden und kann auf eigene Gefahr besichtigt werden.

Skiförmiges Bunkergebäude in Hazebrouck, 2010

Wegweiser am Erinnerungspfad, 2010

5 Großbunker »Schotterwerk Nordwest«, Wizernes

La Coupole
Rue du Mont à Car
62570 Helfaut, Frankreich
www.lacoupole-france.com

Öffnungszeiten:
Mo. – So. 9 – 18 Uhr

Le Blockhaus D'Éperlecques
Rue du Sart
62910 Éperlecques, Frankreich
www.leblockhaus.com

Öffnungszeiten:
Mai – Sept.: 10 – 19 Uhr
Okt. – Apr.: 10 – 17 Uhr

Eingangsgebäude des Museums und Bunkerkuppel, 2010

Die 14 Meter hohe und 13,5 Tonnen schwere Großrakete »Aggregat 4« (A4), die von der NS-Propaganda als »Vergeltungswaffe 2« (V2) bezeichnet wurde, war die erste Rakete der Welt, die den Weltraum erreichen konnte. Ihre Reichweite betrug 250 bis 300 Kilometer mit einem Ballast von 1000 Kilogramm Sprengstoff und einer Maximalgeschwindigkeit von etwa 5500 Stundenkilometern. Die A4 wurde in Peenemünde zur Serienreife gebracht und zunächst in zwei Produktionshallen hergestellt. Nachdem die alliierte Luftaufklärung auf die Heeresversuchsanstalt Peenemünde aufmerksam geworden war, flogen britische Bomberverbände in der Nacht vom 17. zum 18. August 1943 Luftangriffe auf Peenemünde (»Operation Hydra«), die das gesamte Versuchsgelände zerstörten. Danach verlagerte man die Serienproduktion der A4 unter anderem in das unterirdische Rüstungswerk des Konzentrationslagers Mittelbau-Dora bei Nordhausen im Harz (→ S. 124), wo KZ-Häftlinge unter Tage und unter menschenverachtenden Bedingungen die Rakete produzieren mussten.

Während des Zweiten Weltkriegs wurden ab dem 6. September 1944 rund 3200 V2-Raketen abgeschossen, vornehmlich auf englische und belgische Städte. Bei der A4 gab es aufgrund ihrer Überschallgeschwindigkeit und der Möglichkeit, sie von modifizierten Wehrmachtsfahrzeugen aus zu starten, keine ausreichende Vorwarnzeit für die Zivilbevölkerung. Ab Ende 1944 beschäftigte man sich im »Dritten Reich« mit einer Weiterentwicklung der A4, die eine weitaus größere Reichweite aufweisen sollte, um zum Beispiel Ziele in Nordamerika angreifen zu können. Das Projekt mit der Codebezeichnung A9 (Projekt Amerika) kam allerdings über das Planungsstadium nicht hinaus.

Nach den ersten erfolgreichen Tests der A4 im Oktober 1942 forderte Adolf Hitler bereits im Dezember den Bau von Abschussbunkern in Nordfrankreich. Ab März 1943 begann die »Organisation Todt« bei Éperlecques, etwa 30 Kilometer südlich von Calais, mit dem Bau eines komplexen Bunkersystems mit dem Tarnnamen »Kraftwerk Nordwest«, wo die A4 bombensicher gelagert und von

wo aus sie danach verschossen werden sollte. Für die Bauarbeiten wurden auch Zwangsarbeiter herangezogen. Nach 22 alliierten Luftangriffen – der verheerendste ereignete sich am 27. August 1943, als 187 B-17-Bomber der US-Streitkräfte das Objekt mit knapp 330 Tonnen Bomben angriffen – wurden die Bauarbeiten am Großbunker im Sommer 1944 endgültig eingestellt. Der verbunkerte Bereich für die Herstellung von Flüssigsauerstoff, einem elementaren Treibstoff der Rakete, wurde nicht so stark zerstört, so dass diese Produktion anlaufen konnte.

Als Ersatz für die luftschutzsichere Lagerung und als einen weiteren Abschussort der Fernrakete war bereits ab der zweiten Jahreshälfte 1943 bei Wizernes ein massives Bauwerk unter dem Tarnnamen »Schotterwerk Nordwest« entstanden. Eine mächtige, 70 Meter im Durchmesser betragende und fünf Meter dicke Betonkuppel sollte die Anlage vor alliierten Bombardierungen schützen. Unter der Kuppel und im angrenzenden Bergmassiv sollten die Raketen gelagert und für den Abschuss vorbereitet werden. Nach Abschluss der Bauarbeiten sollten von hier aus täglich bis zu 50 Raketen verschossen werden. Auch bei diesen Bauarbeiten wurden neben den Arbeitskräften der »Organisation Todt« und des Reichsarbeitsdienstes Tausende Zwangsarbeiter und KZ-Häftlinge unter fürchterlichen Arbeitsbedingungen und mangelnder Versorgung eingesetzt. Nach etwa 20 Angriffen durch die alliierten Luftstreitkräfte, bei denen etwa 4000 Bomben abgeworfen wurden, war zwar das Bergmassiv in Teilen, aber nicht das Kuppelbauwerk zerstört. Erst die erfolgreiche Landung der Alliierten in der Normandie stoppte am 28. Juli 1944 den Weiterbau. Die vorhandenen technischen Einbauten wurden in Éperlecques und Wizernes unter Zeitdruck demontiert und zurück nach Deutschland gebracht. Die Reste beider Großbunkeranlagen wurden in Museen umgewandelt und können heute besichtigt werden.

A4 (l.) und Modell des Bunkerkomplexes (M.) im Museum, 2010; unten: Hochbunker bei Éperlecques, 2010

6 Batterie »Todt«, Audinghen (Atlantikwall)

Musée du Mur de l'Atlantique
»Batterie Todt«
62179 Audinghen

www.batterietodt.com

Öffnungszeiten:
Apr. – Okt.:
9 – 12 Uhr, 14 – 18 Uhr
Febr., Mrz., Nov.:
10 – 12 Uhr, 14 – 17 Uhr

Am 14. Dezember 1941 befahl Adolf Hitler den Bau eines »Neuen Westwalls«, der auf einer Länge von etwa 5000 Kilometern an der Atlantik- bzw. Nordseeküste durch einen »Gürtel von Bollwerken« mit 15 000 Betonbauten die eroberten Gebiete vor einer alliierten Invasion sichern sollte. Dies kann als Geburtsstunde des Atlantikwalls vom Nordkap bis zur Biskaya angesehen werden. Die bereits kurz nach der Besetzung Frankreichs an strategisch wichtigen Küstenorten errichteten Bunkerbauwerke wurden beim Ausbau des Verteidigungswalls in die Festungslinie integriert.

Ehem. Geschützbunker Nr. I (o.) und teilweise zerstörter Geschützbunker Nr. II (u.), 2010

An der engsten Stelle des Ärmelkanals wurden zahlreiche Geschütze in verbunkerten Stellungen installiert. Die Geschosse konnten zwar nur gerade so die englische Küste erreichen, doch strategisch wichtiger war es, den Ärmelkanal für feindliche Schiffe unpassierbar zu machen. So wurde auch am Cap Gris-Nez die Batterie »Siegfried« im Februar 1942 offiziell eingeweiht. Als Fritz Todt, der maßgeblich für den Auf- und Ausbau des Atlantikwalls zuständig war, am 8. Februar 1942 tödlich verunglückte, wurde zu seinen Ehren die Batterie »Siegfried« in Batterie »Todt« umbenannt.

Todt, eine der zentralen Figuren im Nationalsozialismus, war ab 1938 »Generalbevollmächtigter für die Bauwirtschaft« und ab März 1940 »Reichsminister für Bewaffnung und Munition«, dem in diesen Funktionen die Leitung eines Großteils der deutschen Kriegswirtschaft unterstand. Die von ihm 1938 gegründete »Organisation Todt« (OT) begann bereits im Gründungsjahr mit der Errichtung

Notstromaggregat im heutigen Museum, 2010

des Westwalls und 1940 – nach der Besetzung der Beneluxstaaten und Frankreichs durch die Wehrmacht – auch mit dem Aufbau des Atlantikwalls. Außerdem organisierte sie Großprojekte wie den Ausbau von Luftschutzanlagen oder die Errichtung der Flaktürme (→ S. 100) im gesamten Reichsgebiet. Bei der OT kamen nach Beginn des Zweiten Weltkrieges zunehmend Zwangsarbeiter, Fremdarbeiter, Kriegsgefangene und KZ-Häftlinge zum Einsatz – bis zum Ende des Krieges waren es mehr als eine Million Menschen.

Die Batterie »Todt« bestand unter anderem aus vier Geschützbunkern und einem abgesetzten Feuerleitbunker. Bei den im Durchmesser 40 Meter großen Geschützbunkern verbaute man jeweils 800 Tonnen Stahl und 12 000 Kubikmeter Beton. Die Reichweite der 38-cm-Geschütze, die ursprünglich für einen Einsatz auf Schlachtschiffen wie der »Tirpitz« oder der »Bismarck« vorgesehen waren, betrug bis zu 55 Kilometer. Die Batterie »Todt« blieb trotz mehrerer Luftangriffe auch noch nach der Landung der Alliierten in der Normandie im Betrieb, bis alliierte Truppen am 29. September 1944 die militärische Stellung von der Landseite aus eroberten.

Seit 1971 befindet sich in einem der ehemaligen Geschützbunker ein Museum zur Geschichte des Standortes und zum Zweiten Weltkrieg. Auf dem Außengelände ist neben zahlreichen Exponaten auch ein ehemaliges 28-cm-Eisenbahngeschütz ausgestellt. Die anderen verbunkerten Bauwerke der Stellung sind mehr oder weniger gut zugänglich und auf eigene Gefahr zu betreten.

Blick vom ehem. Geschützbunker in Richtung Küste, 2010

7 Cabinet War Rooms, London

Churchill War Rooms
Clive Steps
King Charles Street
London SW1A 2AQ

www.iwm.org.uk

Öffnungszeiten:
Mo. – So. 9.30 – 18 Uhr

Ehem. Lagerraum (o.), Mauerdurchbruch zum Bunker (u.), 2005

Bereits im Ersten Weltkrieg gab es Befürchtungen, London könnte als Hauptstadt Großbritanniens zum Ziel von Luftangriffen werden. Nach dem Krieg rechneten die Experten anhand der Erfahrungen mit dem Bombenkrieg bereits in einer ersten Phase

mit 200 000 Toten, sollte es zu einem Luftkrieg zwischen Deutschland und England kommen. Daher gab es schon in den 1920er Jahren Überlegungen, im Kriegsfall das britische Kabinett außerhalb der Stadt geschützt unterzubringen. Doch ließ man diese Gedankenspiele fallen, da man die Moral der einheimischen Bevölkerung nicht schwächen wollte, indem die Regierung außerhalb der Hauptstadt in sicheren Quartieren agierte, während London unter den Angriffen zu leiden hatte.

Angesichts der aggressiven Politik der Nationalsozialisten in Deutschland und den von ihnen immer offener forcierten Kriegsvorbereitungen Ende der 1930er Jahre wollte sich die britische Führung trotz der von ihr betriebenen Appeasement-Politik für einen möglichen Ernstfall vorbereiten. Deshalb wurden in London ab dem Sommer 1938 die Räumlichkeiten und Kelleranlagen unter dem Finanzministerium zur unterirdischen Kommandozentrale für das Kriegskabinett ausgebaut. Nur wenige Tage vor Beginn des Zweiten Weltkrieges war der unterirdische Bereich ab dem 27. August 1939 einsatzbe-

Churchills Bett im Bunker, 2005

reit. Nach dem Überfall der deutschen Wehrmacht auf Polen am 1. September 1939 erklärte Großbritannien, genau wie Frankreich, zwei Tage später im Rahmen des Beistandspaktes mit Polen dem Deutschen Reich den Krieg.

Die im Regierungsviertel gelegene Bunkeranlage wurde nach der Fertigstellung als »Central War Rooms« und während des Zweiten Weltkrieges als »Churchill War Rooms« bezeichnet. Winston Churchill, der schon früh als Gegner der britischen Appeasement-Politik gegenüber dem NS-Regime galt und Europa auf einen neuen Weltkrieg zusteuern sah, wurde mit Kriegsbeginn von Premierminister Arthur Neville Chamberlain ins Kabinett berufen und am 3. September 1939 zum Marineminister ernannt. Nachdem Großbritannien die Besetzung Norwegens und Dänemarks nicht hatte verhindern können, trat Chamberlain am 10. Mai 1940 zurück, und Churchill wurde zu seinem Nachfolger ernannt. Zusätzlich wurde er Verteidigungsminister und führte Großbritannien unbeugsam durch den Zweiten Weltkrieg.

Die Bunkeranlage unter dem Finanzministerium war vor Luftangriffen mit bis zu drei Meter dicken Decken und zusätzlichen Stützpfeiler gesichert worden. Dort fanden mehr als 100 Vertreter der britischen Regierung einen bombensicheren Arbeitsplatz, wo sie auch übernachten konnten. Premierminister Winston Churchill stand dem Kriegskabinett vor. Mitte 1943 wurde ein abhörsicheres Telefon für eine Direktverbindung zum US-Präsidenten Franklin D. Roosevelt in einer vormaligen Abstellkammer der Bunkeranlage installiert, die nun »Transatlantic Telephone Room« hieß.

Während des Zweiten Weltkrieges wurde die unterirdische Einrichtung 115 Mal benutzt, zumeist bei Luftangriffen durch die Wehrmacht sowie beim Beschuss mit der Flügelbombe Fi-103 (→ S. 178) oder der V2-Rakete (→ S. 180). Den Bunkerkomplex hielt die britische Regierung bis zur Kapitulation Japans ständig einsatzbereit.

Bereits 1948 wurde die Anlage mitsamt ihrer Einrichtung unter Denkmalschutz gestellt und 1984 auf Initiative der damaligen britischen Premierministerin Margaret Thatcher der Öffentlichkeit zugänglich gemacht. Seit 2003 wurden für das Museum weitere Räumlichkeiten erschlossen, so dass seitdem auch die Unterkunfts-, Arbeits- und Versorgungsräume des ehemaligen »Cabinet War Room« zu besichtigen sind.

Heutiger Zugang zum Museum, 2005

8 Fort Eben-Emael

Rue du Fort 40
4690 Eben

www.fort-eben-emael.be

Öffnungszeiten:
Mrz. – Nov.:
jedes letzte Wochenende
im Monat 10 – 16 Uhr

Der deutsche Überfall auf Polen am 1. September 1939 und der anschließende Vormarsch beziehungsweise die Besetzung der im Hitler-Stalin-Pakt mit der Sowjetunion am 24. August 1939 ausgehandelten Gebiete Polens markieren den Beginn des Zweiten Weltkrieges. Unmittelbar nach dem Abschluss der militärischen Operationen in Polen forderte Adolf Hitler seinen Generalstab auf, Planungen für die Besetzung der Beneluxstaaten und den Angriff auf Frankreich auszuarbeiten. Nach der Besetzung Dänemarks und Norwegens im April 1940 begannen einen Monat später auch die Kampfhandlungen in Westeuropa.

Tunnelkreuzung (o.) und kleines Treppenhaus (u.) innerhalb des Forts, 2012

Der Angriff eines Sonderkommandos der Wehrmacht am 10. Mai 1940 auf das belgische Fort Eben-Emael gilt als eine der ersten militärischen Aktionen im Rahmen des Westfeldzuges. Bei der folgenden Invasion in Belgien und den Niederlanden wurden strategische Objekte wie Brücken oder Verteidigungsanlagen ohne vorherige Kriegserklärung besetzt und militärisch gesichert. Adolf Hitler verfolgte und leitete die Operationen der Wehrmacht aus dem »Führerhauptquartier Felsennest«.

Belgien hatte zu Beginn des 20. Jahrhunderts zahlreiche Anstrengungen unternommen, um Streitkräfte aufzubauen und eigene verbunkerte Verteidigungssysteme zu errichten. Im Rahmen des Ausbaus der Festung Lüttich (Liège), deren erste Festungsanlagen bereits zwischen 1880 und 1890 erbaut worden waren, kam es in den 1930er Jahren noch einmal zu umfangreichen Bauarbeiten. Auf einer Fläche von 750 000 Quadratmetern entstand als nördlichstes Fort zur Absicherung der Stadt zwischen 1932 und 1939 eine der heute weltweit größten eigenständigen Fortanlagen, die die Form eines unregelmäßigen Fünfecks besitzt. Das komplexe Verteidigungsbauwerk wurde mit zahlreichen Waffensystemen ausgestattet. Neben der 450 Tonnen schweren drehbaren Panzerkuppel mit einem Kaliber von 120 Millimeter waren zwei weitere drehbare kleinere Kuppeln für 75-mm-Geschütze sowie mehrere feste Geschützkasematten und Maschinengewehrbunker installiert. Alle Teilobjekte waren durch unterirdische Gänge miteinander verbunden. Im rückwärtigen Bereich existierte eine unterirische Kaserne mit leistungsfähigen Notstromgeneratoren, Filteranlagen, Heizungs- und Klimatechnik sowie ein unterirdisches Krankenhaus. Unterhalb der Kampfstände gab es umfangreiche Munitionsdepots. Insgesamt wurden hier im Einsatzfall bis zu 1200 Soldaten untergebracht.

In den Morgenstunden des 10. Mai 1940 landeten auf dem Plateau der Festung lautlos sieben Lastensegler mit 56 Soldaten der Wehrmacht. Durch neu entwickelte Hohlladungsgeschosse wurden innerhalb weniger Minuten alle Hauptwaffen und Beobachtungsstände des Forts vollständig zerstört. Nachrückende Pioniersprengtruppen der Wehrmacht sprengten schließlich einen Zugang in das unterirdische System. Militärisch hoffnungslos unterlegen, übergab der Festungskommandant nach kurzem Widerstand das Bollwerk an die deutschen Truppen. Bei den Kämpfen um das Fort Eben-Emael verloren 24 belgische und sechs deutsche Soldaten ihr Leben; alle belgischen Überlebenden wurde anschließend in deutsche Kriegsgefangenenlager gebracht, wo man sie jedoch von den übrigen Gefangenen isolierte, damit nichts über das Vorgehen des deutschen Sonderkommandos bekannt wurde.

Seit 1999 können die noch fast vollständig vorhandenen und museal hergerichteten unterirdischen Anlagen des Fort Eben-Emael im Rahmen von – auch deutschsprachigen – Führungen besichtigt werden. Die oberirdischen Festungswerke und das Plateau sind frei zugänglich. Für die Erkundung des gesamten Komplexes sollte ein ganzer Tag eingeplant werden.

Zugang zum unterirdischen Fort, 2012

9 Batterie »Hanstholm« (Atlantikwall)

Museumscenter Hanstholm
Molevej 29
7730 Hanstholm

museumscenterhanstholm.dk

Öffnungszeiten:
Febr. – Mai:
Mo. – So. 10 – 16 Uhr
Juni – Aug.:
Mo. – So. 10 – 17 Uhr
Sept. – Okt.:
Mo. – So. 10 – 16 Uhr

Panzersperren vor dem Dokumentationszentrum (o.), demontiertes Kanonenrohr der Batterie »Tirpitz«, 2011

Das neutrale Dänemark wurde ohne nennenswerten militärischen Widerstand von der deutschen Wehrmacht im Rahmen des »Unternehmens Weserübung« im April 1940 besetzt. In den folgenden Monaten dehnte sich der Zweite Weltkrieg auf weitere Länder Europas aus. Um die Außengrenzen der besetzten Länder Frankreich, Belgien, Niederlande und Norwegen abzusichern, entstanden bereits ab 1940 an strategischen Punkten militärische Anlagen, die eine Invasion der alliierten Truppen verhindern oder – wie etwa die massiven U-Boot-Bunker an der französischen Atlantikküste (→ S. 172) – der Kriegsmarine als Stützpunkt dienen sollten.

Am 14. Dezember 1941 befahl Adolf Hitler den Bau eines »Neuen Westwalls«, um auf die Erfordernisse der veränderten Kriegslage einzugehen und an der Ostfront dringend benötigtes Personal aus dem Westen abziehen zu können, ohne die Grenzen zu entblößen. Entlang der rund 5000 Kilometer langen Atlantik- bzw. Nordseeküste, die von den Deutschen kontrolliert wurde, sollte deshalb eine Verteidigungslinie mit 15000 Betonbauten errichtet werden: der Atlantikwall vom Nordkap bis zur Biskaya.

Nach den Erfahrungen beim Bau des Westwalls (→ S. 142), der bis zum Baustopp nach Ende des Frankreichfeldzuges enorme Ressourcen des Reiches verschlungen hatte, sollte der Bau des Atlantikwalls nicht auch noch die deutsche Wirtschaft über Gebühr belasten. Die Bauarbeiten an der Küstenbefestigung wurden deshalb in fünf Stufen projektiert. Zu Beginn sah man den Ausbau der norwegischen

Küstenlinie und die Befestigung der besetzten Kanalinseln vor, da dort die Wahrscheinlichkeit einer alliierten Landung als hoch eingeschätzt wurde. Anschließend sah man in der zweiten Ausbaustufe die Sicherung der französisch-belgischen Küste und in der dritten die der offenen niederländischen sowie west- und nordjütländischen Küstenabschnitte vor. Als vierter Bereich wurden die Deutsche Bucht und die niederländische Küste hinter den Westfriesischen Inseln mit Festungsbauwerken und Sperrelementen versehen. Die Ostseeküste schließlich spielte eine untergeordnete Rolle und nahm in den Plänen den letzten Platz ein, da man dort keine alliierte Invasion erwartete.

Die von Festungspionieren entwickelten Typen- und Regelbauten wurden von der »Organisation Todt« (OT) vor Ort errichtet. Auch für dieses gewaltige Bauprojekt standen nicht ausreichend deutsche Arbeitskräfte zur Verfügung. So griff man in den besetzten Ländern auf lokale Bauunternehmen zurück oder verschleppte Zwangsarbeiter und KZ-Häftlinge an die unterschiedlichen Baustellen des militärischen Bollwerkes. Nach dem Tod des Leiters der OT, Fritz Todt, übernahm Generalfeldmarschall Erwin Rommel ab November 1943 die Ausbauarbeiten am Atlantikwall. Durch seine Intervention wurden bis zum Ende des Zweiten Weltkrieges die Küstenlinie und das angrenzende Hinterland mit einem dichten Netz von rund 8000 Bauwerken und Verteidigungsanlagen versehen. Wie bei anderen Bauprojekten des NS-Regimes hatte auch in diesem Fall die NS-Propaganda maßlos übertrieben: Der als unbezwingbar gepriesene Verteidigungswall bestand nur aus konzentrierten Sperr- und Verteidigungsanlagen entlang der Küste, die keine durchgehende Linie bildeten; außerdem wurden die Arbeiten bis Kriegsende nicht abgeschlossen, so dass die Verteidigungslinie viele Lücken aufwies.

Als zwei der größten militärischen Komplexe an der Nordseeküste wurden im dänischen Hanstholm und im norwegischen Kristiansand zwei 38-cm-Batterien aufgebaut. Durch deren strategisch günstige Lage konnten ihre Geschütze die Einfahrt in die Ostsee für alliierte Kriegsschiffe sperren. Die Reichweite der Waffen betrug bis zu 55 Kilometer. Der nicht in Schussweite gelegene Bereich im Skagerrak wurde zusätzlich nach der Besetzung Dänemarks und Norwegens von der Wehrmacht mit mehreren Seeminenfeldern gesichert.

Bis Mai 1945 wurden auf einem Gebiet von wenigen Quadratkilometern bei Hanstholm insgesamt 455 Bunker und zahlreiche oberirdische Kasernen-

Verlassene Geschützbettung der 38-cm-Batterie, 2011

und Zweckbauten sowie einfache Holzbaracken errichtet. Da die Region zum Sperrgebiet erklärt wurde, wurde die örtliche Bevölkerung evakuiert und von der dänischen Verwaltung in einfache Barackenlager zwangsumgesiedelt. Die schwere Batterie »Hanstholm II« war im Frühjahr 1941 so weit fertiggestellt, dass zwei von vier Kanonen in den Probebetrieb gehen konnten. Bis zum Kriegsende waren in und um Hanstholm über 6000 Wehrmachtssoldaten stationiert.

Die Geschütze blieben bis 1951/52 vor Ort und wurden danach verschrottet. Das Museum Hanstholm dokumentiert seit 2002 die Geschichte des deutschen Stützpunktes und informiert über die Hintergründe des Atlantikwalls. In das Museumskonzept ist ein ehemaliger Geschützbunker integriert, der zum Dokumentationscenter ausgebaut wurde. Zahlreiche Großexponate wie etwa Geschütze und Teile von Waffen sind auf dem Freigelände des Museums ausgestellt. Kleinere Bunkeranlagen können darüber hinaus ganzjährig über einen Wanderpfad erreicht und besichtigt werden.

10 Festung Nord, Liepaja

Jätnieku iela
3402 Liepaja (Libau)

Bunkerreste (o.) und zerstörte Geschützbettungen (u.) am Ostseestrand, 2010

Die baltischen Staaten – Litauen, Lettland, Estland – konnten sich nur zwei Jahrzehnte ihrer nach dem Ersten Weltkrieg gewonnenen Souveränität erfreuen. Der im August 1939 geschlossene Hitler-Stalin-Pakt fixierte in den geheimen Zusatzprotokollen die Interessengebiete des NS-Regimes und der Sowjetunion. Davon betroffen waren auch die baltischen Staaten. Nach dem Überfall der deutschen Wehrmacht auf Polen marschierten sowjetische Truppen wenig später in den polnischen Osten ein und besetzten im Frühjahr 1940 auch das Baltikum. Im Sommer desselben Jahres verloren die baltischen Staaten ihre Eigenständigkeit und wurden anschließend in das Staatensystem der Sowjetunion eingegliedert. Die gesamte baltische Führungsschicht sowie alle Personen, die gegen den Verlust der Unabhängigkeit opponierten, wurden verhaftet und zumeist in Sammel- oder Arbeitslager (Gulag) in das sowjetische Kernland deportiert.

Nach dem Überfall der Wehrmacht auf die Sowjetunion im Juni 1941 eroberten deutsche Truppen das Baltikum und erklärten es zum »Reichskommissariat Ostland«. Wie in anderen besetzten Regionen Europas wurde die ansässige jüdische Bevölkerung anschließend erfasst und in Konzentrations- und Vernichtungslager in Osteuropa deportiert. Die baltischen Staaten wurden mit Ende des Zweiten Weltkrieges wieder der sowjetischen Interessensphäre zugeschlagen und in die Sowjetunion eingegliedert. Erst durch Michail Gorbatschows Perestroika und die anschließenden Revolutionen in einzelnen Teilrepubliken der Sowjetunion erlangten Litauen, Lettland und Estland 1990/91 ihre Unabhängigkeit zurück.

Im Laufe der wechselvollen Geschichte der Region wurden in den verschiedenen Epochen zahlreiche militärische Befestigungsbauten errichtet, so auch im lettischen Liepaja (Libau), wo Zar Alexander III. ab 1890 umfangreiche Festungsanlagen und einen ersten Militärhafen bauen ließ. Am damaligen Stadtrand und innerhalb der Stadt wurden mehrere Festungen, Geschützbatterien und unterirdische Munitionslager angelegt. Die weitläufige nördliche Festung wurde von 1896 bis 1902 zur Küstenverteidigung und Absicherung der Stadt erbaut, aber nur wenige Jahre später, 1908, wieder abgerüstet. Die Waffen wurden demontiert und zum Teil eingeschmolzen. Nach der Besetzung Lettlands durch die Rote Armee 1940 wurden zwischen Liepaja und dem heutigen Klaipeda auch die ersten Bauten der Molotow-Linie errichtet. Diese befestigte Bunkerlinie sicherte die neue östliche Grenze der Sowjetunion mit Bunkern und weiteren Sperranlagen in Richtung Westeuropa ab.

Nach dem Überfall auf die Sowjetunion und dem anschließenden Einmarsch der Wehrmacht im Baltikum im Sommer 1941 erfolgte ein teilweiser Wiederaufbau der alten Festungsanlagen. Darüber hinaus wurden mehrere Regelbauten, die von den Festungspionieren in Berlin entwickelt worden waren, zusätzlich innerhalb des Festungsgürtels errichtet. Zum Ende des Kriegs war der Hafen der Stadt mit dem der weiter nördlich gelegenen Stadt Ventspils (Windau) der wichtigste Versorgungshafen, der ab dem 20. Oktober 1944 eingeschlossenen Heeresgruppe Nord, die ab Januar 1945 Heeresgruppe Kurland hieß. Bis zur Kapitulation wurden von hier eingeschlossene Soldaten und Zivilisten auf dem Seeweg abtransportiert. Trotzdem gerieten im Kurlandkessel knapp 200 000 Angehörige der Wehrmacht in sowjetische Gefangenschaft.

Nach dem Zweiten Weltkrieg wurden die Befestigungsanlagen von Liepaja von den sowjetischen Streitkräften weitergenutzt und an einigen Stellen massiv ausgebaut. Heute erinnern die zahlreichen Bunkeranlagen aus den verschiedenen Epochen an die unterschiedlichen Besatzer und die wechselvolle Geschichte der Region. Die weitläufigen Tunnel und unterirdischen Systeme können auf eigene Faust erkundet werden. Die teils zerstörten Bunkerreste am sonst idyllischen Ostseestrand haben etwas Surreales. Es ist nur eine Frage der Zeit und des Geldes, bis auch diese steinernen Relikte aus dem Stadtbild verschwunden sind. Seit einigen Jahren kann man an einem Spionagespiel mit dem Thema »Flucht aus der UdSSR« teilnehmen.

Oben: Zugang zum ehem. unterirdischen Fort, 2010; unten: Beobachtungs- und Feuerleittürme aus verschiedenen Epochen, 2010

11 Raketensilo Plateliai

Cold War Museum
Didžioji gatvė 8
Plateliai LT-90420

www.saltojokaromuziejus.lt

Öffnungszeiten
Jan. – Dez.: täglich geöffnet

Ehemaliger Abschussschacht für eine SS-4-Rakete, 2011

Ab 1987/88 erstarkten in den baltischen Staaten Estland, Litauen und Lettland die Bewegungen, die gegen die sowjetische Besatzung aufbegehrten und später die jeweilige staatliche Unabhängigkeit forderten. Ihren ersten Höhepunkt erreichte die »Singende Revolution« im Sommer 1989, als zwei Millionen Balten am 23. August 1989 eine Menschenkette von etwa 600 Kilometern Länge bildeten. Diese »Baltische Kette« verband die Hauptstädte Tallinn, Riga und Vilnius miteinander. Nur wenige Monate später erklärten die baltischen Staaten im Frühjahr 1990 ihre Unabhängigkeit, die ein Jahr später, im Sommer 1991, auch von der Sowjetunion anerkannt wurde.

In diesem Zusammenhang wurde auch der Abzug der sowjetischen Truppen beschlossen, die im Baltikum während des Kalten Krieges aufgrund der exponierten Lage am Rand der Sowjetunion viele Militärstandorte unterhielten. Nicht nur die Küstenlinie an der Ostsee und das Hinterland hatten die sowjetischen Militärs gesichert, um sich vor einer Invasion zu schützen, auch im Landesinneren existierten Militärbasen wie Flugplätze und verbunkerte Abschusseinrichtungen für Lang- und Mittelstreckenraketen.

In einem großen Waldgebiet in der Nähe der litauischen Stadt Plateliai, das heute ein Naturschutzpark ist, wurde zu Beginn der 1960er Jahre eine von mehreren verbunkerten Raketenabschussstellungen im Baltikum errichtet. Die ab Mitte der 1950er Jahre entwickelten Raketen vom Typ R-12, die von der Nato als SS-4 bezeichnet wurden, erlangten zusammen mit der weiterentwickelten SS-5-Rakete Berühmtheit während der Kubakrise, als die Sowjetunion sie im Einvernehmen mit der kubanischen Führung auf der Karibikinsel stationierte. Die Raketen vom Typ SS-4 besaßen eine Reichweite von 2000 Kilometern und stellten damit eine unmittelbare Bedrohung US-amerikanischen Territoriums dar. Der damalige US-Präsident John F. Kennedy reagierte prompt und verhängte über Kuba eine Seeblockade, da weitere sowjetische Raketentransporte auf dem Seeweg unterwegs waren. Eine Eskalation, die voraussichtlich einen Dritten Weltkrieg ausgelöst hätte, konnte im letzten Augenblick auf diplomatischem Weg verhindert werden.

Der militärische Komplex in Plateliai bestand aus verschiedenen Teilstandorten mit Unterkunfts-, Ausbildungs- und Versorgungsgebäuden. Auf einem kleinen Areal im heutigen Žemaitija National Park befand sich der übererdete Bunker für die atomaren Sprengköpfe der hier stationierten Raketen. Diese waren auf einer streng abgesicherten Fläche in vier unterirdischen Silos untergebracht, die an den Ecken einen Quadrats angeordnet waren. In der Mitte des Quadrates gab es einen zweigeschossigen Kommandobunker samt einem separaten Lager für die hochexplosiven Raketentreibstoffe.

Schon wenige Jahre nach dem Abzug der russischen Streitkräfte bot die lokale Nationalparkverwaltung öffentliche Besichtigungstouren durch die einst streng abgeschottete Anlage an. So ist im Laufe der Jahre und nach umfangreichen Sanierungs- und Modernisierungsarbeiten mit dem Cold War Museum eine moderne Dokumentationsstätte des Kalten Krieges entstanden. Die im ehemaligen Kommandobunker eröffnete Ausstellung ist eine der empfehlenswertesten ihrer Art. Die vier leeren, 20 Meter tiefen Raketenschächte, von denen einer zu besichtigen ist, verdeutlichen den Rüstungswahnsinn während des Kalten Krieges.

In den letzten Jahren wurden viele verbunkerte Standorte der SS-4 und SS-5 zurückgebaut. Von ähnlichen Einrichtungen ist nur noch eine in der Ukraine (→ S. 218) sowie zwei Raketenabschussbasen in den USA im Rahmen von Museen zugänglich.

Cold War Museum: Überblick (o.), ehem. Versorgungsgänge (u.) und Modell eines Raketensilos (l.), 2011

12 »Führerhauptquartier Wolfsschanze«, Kętrzyn

Gierłoż
11-400 Kętrzyn

www.wolfsschanze.pl

Öffnungszeiten
Jan. – Dez.: täglich geöffnet

Beim Überfall auf Polen folgte Adolf Hitler als Oberbefehlshaber der Wehrmacht mit seinem Stab der Front. Die militärische Führung des Krieges erfolgte aus umgebauten Eisenbahnwagen, den sogenannten Führersonderzügen, oder aus provisorisch errichteten Befehlsstellen, wie sie etwa im Hotel »Casino« in Sopot in der Nähe von Danzig angelegt wurden. Im Verlauf des Krieges beschloss man zuerst die Schaffung von bombensicheren Abstellbereichen für die Eisenbahnwaggons und später den Bau komplexer ortsfester Anlagen, in denen das benötigte Personal für die Führung eines Krieges, also vornehmlich Offiziere und Generäle der Wehrmacht, Vertreter des NS-Regimes und deren Arbeitsstäbe, untergebracht wurden.

Oben: ehem. Hochbunker Adolf Hitlers, 2011; unten: Hitler (M.) beim Empfang von Offizieren vor der Lagebaracke in der »Wolfsschanze« (l. Graf von Stauffenberg), Juni 1944

Ab dem 19. Dezember 1940 entstand in diesem Zusammenhang auch das »Führerhauptquartier Wolfsschanze« in der Nähe des ostpreußischen Rastenburg. Die Anlage sollte als Kommandozentrale für die Ausweitung des Krieges nach Osten dienen. Für die sichere Unterbringung Hitlers und seiner Gefolgschaft wurden neben sieben massiven Hochbunkern auch 40 verbunkerte Baracken sowie mehrere Wirtschafts-, Wohn- und Verwaltungsgebäude errichtet. Für die Bauarbeiten war die Organisation Todt zuständig. In unmittelbarer Nähe der »Wolfsschanze« entstanden die Quartiere des Oberkommandierenden des Heeres, der Luftwaffe, des Reichsführers der SS Heinrich Himmler, des Reichsaußenministers Joachim von Ribbentrop und anderer.

Die zeitweilige Verlegung des Regierungssitzes von Berlin oder Berchtesgaden (→ S. 168) nach Ostpreußen bedurfte einer gewissen Infrastruktur und Logistik. Um die Amtsgeschäfte auch koordiniert hinter der Front führen zu können, wurden mehrere alternative Regierungssitze projektiert und errichtet. In den Masuren entstand eines der größten ortsfesten »Führerhauptquartiere«. Der Hauptkomplex mit der Tarnbezeichnung »Wolfsschanze« entstand im Wald beim Dorf Görlitz, der in mehrere Sperrkreise unterteilt war. Im innersten »Sperrkreis 1« befanden sich die Bunker für die NS-Führer wie etwa Adolf Hitler oder Hermann Göring sowie die Lage- und Besprechungsräume der militärischen Stäbe. Aus Tarnungsgründen wurden alle Gebäude im Wald errichtet.

Das Betreten des Sperrgebietes war nur mit entsprechenden Passierscheinen möglich. Über die verfügte auch Claus Schenk Graf von Stauffenberg, Generalstabsoffizier und prominentes Mitglied einer Widerstandsgruppe im Militär, dem es am 20. Juli 1944 gelang, eine in einer Aktentasche versteckte Bombe in der Lagebaracke der »Wolfsschanze« zu deponieren, um Hitler zu töten. Das Attentat, das die Initialzündung für den Sturz der NS-Führung sein sollte, misslang, und die »Verschwörer« wurden teils noch am selben Tag hingerichtet.

An insgesamt 57 Tagen wurden in Anwesenheit Adolf Hitlers aus der »Wolfsschanze« sämtliche Amtsgeschäfte geführt. Während der Belegung hielten sich im Raum Rastenburg mehr als 7000 Personen auf. Kurz vor dem Einmarsch der Roten Armee Ende Januar 1945 wurde das Objekt evakuiert, und die massiven Bauten wurden von der Wehrmacht gesprengt.

Seit 1959 ist das Areal des ehemaligen Sperrkreises 1 als Museum öffentlich zugänglich. Dort, wo einst die Baracke stand, in der Stauffenberg seinen Attentatsversuch unternahm, befindet sich eine kleine Gedenktafel. Durch die Sprengungen der massiven Hochbunker werden an vielen Stellen die Bauweise und der Schutzbereich sichtbar. Eigentlich handelte es sich um stark geschützte einfache Baracken mit wenigen Räumen. Die Wand- und Deckenstärken betrugen bis zu sechs Metern.

Ehemaliger Gästebunker, 2011

Die Gebäude werden heute in dem Zustand gezeigt, in dem sie zurückgelassen wurden. Mehr als 200 000 Besucher kommen jährlich an diesen Ort. Die teils verbunkerten Quartiere der weiteren Stäbe sind – wie etwa das Objekt Mauerwald – ebenfalls touristisch erschlossen. Dort findet allerdings – wie auch an den Überresten des ehemaligen Führerhauptquartiers – keine museale, reflektierte Aufarbeitung der Geschichte statt, sondern man kann bloß die vorhandenen, nicht gesprengten leeren Bunker und Betonreste besichtigen. Vor Ort ist es allein den für die Besuchergruppen zuständigen Referenten überlassen, inwieweit sie sich kritisch reflektierend mit diesem prekären historischen Erbe auseinandersetzen. 2012 hat der polnische Staat die Bewirtschaftung des Areals neu ausgeschrieben. Die Infrastruktur soll modernisiert werden, um mehr Besucher durch die Anlage zu schleusen.

13 Batterie »Schleswig-Holstein«, Hel

ul. Dworcowa
84-150 Hel

http://helmuzeum.pl

Öffnungszeiten:
Apr. – Okt.: täglich geöffnet

Danzig und Umgebung wurden auf Grundlage des Versailler Vertrages am 15. November 1920 aus dem Deutschen Reich herausgelöst und in einen eigenständigen Staat umgewandelt, der fortan unter Aufsicht des Völkerbundes stand. Dies hatte zur Folge, dass die Freie Stadt Danzig in der Zwischenkriegszeit, vor allem aber nach der Machtübernahme der Nationalsozialisten im Deutschen Reich, ein ständiges Objekt von politischen Auseinandersetzungen zwischen Polen und Deutschland war. 1924 billigte der Völkerbund trotz massiver Widerstände des Danziger Senats den Aufbau eines polnischen militärischen Stützpunktes auf der Halbinsel Westerplatte, der in den 1930er Jahren mit mehreren Verteidigungsbauwerken ausgestattet wurde. Nun wurden auf der Westerplatte auch polnische Infanterieeinheiten dauerhaft stationiert.

Oben: Frühere Geschützbettung in Hel, 2010; unten: Denkmal für die Verteidiger der Westerplatte, 2010

Am 1. September 1939 überfiel die deutsche Wehrmacht polnische Hoheitsgebiete in Danzig und löste so den Zweiten Weltkrieg in Europa aus. Der eine Woche zuvor gewählte »Staatsführer« Albert Forster verfügte am selben Tag den völkerrechtswidrigen Anschluss des gesamten Gebietes an das Reich. Bei dem Überfall spielte die »Schleswig-Holstein« eine Schlüsselrolle. Das zum Kadetten-Schulschiff umgebaute ehemalige Linienschiff war bereits am 25. August 1939 in den Danziger Hafenkanal eingelaufen und ankerte vor der Westerplatte. Offiziell hatte sich das Schiff zu einem Freundschaftsbesuch angemeldet. Versteckt unter Deck befanden sich neben der normalen Besatzung aber auch 230 Mann einer Marinestoßtruppkompanie. Die ursprüngliche Planung sah einen Überfall bereits für den 26. August vor, was aber kurzfristig verschoben wurde. Knapp eine Woche später erfolgte am 31. August der Angriffsbefehl für den 1. September 1939. Die »Schleswig-Holstein« eröffnete um 4.45 Uhr das Feuer auf den polnischen Stützpunkt auf der Westerplatte. Die Kämpfe wurden durch Sturzkampfbomber der Luftwaffe unterstützt, doch gelang es den Deutschen zunächst nicht, die Westerplatte zu erobern. Die polnischen Einheiten verteidigten die Halbinsel mehrere Tage, bis sie am 7. September letztlich aufgeben mussten.

Mit der Besetzung des Landes durch die Wehrmacht begann auch der militärische Ausbau der Region. Zur Absicherung der Danziger Bucht wurde in knapp 25 Kilometern Entfernung, strategisch günstig auf der Halbinsel Hel gelegen, ab Ende 1939 die Batterie »Schleswig-Holstein« mit drei Geschützbunkern, einem Feuerleitturm und mehreren verbunkerten Munitionslagern errichtet. In den Bunkern wurden die 1934 von der Firma Krupp für die geplanten, aber nicht gebauten Nachfolger der »Bismarck«-Klasse entwickelten 40,6-cm-Schiffsgeschütze installiert. Im Sommer 1941 testete man die Kampffähigkeit der Batterie und feuerte einige Übungsschüsse ab. Fortan konnte der militärische Stützpunkt feindlichen Schiffen die Einfahrt in die Danziger Bucht verwehren. Nach dem Sieg über Frankreich bestand die Gefahr einer alliierten Invasion jedoch nicht mehr in der Ostsee, sondern eher in der Nordsee oder an der Kanalküste. Im darauffolgenden Winter wurden deshalb die Geschütze demontiert, um sie im besetzten Frankreich bei Calais in der neu aufgebauten Batterie »Lindemann« wieder zu installieren, wo sie zusammen mit weiteren Bauten des Atlantikwalls dazu beitragen sollten, an der Kanalküste eine alliierte Invasion zu unterbinden und die wichtige Wasserstraße zwischen Frankreich und Großbritannien zu sperren.

Nach dem Zweiten Weltkrieg nutzten die polnischen Streitkräfte einige Bunker als Lager. Mit der Reduzierung der Truppenstärke nach dem Zusammenbruch der Sowjetunion in den 1990er Jahren wurden die Bauwerke dann aufgegeben. Versteckt in einer Dünenlandschaft, eröffnete im Mai 2006 in der Geschützbatterie Nummer zwei ein Technik- und Waffenmuseum. Seitdem können sowohl die betonierten Stellungen als auch der hohe Feuerleitturm besichtigt werden.

Die Westerplatte wurde am 9. Oktober 1966 zu einer Gedenkstätte umgewandelt, gemahnt an den Beginn des Zweiten Weltkrieges und ehrt die polnischen Verteidiger. Auf dem Gelände des einstigen polnischen Munitionslagers wurde an diesem Tag das 23 Meter hohe und aus 236 Granitblöcken bestehende »Denkmal für die Verteidiger der Küste« offiziell eingeweiht. Heute ist die Denkmallandschaft frei zugänglich. Perspektivisch sollen die Gebäude und Einrichtungen der Westerplatte wieder in der Gestalt aufgebaut werden, die sie Ende August 1939 besaßen.

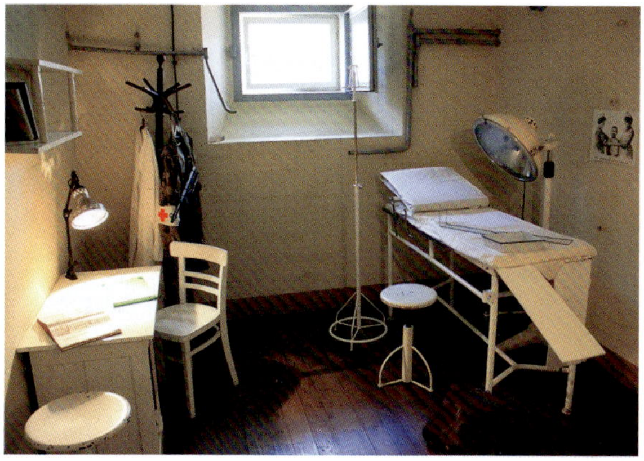

Eingangsbereich der ehemaligen Geschützbatterie (o.), Ausstellungsraum im Bunkermuseum (u.), 2010

14 Eisenbahnbunker »Askania Mitte«, Spała / »Askania Süd«

Konewka 17
97-214 Spała

www.bunkierkonewka.eu

Öffnungszeiten:
Mai – August:
täglich geöffnet 10 – 18 Uhr
Sept. – Okt.:
täglich außer Mo. 10 – 17 Uhr
Nov. – Dez. und Apr. – Mai:
Sa. / So. 10 – 16 Uhr

Askania Süd
Dorfmitte
38-125 Stępina

Öffnungszeiten:
Mai - August: Sa.-So. 10 - 18 Uhr

Schülergruppe vor dem ehem. Eisenbahnbunker »Askania Mitte«, 2011

Als Vorbereitung für den deutschen Überfall auf die Sowjetunion im Sommer 1941 wurden außer der »Wolfsschanze« (→ S. 194) auch zwei etwas südlicher gelegene Standorte für die bombensichere Unterbringung der Führersonderzüge errichtet, die als luftschutzsichere vorgeschobene Gefechtsstände dienen sollten. Die beiden Standorte erhielten die Tarnnamen »Askania Mitte« und »Askania Süd«. Als »Askania Nord« wurde in der Bauphase das »Führerhauptquartier Wolfsschanze« bezeichnet.

Das Objekt »Askania Mitte« entstand zwischen Oktober 1940 und September 1941 unter der Bauleitung der »Organisation Todt« etwa 40 Kilometer südöstlich von Lodz (Litzmannstadt). Es bestand aus zwei zehn Kilometer voneinander entfernten Eisenbahnbunkern mit weiteren Bunkeranlagen zum Schutz des Personals und der Technik. Alle Bauten wurden bis auf die Tank- und Vorratsbehälter oberirdisch ausgeführt. Im Wald von Konewka baute man einen 380 Meter und bei Jelen einen 335 Meter langen Eisenbahnbunker mit jeweils 2,5 Meter dicken Außenwänden. Daneben entstanden zwei verbunkerte Pumpenhäuser, ein Nachrichtenbunker für die Fernmeldetechnik, ein Bunker für das Personal und weitere Funktionsbauten. Während der Bauphase waren bis zu 4500 Arbeiter eingesetzt. Beide Anlagen wurden aber letztlich nie als vorgeschobene Gefechtsstände der Wehrmacht genutzt. Bei der Verlagerung der Rüstungsindustrie in den Untergrund kamen die verbunkerten Eisenbahntunnel ab 1944 als Munitionsdepot und als Werkstatt für Flugzeugmotoren zum Einsatz.

Die Anlage »Askania Mitte« ist zum Teil touristisch erschlossen. Im nördlichen Eisenbahnbunker befindet sich heute eine Ausstellung zur Geschichte des Komplexes und eine Militärtechnikschau. Die im Umkreis befindlichen Funktionsbunker sind frei zu besichtigen, aber allesamt entkernt. Die erklärenden Texte in der Ausstellung beschränken sich auf die reine Beschreibung der ehemaligen Nutzung der Gebäude ohne Einbettung in den historischen Kontext.

Der zweite Komplex, »Askania Süd«, wurde etwa 80 Kilometer westlich von Przemyśl errichtet, in der

Außenansicht (l.) und Ausstellungstafeln (u.) im ehem. Bunker »Askania Süd«, 2012

Nähe der heutigen Grenze zwischen Polen und der Ukraine. Im Unterschied zu »Askania Mitte« besteht dieser Standort aus nur einem etwa 200 Meter langen Eisenbahnbunker und einigen verbunkerten Funktionsbauten. In der Nähe wurde zusätzlich ein bereits bestehender Tunnel für die sichere Unterbringung der Sonderzüge um- und ausgebaut. In der Nacht vom 27. auf den 28. August 1941 nahmen Adolf Hitler und Italiens Diktator Benito Mussolini hier Quartier, um nach dem Überfall der Wehrmacht auf die Sowjetunion für einige Stunden die nahe Front zu besuchen.

Eisenbahnbunker und Eisenbahntunnel können zu bestimmten Öffnungszeiten des Museums bzw. in den Sommermonaten besichtigt werden. Aber auch hier – wie generell bei den museal nachgenutzten Bunkeranlagen in Polen – fällt auf, dass nur der rein militärische Aspekt thematisiert wird. Eine Beschäftigung mit den geschichtlichen Hintergründen und den Konsequenzen, die aus den teils hier getroffenen Entscheidungen folgten, finden nur rudimentär oder gar nicht statt.

15 Festungsfront Oder-Warthe-Bogen, Lubrza

Petla Boryszynska
(Museum »Burschener Schleife« / Panzerwerk Nord)
Boryszyn
66-218 Lubrza

www.petla-boryszynska.de

Öffnungszeiten:
Apr. – Okt.: täglich geöffnet

Deutschsprachige Führungen und Exkursionen:
www.versteckte-orte.de

Kuppeln des ehem. Panzerwerks 724 (o.) und Hauptholgangsystem im Zentralbereich (u.), 2008

Die Versailler Verträge begrenzten nach Ende des Ersten Weltkrieges die Gesamtzahl der Streitkräfte der Reichswehr auf 115 000 Personen. Davon entfielen 15 000 Soldaten auf die Marine, der Rest auf das Heer. Des Weiteren wurde Deutschland der Aufbau einer eigenen Luftwaffe generell verboten. Um Truppen strategisch in Deutschland zu stationieren und auch die Grenzen zu sichern, wurden

bereits ab Ende der 1920er Jahre vom Oberkommando der Reichswehr verschiedene Überlegungen angestellt. Die Westgrenze für die Errichtung von militärischen Anlagen war tabu, so richtete sich der Fokus auf die östliche Reichsgrenze. Es wurden Bauten projektiert, mit deren Hilfe möglichst wenig militärisches Personal die Grenzen sichern können sollte. Zu Beginn der 1930er Jahre erfolgten erste Ausbauten im nördlichen und südlichen Bereich der östlichen Grenze. Mit der Machtübernahme der Nationalsozialisten wurde ein verstärkter Ausbau des mittleren Bereiches zwischen den Flüssen Oder und Warthe beschlossen. Bei einer Begehung des Geländes im Oktober 1935 erläuterten der damalige Oberbefehlshaber des Heeres, Generaloberst Werner von Fritsch, und der Inspekteur der Pioniere und Festungen, Otto-Wilhelm Förster, dem »Führer« Adolf Hitler das Prinzip eines gestaffelten befestigten Grenzabschnittes. Der erweiterte Ausbau wurde von Hitler persönlich genehmigt, und so begannen wenige Monate später die eigentlichen umfangreichen Baumaßnahmen des knapp 100 Kilometer langen Festungssystems im Lebuser Land. Das System bestand aus sogenannten Panzerwerken, Panzerbatterien, Artilleriewerken und natürlichen Wasserhindernissen.

Im Kern des militärischen Komplexes wurden die oberirdischen Kampf- und Beobachtungsbunker durch ein weitverzweigtes Tunnelsystem mit einer Gesamtlänge von knapp 30 Kilometern miteinander verbunden, da man hier ein potenzielles Angriffsgebiet vermutete. Die Versorgung der Einrichtungen sollte durch eine eigene Untergrundbahn sichergestellt werden, mit entsprechenden Gleisanlagen und Bahnhöfen. Bei den Bauarbeiten wurden mehr als 10 000 Arbeiter eingesetzt.

Hitler besuchte 1938 wiederholt die Baustelle und verhängte schließlich einen sofortigen Baustopp. In seinen Augen waren die Anlagen »wertlose Mausefallen ohne Feuerkraft mit ein oder zwei kümmerlichen MG-Türmen« und »Festungen, die nur der Konservierung von Nichtkämpfern dienen«. Daraufhin wurde der Weiterbau eingestellt, um personelle und materielle Ressourcen für andere Bauprojekte einsetzen zu können, wie etwa für den ab 1936 errichteten Westwall (→ S. 142) und später für den Atlantikwall (→ S. 182). Letztlich zeigte sich 1938 bereits, dass man in der Region keine defensiven Bauwerke benötigte, da in den Köpfen der NS-Strategen bereits ein Überfall auf Polen einkalkuliert wurde.

Nach der Besetzung Polens war die Festungsfront Oder-Warthe-Bogen ohnehin militärisch sinnlos geworden, da sie sich nicht mehr an einer Außengrenze befand. Die nun verwaiste und in großen Teilen leerstehende und zweckfreie Bunkeranlage wurde mit der Verlagerung von Rüstungsunternehmen in den bombensicheren Untergrund als Produktionsstandort zwischengenutzt. Doch mit den deutschen Niederlagen in Stalingrad und an anderen Fronten in Osteuropa wurde – da die Rote Armee immer weiter nach Westen vorrückte – der Wiederaufbau und die Bewaffnung der Festungsfront beschlossen. Doch im fünften Kriegsjahr 1944 fehlte es nicht nur an den entsprechenden militärischen Einbauten und Waffen, sondern auch an einer knapp 5000 Mann starken und ausgebildeten Besatzung.

Besuchergruppe vor dem als Museum genutzten ehem. Panzerwerk 717, 2008

Das eilig und provisorisch ausgebaute Verteidigungssystem zwischen Oder und Warthe wurde im Winter 1944/45 größtenteils mit Volkssturmeinheiten besetzt. Die sowjetischen Truppen konnten bei ihrem Vormarsch in Richtung Berlin die Festung mit geringen Verlusten überwinden. Die eigens angelegten Wasserkanäle und Stauanlagen hätten eigentlich im Einsatzfall weite Landstriche unter Wasser setzen sollen, um feindliche Truppen in eine bestimmte Richtung zu lenken. Doch zum Zeitpunkt des Angriffs waren sämtliche Anlagen zugefroren.

Nach dem Ende des Zweiten Weltkrieges wurde ein Großteil des militärischen Komplexes von der Sowjet-Armee und später von der polnischen Armee nachgenutzt. Heute sind die unterirdischen Anlagen in den Wintermonaten eines der größten Fledermausquartiere Europas. Der gesamte leerstehende Komplex kann im Rahmen von Führungen außerhalb der Fledermausschutzzeit besichtigt werden. Vor Ort haben sich in den letzten Jahren zwei Museen etabliert, die über die Geschichte der Festungsanlage informieren und auch Führungen auf Deutsch durch die unterirdischen Systeme anbieten.

16 Deutsche Sprengchemie GmbH, Werk Forst-Scheuno

Werk Forst-Scheuno
Brozek
68-343 Zasieki

Werk Christianstadt
Im Jagen 27
5066-010 Nowogród Bobrzański

Führungen in beiden Objekten:
www.versteckte-orte.de

Ruine des unterirdischen Kraftwerks, 2010

Für den Nachschub mit kriegswichtigen Waffen und der entsprechenden Munition für die Wehrmacht wurden bereits vor dem und auch während des Zweiten Weltkrieges zahlreiche Rüstungsstandorte auf- und ausgebaut. Zwischen 1939 und 1941 entstand auf der östlichen Seite der Neiße bei Forst ein Rüstungswerk zur Pulverproduktion.

Der gesamte Komplex war mehr als 600 Hektar groß und bestand aus etwa 400 massiven Gebäuden aus Stahlbeton. Außerdem wurden zwei riesige unterirdische Kraft- und Wasserwerke sowie mehr als 70 Kilometer an betonierten Straßen, 38 Kilometer Gleise und 60 Kilometer Wasser- und Kanalisationsleitungen gebaut. Aus Sicherheitsgründen waren die Produktionsstätten im Wald verteilt, damit bei einer Havarie oder einem Unfall keine Kettenreaktion erfolgen konnte. Zusätzlich wurden aus Tarnungsgründen die Gebäude teilweise unterirdisch errichtet und die Dächer zumeist mit Bäumen und Sträuchern bepflanzt. Für die Produktion des rauchlosen Geschützpulvers und die anschließende Weiterverarbeitung wurden neben dem deutschen Fachpersonal und zwangsverpflichteten Arbeitskräften, darunter viele junge Frauen, auch KZ-Häftlinge eingesetzt, die aus den Konzentrationslagern Groß-Rosen und Auschwitz hierher verschleppt wurden. In der Phase der vollen Auslastung des Rüstungsbetriebes waren dies bis zu 2000 Personen. Monatlich wurden in diesem Werk 1500 Tonnen an Geschützpulver hergestellt, so auch für die Sprengköpfe der Flügelbombe Fi-103 (→ S. 180) und der Fernrakete Aggregat 4 (→ S. 182).

Das Rüstungswerk besetzte die Rote Armee am 28. Februar 1945. In den folgenden Jahren wurden die Produktionseinrichtungen, nun auf polnischem Gebiet gelegen, demontiert und die Liegenschaft zuerst als Lager von Staatsreserven genutzt und später zum militärischen Sperr- und Übungsgebiet erklärt. Ab 1960 wurde das Areal für die zivile Nutzung freigegeben. Einige Bunker dienen seitdem als Lager, andere beherbergen eine Champignonzucht. Doch ein Großteil der verbunkerten Gebäude steht heute leer. In einem Randbereich wurde 2007 eine der größten Paintball-Anlagen Europas eröffnet.

Da das Werk nicht sukzessive heruntergefahren, sondern kurz vor dem Eintreffen der Roten Armee einfach evakuiert worden war, befinden sich noch immer giftige und hochexplosive Rückstände in den unterirdischen Rohrleitungen. So sind nach dem Zweiten Weltkrieg zahlreiche Unglücke dokumentiert. Das schwerste ereignete sich im Frühjahr 2003, als eine polnische Studentengruppe die biologische Artenvielfalt im ehemaligen Sperrgebiet dokumentieren wollte. Bei der Erkundung eines ehemaligen Sammelbunkers fand man »seltsame« Rückstände, die explodierten, zwei Menschen in den Tod rissen und zwölf verletzten. Obwohl die Liegenschaft inzwischen von Munitionsresten beräumt wurde, sind chemische Rückstände noch immer vorhanden. Im Zweiten Weltkrieg sind alle Bau- und Projektunterlagen des Rüstungswerkes verschwunden oder wurden vernichtet. Einige zeitgeschichtlich interessierte Personen aus Deutschland dokumentieren seit mehreren Jahren akribisch die Liegenschaft und bieten auf Anfrage fachkundige Führungen durch den weitläufigen Komplex an. Von einer Erkundung des Geländes auf eigene Faust ist dringend abzuraten.

Reste der früheren Verladehalle bei Forst (l.), 2008 und Heizwerk im ehemaligen Rüstungswerk Christianstadt (u.), 2012

Rüstungswerk Christianstadt

Knapp 40 Kilometer weiter östlich befinden sich bei Nowogród Bobrzański (Naumburg am Bober) die Ruinen eines weiteren Rüstungswerkes der Nationalsozialisten. Diese Fabrik war eine der größten Sprengstoffwerke Europas. Zur Arbeit wurden mehrere tausend Zwangsarbeiter und KZ-Häftlinge eingesetzt und ausgebeutet. Ein Teil der ursprünglichen Industrieanlagen wird noch heute vom polnischen Militär als Depot von militärischen Fahrzeugen und Instandsetzungwerk nachgenutzt und ist nicht zu betreten. Weitere Teile liegen noch heute teils unter- und oberirdisch versteckt im Wald. Ein unbedarftes Betreten ist nicht zu empfehlen. Es bleibt zu wünschen, dass Abschnitte des Areals als Gedenk- und Erinnerungsort hergerichtet werden. Ein Rad- und Wanderweg führt bis weilen ohne Hinweise auf das Werk und an seine Geschichte quer durch das Areal.

17 »Führerhauptquartier Riese«, Wałbrzych

Museum Komplex »Osowka«
Ul. Grunwaldzka 20
58-340 Głuszyca
www.osowka.pl/de
Öffnungszeiten:
täglich 10 – 16 Uhr

Museum Komplex »Rzeczka«
Ul. 3 Maja 26
58-320 Walim
www.sztolnie.pl
Öffnungszeiten:
täglich 9 – 17 Uhr

Schloss Fürstenstein
Piastów Śląskich 1
58-301 Wałbrzych
www.de.ksiaz.walbrzych.pl
Öffnungszeiten: täglich

Zugang zum Objekt »Rzeczka« (u.) und teilweise ausgebauter Stollen des vermeintlichen »Führerhauptquartiers« (o.), 2009

In der zweiten Hälfte des Jahres 1943 ließ NS-Rüstungsminister Albert Speer ein »Führerhauptquartier« im schlesischen Eulengebirge errichten. Dieser Komplex mit dem Decknamen »Riese« sollte nach der Fertigstellung mit knapp 200 000 Quadratmetern als gigantisches unterirdisches Ausweich- und Wohnquartier für Adolf Hitler und seine Stäbe, für Vertreter der Wehrmacht und der SS sowie für andere Funktionäre des NS-Regimes dienen und nach der verlorenen Schlacht um Stalingrad auch eine neue Befehlsstelle für die Leitung der militärischen Aktionen in Osteuropa beherbergen. Die Baukosten waren mit 130 Millionen Reichsmark veranschlagt, die Bauarbeiten begannen im Herbst 1943 und wurden im Frühjahr 1944 von der »Organisation Todt« übernommen.

Wie an anderen Standorten zog man für die Bauarbeiten auch Zwangsarbeiter und KZ-Häftlinge heran. Dafür wurden knapp 20 Außenlager des Konzentrationslagers Groß-Rosen errichtet, in denen mehr als 20 000 Häftlinge untergebracht waren. Das KZ Groß-Rosen befand sich – je nach Baustelle – nur maximal 40 Kilometer entfernt und war ursprünglich als Außenlager des KZ Sachsenhausen bei Berlin eingerichtet worden. In dem nahe beim Konzentrationslager gelegenen Steinbruch sollte im Auftrag eines SS-eigenen Unternehmens Granit und weiteres Baumaterial für die Errichtung der größenwahnsinnigen Bauprojekte der nationalsozialistischen Machthaber, wie etwa für die Umgestaltung der Stadt Berlin zur Welthauptstadt Germania, gewonnen werden. Auf den zahlreichen Baustellen für den Komplex »Riese« haben durch die mangelhafte Ausstattung mit angemessener Bekleidung und Werkzeugen, der unzureichenden Versorgung mit Nahrungsmitteln und Medikamenten sowie dem harten Arbeitspensum etwa 5000 Menschen ihr Leben verloren. Trotz des massiven erzwungenen Arbeitseinsatzes kamen viele Bauwerke im Eulengebirge nicht einmal über das Stadium des Rohbaus hinaus.

Von einigen Autoren wurden die bisher sieben lokalisierten Stollensysteme, die nach der Fertigstellung die Stäbe von Adolf Hitler aufnehmen sollten, allein dem »Führerhauptquartier« Riese« zugeschrieben. Doch drängen sich beim Betrachten der einzelnen Systeme zahlreiche Parallelen zu Stollenanlagen der Rüstungsindustrie auf, wie etwa zum Tunnelsystem des KZ Mittelbau-Dora (→ S. 124). Laut Transportunterlagen waren für die abgeschlossenen Bauarbeiten im Eulengebirge bereits Tonnen an Beton und weiteren Baumaterialien abgerechnet worden. Doch das, was heute dort vorhanden ist, ist nur ein Bruchteil dessen, was auf dem Papier abgerechnet wurde. Da sämtliche Bauunterlagen verschwunden sind, lässt sich nur noch darüber spekulieren, was in den Bergen genau errichtet wurde bzw. werden sollte.

Heute sind einige Anlagen, die dem Komplex »Riese« zugeschrieben werden, touristisch erschlossen und können ganzjährig besichtigt werden. Das imposanteste Teilobjekt ist das Schloss Fürstenstein, das ab 1942 unter Leitung der »Organisation Todt« ebenfalls um- und ausgebaut wurde. Unterhalb der Schlossanlage wurde ein knapp zwei Kilometer langes Stollensystem aufgefahren, das der bombensicheren Unterbringung von NS-Funktionären dienen sollte. Nach der Fertigstellung sollte ein Fahrstuhl das Schloss mit dem 50 Meter tiefer gelegenen Stollen verbinden. Allein beim Ausbau dieser Anlage wurden mehr als 3000 KZ-Häftlinge eingesetzt. Heute kann ein kleiner Teil des Stollensystems besichtigt werden.

Im Schlosspark erinnert eine Gedenktafel an das Barackenlager der hier eingesetzten KZ-Häftlinge.

Aufgefahrener Stollen im früheren Komplex »Riese« im Objekt Osowka, 2009

18 Untertageanlage »Richard«, Litoměřice

Na Bidnici
412 01 Litoměřice

Památník Terezín
(Gedenkstätte Theresienstadt)
Principova alej 304
411 55 Terezín

Öffnungszeiten:
Nov. – Mrz.: 8 – 14 Uhr
Apr. – Okt.: 8 – 16 Uhr

Nach der Machtübernahme der Nationalsozialisten in Deutschland forderte Adolf Hitler Mitte der 1930er Jahre die Selbstbestimmung der deutschsprachigen Bevölkerung in Tschechien und Österreich. Nach der Annektierung Österreichs im März 1938 wurde durch das Münchner Abkommen am 29. September 1938 mit Billigung der Regierungsvertreter Großbritanniens, Frankreichs und Italiens das Sudetenland nur wenige Tage später dem nationalsozialistischen Deutschland einverleibt. Die genannten Regierungen stimmten zu, um die Eskalation des Konflikts mit dem Deutschen Reich zu vermeiden.

In der tschechischen Grenzregion, das als Sudetenland bezeichnet wurde, war ein hoher Anteil der Bevölkerung deutschsprachig: 2,9 von insgesamt 3,6 Millionen Menschen. Nach dem »Anschluss« wurde die dortige tschechische Bevölkerung vertrieben. Ein halbes Jahr später, im März 1939, erfolgte die »Einverleibung der Rest-Tschechei«, wie es im NS-Jargon hieß. Die übrigen Landesteile wurden von der Wehrmacht ohne Gegenwehr besetzt und ebenfalls vom Deutschen Reich widerrechtlich und gegen die Absprachen des Münchner Abkommens annektiert.

Zum Sudetenland zählte auch die tschechische Stadt Litoměřice, die nun ab Oktober 1938 Leitmeritz hieß und auf dem Territorium des Deutschen Reiches lag. Die Stollen eines ehemaligen Kalkbergwerks in der Nähe der Stadt wurden ab 1944 unter Ausbeutung von Zwangsarbeitern und KZ-Häftlingen ausgebaut. In drei Teilanlagen sollten die bestehenden und erweiterten Stollen als bombensichere Standorte für die Rüstungsindustrie bereitgestellt werden. Im Bereich »Richard I« sollte auf 60 000 Quadratmetern die Montage von Panzermotoren durch die Elsabe AG Leitmeritz, einer Tarnfirma der Auto Union Chemnitz, erfolgen. Bis zum Ende des Krieges waren nur etwa 25 Prozent der Gesamtanlage fertiggestellt.

Das geplante 15 000 Quadratmeter große Teilobjekt »Richard II« war als Produktionsstätte der Firma Osram GmbH Berlin vorgesehen. Obwohl nicht vollendet, begann man in den letzten Kriegsmonaten noch mit der Produktion von Panzermotoren. Die bei Osram eingesetzten Arbeitssklaven wurden in einem eigenen Barackenlager untergebracht, das als Außenlager des Konzentrationslagers Flossenbürg geführt wurde. Durch die mangelhafte Versorgung verloren 4500 von 18 000 hier eingesetzten Menschen ihr Leben. Die Leichname wurden sowohl im lagereigenen Krematorium als auch in dem des in der Nähe befindlichen Konzentrationslagers Theresienstadt verbrannt.

Nach dem Zweiten Weltkrieg gerieten die Teilobjekte I und II in Vergessenheit. »Richard III« wurde ab 1964 als 8400 Quadratmeter große Endlagerstätte für leicht radioaktive Abfälle genutzt. 2009 beschloss die Stadt Litoměřice, einen kleinen Bereich von »Richard I« wieder zu erschließen und eine Erinnerungs- und Dokumentationsstätte für die hier eingesetzten und ums Leben gekommenen Zwangsarbeiter einzurichten. Durch ungeklärte Besitzverhältnisse der Grundstücke und die hohen Instandsetzungskosten der mittlerweile teilweise eingebrochenen Stollen wurde das Vorhaben noch nicht verwirklicht. Eine kleine Gedenkstätte am Standort des ehemaligen Barackenlagers und eine Sonderausstellung in der Gedenkstätte KZ Theresienstadt informieren über das Geschehen an diesem Rüstungsstandort des nationalsozialistischen Regimes und das Schicksal der Häftlinge.

Links: Unterirdisches Stollensystem »Richard I.«, 2011

Jüdischer Friedhof (o.) und Gedenkstätte »Kleine Festung« in Theresienstadt (u.), 2011

19 Flakbunker, Wien

Haus des Meeres
Fritz-Grünbaum-Platz 1
1060 Wien

www.haus-des-meeres.at

Öffnungszeiten:
täglich 9 – 18 Uhr

Ehem. Gefechtsturm Augarten (o.), Aquarien im sanierten Leitturm Esterhazypark (u.), 2010

Am 12. März 1938 marschierten die Wehrmacht und deutsche Polizeieinheiten in Österreich ein, von vielen Österreichern jubelnd empfangen. Mit dem »Anschluss« Österreichs ging ein lang gehegter Traum Adolf Hitlers in Erfüllung: Als gebürtiger Österreicher glaubte er, es sei seine Pflicht, seine Landsleute »zu befreien« und in das Deutsche Reich und die nationalsozialistische Herrschaft einzugliedern. Nach Jahren, in denen die Nationalsozialisten nichts unversucht gelassen hatten, den Frieden in Österreich zu stören, waren sie nun am Ziel. Als Hauptstadt verlor Wien anschließend seine Bedeutung. Das Landesgebiet wurde in sieben Reichsgaue eingeteilt. Im Rahmen der Kriegsvorbereitung wurde die männliche Bevölkerung in die Wehrmacht einberufen, und zahlreiche Betriebe mussten auf Kriegsrüstung umstellen.

Mit dem »Anschluss« Österreichs galten nun auch wie im übrigen Reich die von den Nationalsozialisten erlassenen Gesetze und Bestimmungen. Das hatte für bestimmte Teile der Bevölkerung sofort fürchterliche Folgen, so etwa für die österreichischen Juden, aber auch für Kommunisten, Sozialdemokraten und andere Gegner des Nationalsozialismus. Auf dem ehemaligen österreichischen Staatsgebiet wurden das Konzentrationslager Mauthausen und zahlreiche KZ-Außenlager errichtet. Mit Kriegsende wurde Österreich ähnlich wie Deutschland von den Siegermächten besetzt und in verschiedene Besatzungszonen aufgeteilt. Allerdings endete die Besatzungszeit bereits 1955, und das Land wurde wieder unabhängig.

Wie Berlin (→ S. 100) und Hamburg (→ S. 62) sollte auch Wien auf direkten Befehl Hitlers drei Flakturmpaare – Gefechtssturm und Leitturm – erhalten, um die historische Innenstadt vor feindlichen Bomberverbänden zu schützen. Obwohl die Stadt 1942 noch nicht in Reichweite der britischen Bomber lag, beschloss man am 9. September den Bau dieser Anlagen. Als Erstes wurden die beiden Türme im Arenbergpark zwischen Dezember 1942 und Oktober 1943 errichtet. Der Gefechtsturm mit einem quadratischen Grundriss und einer Seitenlänge von 57 Metern besaß bis zu vier Meter dicke Außenwände. Wie in den anderen Türmen waren auch in Wien bestimmte Etagen als Luftschutzanlage für die Zivilbevölkerung vorgesehen, in anderen waren Krankenstationen, der Radiosender Wien und Produktionsstätten von Rüstungsbetrieben, zum Beispiel der Flugmotorenwerke Ostmar, untergebracht. Die obersten Etagen waren dem militärischen Personal vorbehalten. Auf dem Dach wurden verschiedene Flugabwehrgeschütze installiert.

Das nächste Flakturmpaar entstand zwischen Oktober 1943 und Juli 1944 in der Stiftskaserne bzw. im Esterhazypark. Der neun Etagen hohe Gefechtsturm auf dem Gelände der Kaserne wurde aus Mangel an Baustoffen fast rund (genauer: 16-eckig) ausgeführt. Der elf Etagen hohe Leitturm im Esterhazypark behielt seine rechteckige Grundform. Auch in diesem Fall wurden die unteren Etagen als öffentliche Zivilschutzeinrichtung und die oberen für militärische Zwecke benutzt. Das war auch bei den letzten beiden Flaktürmen so, die zwischen Juli 1944 und Januar 1945 im Wiener Augarten gebaut wurden. Der dortige Gefechtsturm ist ebenfalls fast kreisrund, besitzt 13 Etagen und bis zu 2,50 Meter dicke Außenwände. Er ist damit der größte aller bis dahin gebauten Flaktürme.

Heute finden sich noch immer alle sechs Türme im Wiener Stadtbild; allerdings werden nur zwei von ihnen dauerhaft nachgenutzt. Der ehemalige Leitturm im Esterhazypark wurde ab 1956 zum »Haus des Meeres« umgestaltet und enthält zahlreiche Aquarien. Direkt am Gebäude wurde 1999 ein Glasanbau für das Tropenhaus errichtet. Im Inneren ist eine Ausstellung zur Geschichte der Wiener Flaktürme zu finden, und bei gutem Wetter kann die Dachterrasse besucht werden. Der Gefechtsturm in der Stiftskaserne wird noch immer militärisch genutzt. Über die Nachnutzung der anderen, inzwischen unter Denkmalschutz stehenden Türme wird in Wien regelmäßig kontrovers diskutiert. Doch mehr als eine temporäre Nutzung für kulturelle Zwecke ist dabei nicht herausgekommen.

»Haus des Meeres« im umgebauten Flakleitturm im Esterhazypark, 2010

20 Untertageanlage »Zement«, Ebensee

KZ-Gedenkstollen Ebensee
Finkerleitenstraße
4802 Ebensee

www.memorial-ebensee.at

Öffnungszeiten Museum:
Okt. – Febr.:
Di. – Fr. 10 – 17 Uhr
März – Juni:
Di. – Sa. 10 – 17 Uhr
Juli – Sept.:
Di. – So. 10 – 17Uhr
Öffnungszeiten Stollen / Gedenkstätte:
Mai:
Sa. – So. 10 – 17 Uhr
Juni – Sept.:
Di. – So. 10 – 17 Uhr

Güterwaggons im noch heute genutzten Verladestollen, 2012

Nach der alliierten Bombardierung Peenemündes am 17. und 18. August 1943 wurde die Weiterentwicklung der Fernrakete A4 sowie die angelaufene Serienproduktion auf unterschiedliche Standorte verteilt. Wie in anderen Rüstungszweigen sollte durch die Dislozierung das Raketenprogramm aufrechterhalten werden, da man sich von der neuartigen Rakete A4 und der Flügelbombe Fi-103 (→ S. 178) die Kriegswende versprach. Die Truppen der Wehrmacht in Osteuropa zogen sich langsam zurück, und die Lufthoheit war bereits an die Alliierten verloren. Doch nun schienen konkurrenzlose Waffen in den Händen des NS-Regimes zu sein.

Als bekanntester Ort der Weiterproduktion der genannten Waffen ging das Konzentrationslager Mittelbau-Dora (→ S. 124) in die Geschichte ein. Daneben wurden noch viele weitere Standorte unter dem massiven Einsatz und der Ausbeutung von Zwangsarbeitern und KZ-Häftlingen aufgebaut. Unter menschenunwürdigen Bedingungen und bei mangelhafter Versorgung mussten Hunderttausende Sklavenarbeiter unterirdische Stollensysteme und Bunkeranlagen anlegen oder direkt in der Produktion der Waffen und Rüstungsgüter arbeiten. Zehntausende verloren dabei ihr Leben.

Am südlichen Ende des Traunsees wurde ab November 1943 im Salzkammergut das KZ-Außenlager Ebensee des Konzentrationslagers Mauthausen errichtet. Nach dem Aufbau eines einfachen Barackenlagers mussten die Häftlinge zahlreiche Stollen mit simpelsten Mitteln in das Bergmassiv treiben. Diese waren für die Weiterentwicklung und Produktion der bis dahin zur Serienreife gebrachten Fernrakete A4 vorgesehen. Mit dem Projekt A9 sollte zudem eine Rakete entwickelt werden, die durch eine extreme Steigerung der Reichweite auch den amerikanischen Kontinent erreichen können sollte. Für die Entwicklung und Vorserienproduktion der »Amerika-Rakete« entstanden entsprechend groß dimensionierte unterirdische Hallen, in denen auch die Triebwerke getestet werden sollten. Doch da das A9-Projekt nicht über das Planungsstadium hinausgekommen ist, wurden die unterirdischen Stollen ab Ende 1944 für andere Zwecke hergerichtet.

Im Teilbereich A des »Zement« genannten Objektes baute man eine Raffinerieanlage für Schmieröl auf, und der Bereich »Zement B« wurde als Rüstungsstandort für die Montage von Panzer- und Flugzeugmotoren genutzt. Im Mai 1945 waren im KZ-Außenlager Ebensee mehr als 18000 Personen inhaftiert. Noch kurz vor der Befreiung des Lagers sollten auf Befehl des Lagerkommandanten alle Häftlinge im unterirdischen Stollensystem eingesperrt und durch die Sprengung der Eingänge getötet werden. Laut einer Anweisung des Reichsführers SS Heinrich Himmler sollte kein Häftling eines Konzentrationslagers und dessen Außenlager lebend in die Hände der Alliierten fallen. Doch der Widerstand der Inhaftierten konnte dies glücklicherweise im letzten Moment verhindern.

In der knapp eineinhalbjährigen Zeit seines Bestehens verloren etwa 9000 Menschen des KZ-Außenlagers ihr Leben. Das Lager wurde nach der Befreiung durch die US Army am 6. Mai 1945 noch einige Zeit als Durchgangslager der hierher verschleppten Menschen genutzt. Aus diesem sogenannten DP-Lager (Displaced Persons) wurde die Rückkehr in die ursprüngliche Heimat oder in andere Regionen organisiert.

Heute kann ein Stollen von »Zement B« in den Sommermonaten besichtigt werden. Seit 1996 wurde ein Teil zu einem Gedenkstollen hergerichtet. Lediglich der Torbogen des Haupteinganges, ein Ehren- und Gedenkfriedhof und der sogenannte Löwengang zwischen den beiden ehemaligen Stollenbereichen und dem Barackenlager sind heute als Erinnerungsorte des geschichtsträchtigen Areals vorhanden. Ein Stollen von »Zement A« wird gegenwärtig zur Verladung von Abraum und Gestein auf Eisenbahnwaggons genutzt.

Ausstellung im KZ-Gedenkstollen Ebensee, 2012

21 Festung Heldsberg, St. Margrethen

Obere Heldsbergstrasse 5
9430 St. Margrethen

www.festung.ch

Öffnungszeiten:
April – Okt.:
jeden Samstag 13 – 18 Uhr

Unterkünfte (o.) und Schleusenbereich (u.) der einstigen Festung, 2012

Nur wenige europäische Länder wurden im Zweiten Weltkrieg nicht von den Achsenmächten – dem Deutschen Reich und seinen Bündnispartnern – oder später durch die Sowjetunion militärisch besetzt. Neben Schweden und Irland konnte sich auch die Schweiz ihre Neutralität bewahren. Einen Tag nach dem Überfall der Wehrmacht auf Polen erfolgte am 2. September 1939 die Mobilmachung in der Schweiz. Das Land war sich der vorhandenen Bedrohung durch Deutschland und Italien durchaus bewusst und hatte Ende der 1930er Jahre begonnen, seine Außengrenzen zu sichern. Dazu wurden viele gut getarnte Verteidigungs- und Befestigungsanlagen aufgebaut, deren Kampfwert die deutsche Aufklärung als sehr hoch einschätzte. Pläne für einen deutschen Einmarsch in die Schweiz mit Unterstützung italienischer Truppen gab es ab 1940 unter der Bezeichnung »Unternehmen Tannenbaum«. Doch die entsprechenden militärischen Verbände wurden für andere militärische Operationen wie etwa den Überfall auf Nordeuropa und später den Westfeldzug benötigt.

Im Sommer des Jahres 1940 wurde darüber hinaus ein Handelsabkommen vereinbart, bei dem die exklusive Belieferung von Schweizer Rüstungsgütern an die Achsenmächte vertraglich geregelt wurde. Auch ist ein Großteil der deutschen Devisengeschäfte bei der Beschaffung von Rüstungsgütern im neutralen Ausland über Schweizer Banken abgewickelt worden, die so das kriegstreibende nationalsozialistische System in Deutschland unterstützten. Bis 1945 versuchte die Schweiz aber erfolgreich, keine der Kriegsparteien zu brüskieren, um die Neutralität und Souveränität des eigenen Landes zu erhalten.

Nach dem »Anschluss« Österreichs an Deutschland begannen die Schweizer Militärstrategen damit, militärisch befestigte Grenzanlagen zu projektieren. Zwischen 1939 und 1941 entstand so auch bei St. Margrethen im Schweizer Kanton St. Gallen direkt über dem Rheintal ein militärischer Verteidigungskomplex. Die Schweizer Armee sollte von dort aus das Gebiet des östlichen Bodensees absichern, um im Falle einer Invasion die deutschen Truppen daran zu hindern, mit Landungsbooten über den Bodensee überzusetzen oder mit militärischen Einheiten über den Rhein in die Schweiz einzudringen. Ein Tunnelsystem verband die zahlreichen mit Kanonen und Maschinengewehren ausgerüsteten Kampfstände. Große Notstromgeneratoren versorgten die Bunkeranlage mit Elektrizität, in einem Trinkwasserreservoir lagerten mehr als 100 000 Liter Trinkwasser; außerdem gab es eine Küche und einen medizinischen Bereich für die knapp 200 hier stationierten Soldaten. Die Unterbringung der Mannschaften erfolgte ebenfalls vollständig unterirdisch.

Nach dem Zweiten Weltkrieg wurde der Verteidigungskomplex weiter ausgebaut und modernisiert und stand bis 1992 unter der Obhut der Schweizer Armee. Immer wieder sorgten internationale Ereignisse – wie etwa der Volksaufstand in Ungarn 1956 – dafür, dass die Anlage in erhöhte Alarmbereitschaft versetzt und mit Soldaten besetzt wurde. 1993 wurde die militärische Festung dann in ein Museum umgewandelt. Neben dem unterirdischen Komplex und den ehemaligen Kampfständen informieren verschiedene thematische Ausstellungen zu geschichtlichen und militärischen Bereichen wie etwa dem Nachrichtenwesen oder zu Waffen und Munition.

Treppenhaus (o.) und Waschbecken im Hauptverbindungsgang der ehem. Festung, 2012

22 Flugzeugstollen Gjader

Militärflugplatz Gjader
Gjader 4500

Ehem. albanische Artilleriebunker (o.) und Infanteriebunker (u.), 2010

Zu den ärmsten Ländern Europas zählt die Republik Albanien. Das Land wurde zwischen 1944 und 1985 von dem stalinistischen Diktator Enver Hoxha regiert. Enver Hoxha hatte sich im Widerstand sowohl gegen die italienische Besatzung (ab 1939) als auch gegen die deutsche (ab 1943) engagiert und ab 1941 den Aufbau der Kommunistischen Partei Albaniens mit vorangetrieben, deren Vorsitz er 1943 übernahm. Nach dem Zweiten Weltkrieg rief Hoxha am 11. Januar 1946 die Volksrepublik Albanien aus. In den 1940er Jahren noch mit Jugoslawiens Staatspräsidenten Josip Broz Tito eng verbunden, schwenkte Hoxha ab 1948 auf den sowjetischen Kurs ein, bevor er sich beim kommunistischen Zwist zwischen der UdSSR und der Volksrepublik China ab 1961 auf die chinesische Seite schlug. In den folgenden Jahrzehnten erfolgte die nahezu vollständige Isolation des Landes und damit seiner rund drei Millionen Einwohner innerhalb Europas.

Um sich an der Macht zu halten, besetzte Enver Hoxha wichtige politische und wirtschaftliche Positionen in Albanien mit Familienangehörigen und engen Vertrauten, während er politische Gegner systematisch verfolgen und inhaftieren ließ. Hoxha erklärte Albanien 1967 zum ersten atheistischen Staat der Welt und ließ daraufhin Moscheen und Kirchen im gesamten Land zerstören oder zweckentfremdet nutzen. 1985 starb Enver Hoxha, das kommunistische Regime wurde 1990 gestürzt. Seitdem erfolgt ein langsamer Wiederaufbau des Landes, das sich längst Richtung Europäische Union geöffnet hat.

Aus Angst vor einer Invasion – insbesondere sowjetischer Truppen – und zur Sicherung der albanischen Souveränität wurden im Auftrag des Diktators zwischen 1972 und 1984 mehr als 700 000 Bunker errichtet. Die Betonindustrie Albaniens musste dazu extra ausgebaut und der benötigte Stahl teuer importiert werden. Ziel war es, jedem Albaner einen Platz im Bunker zu verschaffen, nicht nur zum persönlichen Schutz, sondern auch, um im Falle einer Invasion eine landesweite Infrastruktur für einen erfolgreichen Partisanenkrieg zu haben. So entstanden entlang der Grenzen zu den Nachbarstaaten, an der Meeresküste und an strategisch wichtigen Punkten im Landesinnern bis 1984 typisierte und aus Fertigteilen montierte Bunker. Drei Bautypen waren vorherrschend. Der kleinste Bunker konnte eine Person aufnehmen, die im Kriegsfall mit einem Maschinengewehr bewaffnet gewesen wäre, der zweitgrößte sollte vier Personen Schutz bieten, und die größeren Bauwerke dienten der Unterbringung von schweren Artilleriegeschützen. Alle Bunker waren kreisrund, damit Kugeln besser abprallen konnten. Das Bauprogramm verschlang gewaltige Ressourcen des armen Landes.

Heute stehen die Bunker größtenteils leer. Einige werden als Wohnraum, andere als Lager, Mülldeponie oder Toilette genutzt. 2012 bauten deutsche und albanische Studenten einen Bunker in der Küstenstadt Tale, etwa 50 Kilometer südlich der Landeshauptstadt Tirana, zum ersten »Bunker-Hostel« um. Doch er wurde nie eröffnet.

Neben den kleinen und größeren Bunkeranlagen wurden aber auch gewaltige militärische Stollensysteme für die albanischen Streitkräfte aufgefahren. Neben verbunkerten Stollen für die Fahrzeuge der Marine entstanden auch mehrere Stollenanlagen der albanischen Luftwaffe. An einigen Standorten wie etwa bei Gjader oder Kucova baute man in unmittelbarer Nähe zu den militärischen Flugplätzen unterirdische Abstell- und Wartungsräume für die verschiedenen Luftfahrzeuge Albaniens. Jedes System besaß mehrere Ein- und Ausgangsbereiche, die mit massiven Toren abgeriegelt werden konnten. Riesige Tank- und Munitionslager sollten im Ernstfall die Schlagkraft der albanischen Luftwaffe sicherstellen. Wären im Einsatzfall die Flugzeuge in der Luft gewesen, hätten in beiden Stollen bis zu 5000 Personen Zuflucht finden können. Der Komplex bei Gjader ist mithilfe von chinesischen Ingenieuren als Reaktion auf den Sechstagekrieg 1967 projektiert und bis 1976 fertiggestellt worden. Der militärische Standort in Kucova wurde erst 2005 mit türkischer Hilfe modernisiert.

Untergestellte Flugzeuge des Typs MiG-19/ F-6 (o.) und Eingangstore (u.) der noch genutzten Anlage in Gjader, 2010

23 Gefechtsstand des Warschauer Paktes, Olişcani

Westlich des Dorfes im Wald Olişcani

Ruine (oben) und Modell (u.) des Gefechtsstandes in Olişcani, 2012

Die ursprünglich zu Rumänien gehörenden Gebiete Bessarabiens wurden infolge der geheimen Zusatzprotokolle zum Hitler-Stalin-Pakt, in denen im August 1939 die Interessensphären der Sowjetunion und Deutschlands festgelegt wurden, im Juni 1940 von der Roten Armee besetzt. Wenige Wochen später, am 2. August, wurden sie als Moldauische Sozialistische Sowjetrepublik (MSSR) in die Sowjetunion integriert und blieben dies – nach zeitweiliger Besetzung durch die Wehrmacht im Zweiten Weltkrieg – bis zum Zusammenbruch der Sowjetunion. 1991 dann erklärte sich die Republik Moldau für unabhängig und kämpft seitdem um eine Modernisierung des Landes. Heute gilt Moldawien als ärmstes Land Europas.

Am 14. Mai 1955 wurde das militärische Bündnis des Ostblocks unter der Führung der Sowjetunion gegründet. Die Streitkräfte der Staaten des »Warschauer Paktes« sollten im Ernstfall gegen die Nato-Truppen kämpfen. Durch die Stationierung sowjetischer Truppen in fast allen Mitgliedstaaten wurden auch die jeweilig herrschenden kommunistischen Parteien abgesichert. So griff die Sowjetarmee beispielsweise beim Volksaufstand in Ungarn (1956) und während des Reformprozesses in Prag (1968) gegen die heimische Bevölkerung ein.

Die Streitkräfte der Mitgliedstaaten wären bei einem bewaffneten Konflikt mit der Nato in die Armeen der Sowjetunion integriert worden. Die Standorte des Vereinten Oberkommandos befanden sich in Moskau und in Teilen auch in Lviv (Lemberg) und standen unter vollständiger Kontrolle der Sowjetunion. Für die Führung der Armeen im Kriegsfall entstanden in der Sowjetunion und in den Bündnisstaaten an zahlreichen Standorten verbunkerte Führungszentren und vorgeschobene Gefechtsstände. Der Gefechtsstand für einen vermeintlichen westlichen Kriegsschauplatz sollte in der Nähe von Brest-Litowsk in Weißrussland entstehen. Für den südwestlichen Kriegsschauplatz wurde eine dünnbesiedelte Region etwa 100 Kilometer nördlich der moldawischen Hauptstadt Chişinău ausgesucht. Dort entstanden ober- und unterirdische Gebäude für einen Gefechtsstand, dessen Besonderheit in der Bauweise der Bunkeranlage besteht. Getarnt unter einer 200 Meter langen und 50 Meter breiten Halle, wurden die Bunker in zwei runden Schächten errichtet, die Schutz vor atomaren, biologischen und chemischen Waffen bieten sollten. Alle Wände der Anlage wurden zum Schutz vor einem elektromagnetischen Impuls, der bei der Explosion einer Atombombe entsteht, mehrfach mit Stahl versiegelt. Auf mehreren Stockwerken unter der Erde sollte ab Mitte der 1980er Jahre ein funktionales Führungszentrum für den Ernstfall entstehen.

Mit dem Ende des Warschauer Paktes und nach dem Zusammenbruch der Sowjetunion wurden die Bauarbeiten in Olişcani eingestellt. In den nachfolgenden Jahren hat die örtliche Bevölkerung immer wieder den Bunkerkomplex aufgesucht und sich dort mit verschiedenen Baumaterialien versorgt. Vermutlich wird das Objekt wegen des hohen Anteils an verbautem Stahl in naher Zukunft komplett zurückgebaut, um die Rohstoffe herauszulösen und anschließend zu recyceln.

Noch heute sind die beiden Schächte zu sehen und momentan auf bis zu sechs unterirdischen Etagen begehbar. Auch der Schacht für die ausfahrbare Antenne, die die Kommunikation im Notfall hätte sicherstellen sollen, ist noch vorhanden. Die in der Nähe befindlichen Kommunikationsbunker wurden ebenfalls nur im Rohbau fertig und zeugen gemeinsam mit den Resten des Führungszentrums vom Rüstungs- und Verbunkerungswahn in der Hochphase des Kalten Krieges.

Aufnahmen vom Rohbau des Gefechtsstandes, 2012

24 Raketensilos Pervomaisk

Museum der Strategischen Raketentruppen Pervomaisk

www.rvsn.com.ua

Öffnungszeiten:
täglich 10 – 17 Uhr

Nach dem Ende des Zweiten Weltkrieges wurden auf Basis des deutschen Raketenprogramms der 1940er Jahre sowohl in den USA als auch in der UdSSR weitere Raketen entwickelt. Die US-Streitkräfte waren bereits 1945 im Besitz einsatzfähiger Atombomben, die Sowjetunion war es vier Jahre später. Als Trägermittel dienten damals ausschließlich Langstreckenbomber. Um das Risiko für die eigenen Truppen zu minimieren und die militärische Schlagkraft zu erhöhen, begann man neue Trägersysteme zu entwickeln. Sie standen mit den ersten Mittelstreckenraketen zur Verfügung, doch die Reichweite war noch immer recht begrenzt, und ein zielgenauer Einsatz war nicht möglich. In der Folgezeit entstanden auf beiden Seiten verbesserte Raketenversionen, die das atomare Wettrüsten befeuerten.

In den Grenzgebieten der Sowjetunion wurden die verschiedensten Generationen der Mittel- und später Langstreckenraketen (Interkontinentalraketen) aufgestellt. Neben der mobilen oberirdischen Stationierung der Waffensysteme wurden auch startbereite Raketen in verbunkerten Silos mit fest einprogrammierten Zielen in Westeuropa und Nordamerika stationiert, so beispielsweise in den baltischen Staaten (→ S. 192) und in der Ukraine. In der Hochphase des Kalten Krieges waren schließlich so viele Atomwaffen vorhanden, dass man damit den Planeten Erde mehrfach hätte vernichten können. Bereits in den 1970er Jahren gab es mit den SALT-Verträgen in einer ersten Entspannungsphase zwischen den Supermächten erste Abrüstungsvereinbarungen. Am 8. Dezember 1987 wurde dann in Washington zwischen der Sowjetunion und den USA die komplette Vernichtung aller Kurz- und Mittelstreckenraketen vertraglich vereinbart.

Bis auf wenige Standorte wurden daraufhin sämtliche Raketenabschussbasen für Kurz- und Mittelstreckenraketen zurückgebaut. In der Nähe des ukrainischen Pervomaisk wurde eine Silostellung als Museum erhalten. Selbstverständlich hat man die Rakete mit den nuklearen Gefechtsköpfen entfernt, doch die benachbarte Kommandozentrale, die ebenfalls in einem Silo eingerichtet wurde, dient heute als authentisches Relikt des Kalten Krieges.

Schachtdeckel des einstigen Raketensilos, 2011

In einem etwa 30 Meter tiefen Schacht wurde statt einer Rakete quasi ein Gefechtsstand hängend für eine Bedienmannschaft von maximal zehn Personen installiert, die hier bis zu 45 Tage autark überleben konnten. Auf äußerst beengtem Raum befehligte einer dieser Kommandopunkte zehn Silostellungen in der direkten Umgebung. Die Objekte wurden rund um die Uhr einsatzbereit gehalten und besaßen alle lebensnotwendigen Einrichtungen. Heute kann dieses einst streng geheime militärische Objekt besichtigt werden, auch die unterirdischen Ebenen des Kommandopunktes. Auf dem Gelände sind zudem verschiedene Raketen, Raketenteile oder deren Versorgungsfahrzeuge ausgestellt.

Objekt K-825 – U-Boot-Bunker in Balaklawa

In der Nähe von Sewastopol wurde für die sowjetische Schwarzmeerflotte zwischen 1957 und 1961 unter größter Geheimhaltung eine 15000 Quadratmeter große Stollenanlage errichtet, in der U-Boote atombombensicher untergebracht und gewartet werden konnten. Neben einem unterirdischen Trockendock für ein U-Boot und einem weitläufigen unterirdischen System für die Unterbringung von bis zu 3000 Personen hat man dort auch ein Depot und Wartungspunkt für nukleare Waffen unterhalten. Bis zu acht U-Boote konnten gleichzeitig in den mehr als 500 Meter langen Stollen einfahren. Das Deckgebirge des Stollensystems beträgt in diesem Bereich bis zu 126 Meter und bot so Schutz vor sämtlichen damals verfügbaren Waffen. Das Dorf Balaklawa am Marinekomplex war bis zur Stilllegung des Bunkers einer der geheimsten Orte der Sowjetunion und konnte – wenn überhaupt – nur mit Sondergenehmigungen betreten werden.

Nach dem Zusammenbruch der Sowjetunion und der Unabhängigkeit der Ukraine wurde zwar der Flottenstützpunkt im nahen Sewastopol als Standort der russischen Marine behalten, aber der unterirdische U-Boot-Stollen 1997 stillgelegt und in ein Museum umgewandelt, das seit 2003 öffentlich zugänglich ist.

Atombombensichere ehem. U-Boot-Werft (r.) in Balaklawa, 2011

25 Kommandobunker GO-42, Moskau

Kotelnicheskiy Pereulok 11
Moskau 115172

www.bunker42.com

Stalins Bunker
Prospekt Karla Marksa 134
Samara 446397

Zugang zum ehem. Kommandobunker, 2007

Bereits Ende der 1920er Jahre wurde die westliche Grenze der Sowjetunion mit der »Stalin-Linie« gesichert, die aus Bunkerbauwerken und militärischen Sperranlagen bestand. Als die Rote Armee nach dem Überfall der Wehrmacht auf Polen – wie mit der deutschen Führung abgesprochen – Ostpolen und die baltischen Länder besetzte, begann man mit Bauarbeiten für eine weitere befestigte Verteidigungslinie entlang des neuen Grenzverlaufes. Dieser militärische Komplex trug die Bezeichnung »Molotow-Linie«, da Wjatscheslaw Molotow am 23. August 1939 als sowjetischer Außenminister den deutsch-sowjetischen Nichtangriffpakt unterzeichnet hatte, aber sie erwies sich beim deutschen Überfall auf die Sowjetunion am 22. Juni 1941 nicht als sonderliches Hindernis für die schnell vorrückende Wehrmacht. So wurden auch bei diesem Bauprogramm gewaltige Ressourcen letztlich sinnlos aufgebracht. Die Verteidigungsanlage sollte einen knapp 1000 Kilometer langen Bereich militärisch befestigen. Der Verlauf des Zweiten Weltkrieges und die Entwicklung neuer schlagkräftiger und weitreichender Waffen zeigte, dass die Zeit der befestigten Maschinengewehr- oder Geschützbunker vorbei war.

Neben der Absicherung der Landesgrenzen wurde bereits Mitte der 1930er Jahre durch die Sowjetführung der Bau mehrerer verbunkerter Gefechtsstände angeordnet, so auch in Moskau. Doch diese Bauwerke waren nach dem Zweiten Weltkrieg nicht mehr zu gebrauchen, da sie keinen Schutz vor nuklearen Angriffen boten. Deswegen wurden in den 1950er Jahren neue Bunker gebaut, die diesen Herausforderungen standhielten, so auch 65 Meter unter der Moskauer Metrostration Taganskaja, wo einer der ersten Atombunker auf dem Gebiet der Sowjetunion entstand. Die 7000 Quadratmeter große Anlage besteht aus vier unterirdischen Röhren mit Arbeits- und Unterkunftsräumen sowie einem technischen Versorgungsbereich für die autarke Versorgung mit Elektrizität und Trinkwasser, wo 2500 Personen mehrere Wochen überleben konnten. Als unterirdische Kommandozentrale GO-42 wurde das Bauwerk während des Kalten

Tunnelsegmente von einer der vier Hauptröhren des Kommandobunkers (o.), 2007; ehem. Lagesaal des Gefechtsstandes in Samara (u.), 2007

Krieges rund um die Uhr einsatzbereit gehalten. Mit dem Wegfall der direkten Konfrontation zwischen den Staaten der Nato und des Warschauer Paktes wurde auch der unterirdische Bunker schrittweise heruntergefahren und 1995 vollständig abgeschaltet. Knapp zehn Jahre später wurde das Relikt des Kalten Krieges 2006 öffentlich zugänglich gemacht, beherbergt seitdem das Cold War Museum und wird als Veranstaltungsort genutzt.

Stalins Bunker in Samara

1100 Kilometer südöstlich von Moskau errichtete man in der Industriestadt Samara (damals Kuibyschew) 1942 unter höchster Geheimhaltung ein Ausweichquartier für Josef Stalin, nachdem die Wehrmacht auf die Hauptstadt Moskau vorgerückt und das Staatliche Verteidigungskomitee in die Wolgastadt ausquartiert worden war. Da der deutsche Vormarsch von der Roten Armee aufgehalten und später zurückgeschlagen werden konnte, hat Stalin den bis zu 37 Meter tief liegenden Bunker mit der Tarnbezeichnung »Objekt Nr. 4« während des Zweiten Weltkrieges nie genutzt. Seit 1991 sind einige Bereiche des 600 Personen fassenden Schutzbauwerkes für die Öffentlichkeit zur Besichtigung freigegeben.

Literaturverzeichnis

Arnold, Dietmar: Neue Reichskanzlei und Führerbunker. Legenden und Wirklichkeit, 3. Aufl., Berlin 2009.

Arnold, Dietmar / Arnold, Ingmar / Salm, Frieder: Dunkle Welten. Bunker, Tunnel und Gewölbe unter Berlin, 9. Aufl., Berlin 2010.

Arnold, Dietmar / Janick, Reiner / Arnold, Ingmar / Neumann, Gudrun / Topel, Klaus: Sirenen und gepackte Koffer. Bunkeralltag in Berlin, Berlin 2003.

Bergner, Paul: Atombunker – Kalter Krieg – Programm Delphin. Auf den Spuren der Bunkerbauten für den Kalten Krieg, Zella-Mehlis 2007.

Bergner, Paul: Befehl Filigran – Auf den Spuren interessanter Bunker. Die Bunker des »Komplexes 5000« und weitere bedeutsame Anlagen, 6. Aufl., Basdorf 2008.

Best, Stefan: Geheime Bunkeranlagen der DDR, Stuttgart 2009.

Blum, Milan / Rabon, Martin / Szerator, Uwe: Der Überfall, Bd. 1 und 2, Brünn 2007.

Bode, Volkhard / Kaiser, Gerhard: Raketenspuren. Waffenschmiede und Militärstandort, 6. Aufl., Berlin 2008.

Brunswig, Hans: Feuersturm über Hamburg. Die Luftangriffe auf Hamburg im 2. Weltkrieg und ihre Folgen, Stuttgart 2003.

Brunzel, Ulrich: Hitlers Geheimobjekte in Thüringen. Ein Buch zur Aufdeckung weißer Flecken in der Geschichte des Freistaates Thüringen, 6. Aufl., Zella-Mehlis 1997.

Buggeln, Marc: Der U-Boot-Bunker »Valentin«. Marinerüstung, Zwangsarbeit und Erinnerung, Bremen 2010.

Bußmann, Thomas: Stahlbeton, Gras und Bahnbefeuerung. Die militärisch genutzten Flugplätze der DDR, Berlin 2011.

Chaussy, Ulrich / Püschner, Christoph: Nachbar Hitler. Führerkult und Heimatzerstörung am Obersalzberg, 7. Aufl., Berlin 2012.

Christiansen, Ulrich: Hamburgs dunkle Welten. Der geheimnisvolle Untergrund der Hansestadt, 2. Aufl., Berlin 2010.

Deim, Hans-Werner / Kampe, Hans-Georg / Kampe, Joachim / Schubert, Wolfgang: Die militärische Sicherheit der DDR im Kalten Krieg. Inhalte, Strukturen, verbunkerte Führungsstellen und Anlagen, Hoppegarten 2008.

Diester, Jörg: Geheimakte Regierungsbunker. Tagebuch eines Staatsgeheimnisses, Düsseldorf 2008.

Foedrowitz, Michael: Bunkerwelten. Luftschutzanlagen in Norddeutschland, Berlin 1998.

Foedrowitz, Michael: Ein-Mann-Bunker: Splitterschutzbauten und Brandwachenstände, Stuttgart 2007.

Fowler, Will: D-Day. Der längste Tag, Wien 2008.

Freundt, Lutz / Büttner, Stefan: Rote Plätze. Russische Militärflugplätze in Deutschland 1945 – 1991, Berlin 2007.

Fuhrmeister, Jörg: Der Ostwall. Geschichte und Gegenwart, Stuttgart 2008.

Fuhrmeister, Jörg: Der Westwall. Geschichte und Gegenwart, Stuttgart 2004.

Garba, Dariusz: Riese. Das Rätsel um Hitlers Hauptquartier in Niederschlesien, Zella-Mehlis 2000.

Griehl, Manfred: Luftwaffe '45. Letzte Flüge und Projekte, Stuttgart 2008.

Heitmann, Clemens: Schützen und Helfen? Luftschutz und Zivilverteidigung in der DDR 1955 bis 1989 / 90, Berlin 2006.

Hellwinkel, Lars: Hitlers Tor zum Atlantik. Die deutschen Marinestützpunkte in Frankreich 1940 – 1945, Berlin 2012.

Herms, Michael: Flaggenwechsel auf Helgoland. Der Kampf um einen militärischen Vorposten in der Nordsee, Berlin 2002.

Hervouet, Sebastian / Braeuer, Luc / Braeuer, Marc: 1400 Musees 1939 – 1945. Guide Europa, Batz-sur-Mer 2010.

Hofmann, Heini: Geheimobjekt »Seewerk«. Vom Geheimobjekt des Dritten Reiches zum wichtigsten Geheimobjekt des Warschauer Vertrages, Zella-Mehlis 2008.

Kaiser, Gerhard / Herrmann, Bernd: Vom Sperrgebiet zur Waldstadt. Die Geschichte der geheimen Kommandozentralen in Wünsdorf und Umgebung, 5. Aufl., Berlin 2010.

Karpenko, A. W. / Popow, A. D. / Solomonw Ju. S. / Utkin A. F.: Sowjetisch-Russische Strategische Raketenkomplexe. Handbuch, Klitzschen 2006.

Kaule, Martin: Brandenburg 1933 – 1945. Der historische Reiseführer, Berlin 2012.

Kaule, Martin: Nordseeküste 1933 – 1945. Der historische Reiseführer. Berlin 2011.

Kaule, Martin: Ostseeküste 1933 – 1945. Der historische Reiseführer, 3. Aufl., Berlin 2011.

Kunze, Thomas: Russlands Unterwelten. Eine Zeitreise durch geheime Bunker und vergessene Tunnel, Berlin 2008.

Lemke, Bernd (Hg.): Luft- und Zivilschutz in Deutschland im 20. Jahrhundert, Potsdam 2007.

Mallmann-Showell, Jak P.: Deutsche U-Boot-Stützpunkte und Bunkeranlagen 1939 – 1945, Stuttgart 2003.

McCamley, Nick: Cold War Secret Nuclear Bunkers. The Passive Defence of the Western World During the Cold War, South Yorkshire 2009.

Moll, Martin (Hg.): Führer-Erlasse 1939 – 1945, Hamburg 2011.

Müller, Peter: Rüstungswahn und menschliches Leid. Bewältigung und Erinnerung. Das Bunkergelände im Mühldorfer Hart, Mühldorf 2012.

Neumärker, Uwe / Conrad, Robert / Woywodt, Cord: Wolfsschanze. Hitlers Machtzentrale im Zweiten Weltkrieg, 4. Aufl., Berlin 2012.

Rasmussen, Johannes Bach: Traces of the Cold War Period. The Countries Around the Baltic See, Kopenhagen 2010.

Richter, Hans J. / Holz, Wolf-Dieter: Deckname »Koralle«. Chronik der zentralen Marine-Funkleitstelle für U-Boot-Operationen im Zweiten Weltkrieg, Zella-Mehlis 2005.

Sakkers, Hans: Flaktürme. Berlin – Hamburg – Wien, Niuew-Weerdinge 1998.

Seidler, Franz W.: Die Organisation Todt. Bauen für Staat und Wehrmacht 1938 – 1945, Bonn 1998.

Seidler, Franz W. / Zeigert, Dieter: Die Führerhauptquartiere. Anlagen und Planungen im Zweiten Weltkrieg, München 2000.

Sünkel, Werner / Rack, Rudolf / Rhode, Pierre: Adlerhorst. Autopsie eines Führerhauptquartiers, Offenhausen 2002.

Weihsmann, Helmut: Bauen unterm Hakenkreuz. Architektur des Untergangs, Wien 1998.

Wichert, Hans Walter (Hg.): Decknamenverzeichnis deutscher unterirdischer Bauten, Ubootbunker, Ölanlagen, chemischer Anlagen und WIFO-Anlagen des zweiten Weltkrieges, Marsberg 1999.

Wenk, Silke (Hg.): Erinnerungsorte aus Beton. Bunker in Städten und Landschaften, Berlin 2001.

Wenzel, Götz Thomas: Geheimobjekt Atombunker. Die Troposphären-Funkstation Eichenthal, 3. Aufl., Berlin 2012.

Voigt, Harald: Die Festung Sylt. Geschichte und Entwicklung der Insel Sylt unter militärischem Einfluss, Bredstedt 1992.

Abbildungsnachweis

Alle aktuellen Fotos, sofern nicht gesondert ausgewiesen, stammen vom Autor.

Stefan Büttner, Berlin: S. 114, 140, 214, 215, 224
Sven Kaden, Berlin: S. 202
Klaus Mebus, Weimar: S. 34, 64, 65 u., 115, 116 o., 117, 118, 119, 132, 133
Holger Raddatz, Wilhelmshaven: S. 53
Christopher Volle, Freiburg: S. 18 / 19, 20 / 21, 170 / 171
Götz Thomas Wenzel, Eichenthal: S. 71, 84
Archiv des Vereins »Orte der Geschichte«: S. 104, 105, 141
Archiv der U.S. Air Force: S. 45
Bereitschaftspolizei Rheinland-Pfalz: S. 147
Berliner Unterwelten e. V. / Foto: Frieder Salm, Berlin: S. 95
Berliner Unterwelten e. V. / Foto: Holger Happel, Berlin: S. 99, 101
Bildarchiv Dietrich Janßen, Emden: S. 38
Bundesarchiv: S. 13 (146-1986-104-10A/Maier), 48 (185-23-21), 100 u. (183-V00041), 123 o. (141-2738), 123 u. (141-2741), 138 u. (10002-009), 172 u. (101II-MW-5335-30/Dietrich), 174 u. (121-0363), 178 u. (146-1975-117-26/Lysiak), 194 u. (146-1984-079-02)
Bundesamt für Bevölkerungsschutz und Katastrophenhilfe, Bonn: S. 158, 159
Bundeswehr / Presse- und Informationszentrum der Streitkräftebasis, Bonn: S. 24, 25 o.
Bundeswehr / Presse- und Informationszentrum Einsatzführungskommando, Geltow: S. 92
unter hamburg e. V. / Foto: Timo Schiel, Hamburg: S. 44 u.
Institut für Zeitgeschichte München-Berlin / Foto: Max Köstler, Berchtesgaden: S. 168 u., 169
KZ-Gedenkstätte Mittelbau-Dora: S. 14
Mahnmal Kilian e. V. / Foto: Jens Rönnau, Kiel: S. 56
Sammlung Knauf: S. 70, 75, 116 u., 216 u.
Sammlung Thomas Kunze: S. 220, 221
Stadtarchiv Kiel, 2.3 Magnussen, Sig. 13049: S. 57
Ullstein-Bilderdienst: S. 125
Volkswagen Aktiengesellschaft / Historische Kommunikation, Braunschweig: S. 43
Walpersberg e. V. / Foto: Markus Gleichmann, Großeutersdorf: S. 122
Wikimedia Commons: 165 (AHert)

Mit freundlicher Unterstützung von:
Akademiezentrum Sankelmark, COMBack GmbH, Berliner Unterwelten e. V., Biopower Energiepark Biesenthal GmbH & Co. KG, Bundeswehr / Welfenkaserne, Bundeswehr / SKB, Bundeswehr / EFK, Bundeswehr / Kommando Sanitätsdienstliche Einsatzunterstützung, Festungsmuseum Heldsberg, Feuerwehr Bonn, Forstbetrieb D & C Koppenburg, Hamburg / Bezirksamt H.-Mitte, Militär-Museum Kossa, Gedenkstätte Museum in der »Runden Ecke« mit dem Museum im Stasi-Bunker, Bremen / Senator für Inneres und Sport, Palzkill Erdbau GmbH, unter hamburg e. V., vorbei e. V., Wehrtechnische Dienststelle 91

Zum Autor

Martin Kaule

Jahrgang 1979; 1999–2001 Studium zum Informatik-Betriebswirt an der Verwaltungs- und Wirtschaftsakademie Berlin; seit 2001 Fotodokumentation von Orten der Zeitgeschichte; seit 2005 Organisation von Exkursionen sowie Studien- und Forschungsreisen durch ganz Europa; seit 2008 Mitarbeiter im Ch. Links Verlag, zuständig für digitale Projekte; 2012 Gründungs- und Vorstandsmitglied des Vereins »Orte der Geschichte«.

www.orte-der-geschichte.de
www.hidden-places.de
www.hidden-places.net

Verschiedene Bücher zur kritischen Auseinandersetzung mit den Hinterlassenschaften des NS-Regimes, zuletzt »Brandenburg 1933–1945. Der historische Reiseführer«, Berlin 2012.

Martin Kaule
Ostseeküste 1933–1945
Mit Polen und Baltikum
Der historische Reiseführer
3. Auflage
ISBN 978-3-86153-611-6
14,90 € (D); 15,40 € (A)

Martin Kaule
Nordseeküste 1933–1945
Mit Hamburg und Bremen
Der historische Reiseführer

ISBN 978-3-86153-633-8
14,90 € (D); 15,40 € (A)

Martin Kaule
Brandenburg 1933–1945
Der historische Reiseführer

ISBN 978-3-86153-669-7
14,90 € (D); 15,40 € (A)